KB186213

입문자를 위한

천체 사진 촬영법 1

DSLR 카메라 편

입문자를 위한

천체 사진 촬영법 1

DSLR 카메라 편

초판 1쇄 발행 2024년 2월 26일

지은이 조용현

펴낸이 강기원
펴낸곳 도서출판 이비컴

편 집 김주희
표 지 박정현
마케팅 박선왜

주 소 (02635) 서울 동대문구 고산자로 34길 70, 431호
전 화 02-2254-0658 팩 스 02-2254-0634
등록번호 제6-0596호(2002.4.9)
전자우편 bookbee@naver.com
ISBN 978-89-6245-221-1 (03440)

DSLR 카메라 편

입문자를 위한

천체 사진 촬영법 1

조용현 지음

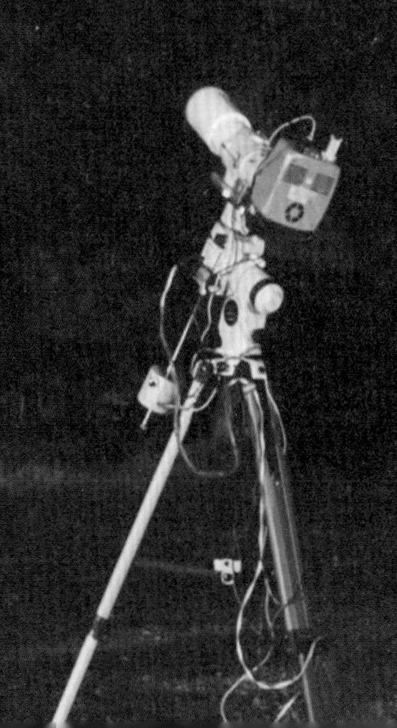

이비락

머리말

밤하늘의 천체와 교감할 수 있는 당신이 될 수 있기를 바라며

밤하늘은 어떤 이에게는 세상의 흐름을 바꿀 수 있는 기회를 제공한다. 천문학 역사상 가장 위대한 관측 천문학자로 손꼽는 티코 브라헤(Tycho Brahe, 1546~1601)는 평생을 밤하늘 천체와 함께했는데 카메라 같은 기록장치가 없던 시대에 자신의 모든 관측 과정을 펜으로 그리고 적어 제자 케플러에게 그 기록을 전해 주었다. 케플러는 열정 넘치는 스승의 관측자료를 분석하여 행성 운동의 세 가지 법칙을 만들었고 이는 당시 세상을 지배하던 천동설의 막을 내리고 거리를 떠돌며 구박받던 지동설의 빛을 발하게 했다. 당시 천동설이 지동설로 바뀐다는 것은 마치 삶은 달걀에서 병아리가 부화한 것과 같은 충격을 동시대 사람들에게 안겨주었을 것이다.

우주 안의 미세한 점조차 될 수 없는 작은 지구, 그리고 그곳에서 태어난 지구인들은 자신들의 가녀린 신념에 따라 오로라처럼 일렁이듯 변해왔지만 우주를 투영해주는 밤하늘은 그때나 지금이나 별반 다를 게 없다. 고흐의 작품《별이 빛나는 밤》처럼 아름다운 풍경을 사람들에게 선사했으며 은빛으로 출렁이는 은하수 사이로 밝은 행성과 그려 놓은 듯한 별자리들은 인간이 만들 수 없는 황홀한 작품을 밤마다 펼쳐 놓았을 것이고 보름달 뜨는 날엔 눈이 시릴 것 같은 달빛을 벗 삼아 시를 쓰기도 했을 것이다.

폭죽처럼 펼쳐지는 인공조명 가득한 현대의 밤하늘에서 더 이상 이런 아름다움을 보기는 막막하지만 다행히도 우리에게는 현대 문명이 가져다준 몇 가지 이기(利器)를 통해 밤하늘이 주는 멋짐을 조금이나마 찾아볼 수 있다. 어쩌면 이 책은 티코와 케플러, 고흐의 발걸음을 좇아 보려는 밤하늘 여행자들에게 작지만 꼭 필요한 길잡이가 될지도 모르겠다.

현대 문명이 주는 인공조미료 가득한 풍경과 향내에 지친 분들이라면 느낌 가득한 렌즈 달린 카메라와 삼각대를 둘러메고 순수한 자연의 빛을 쏟아내는 한적하고 어두운 시골을 찾아보길 권한다. 그곳엔 손에 부자연스러운 스마트폰과 거추장스러운 안경도 필요 없다. 이미 가볍게 쥐어지는 쌍안경이 손에 들려 있을 테니까.

나의 눈과 쌍안경이 밤하늘을 향할 때 일상의 복잡함에 찌든 머릿속은 밤하늘이 주는 기운으로 상쾌하게 맑아질 것이다. 가끔 고라니의 낯선 울음소리에 놀랄 수도 있고 밤바람에 대나무 가지들이 비벼대는 소리에 살짝 섬뜩할지도 모르겠다. 하지만 이마저 도심의 자극적인 소

음과는 다른 치유의 음향이 될 수 있음을 확신한다. 씁쓸한 인공조명과 매연 가득한 도심 하늘이라 탓하며 광활한 우주에 대한 탐색을 시도조차 하지 않는다면 그 넓은 공간의 아름다운 풍경은 과연 누가 누릴 것인가. 작은 망원경과 카메라 한 대로 밤하늘의 모습을 담는 것은 우주와 접촉하고 대화하는 첫걸음이다.

먼저, 도심을 벗어나 보고 싶은 별자리를 향해 카메라를 설치하고 따뜻한 차 한 모금의 여유를 챙겨보길 바란다. 그러는 동안 별똥별이 내 카메라 렌즈로 날아드는 행운을, 또 맨눈으로 볼 수 없던 먼 성운이 내 카메라에 담길지 또 누가 알겠는가?

책에 실린 모든 사진은 그동안 사용했던 도구로 직접 촬영한 것이다. 인터넷에서 흔히 보는 화려하고 정교한 사진이 아닌 오류 사진도 많다. 처음 밤하늘을 촬영하려는 분들에게는 이것조차 친근할 것이다. 처음 밤 풍경 사진을 찍다 보면 낮의 조건과는 달라서 원하는 사진이 쉽게 나오지 않는다. 초보자들은 자기가 촬영한 것 같은 낯설지 않은 사진도 이 책에서 볼 수 있을 것이다. 나 역시 처음에는 초보자였다. 처음부터 욕심내서 접근하면 쉽게 지치는 것이 다반사다. 자신이 가지고 있는 카메라로 밤하늘의 풍경 촬영을 시작해 보고 차차 작은 천체망원경 하나를 가져보는 것도 삶의 결을 다르게 가져볼 방법 중 하나이다.

이 책은 밤하늘을 바라보고 그것을 즐기며 작은 영역의 풍경이라도 카메라에 담아 보려는 분들을 위한 작은 선물이다. 선물 상자를 풀어보고 느낌이 좋아진다면 선물 상자를 만든 이 또한 행복할 것이다.

밤하늘의 많은 별과 다양한 천체들 그리고 밤하늘을 사랑하는 사람들과 교감할 기회를 얻길 바라는 마음만큼은 책에 가득 담았다. 책이 세상에 나올 수 있도록 영향을 준 모든 별 친구들에게 감사하고 밤하늘과 친해질 수 있도록 관측 및 촬영 장비를 만들어준 분들께도 감사를 표한다. 그리고 티코 브라헤님 존경합니다.

세상 모든 곳이 맑고 투명한 하늘 갖기를 기원하며

세검정에서 조용현 씀

차 례

Part 01 DSLR, 우주의 빛을 담다

Part 02 DSLR, 천체망원경을 만나다

Part
01

DSLR, 우주의 빛을 담다

01 어떤 빛을 선택할까?

천체 사진 촬영, 우주의 빛을 담다

천체 사진 촬영은 빛의 신호를 필름이나 디지털 광소자에 담아 기록한 후 이를 인화하는 단순한 과정이다. 기계적인 절차는 단순하지만 빛의 특성을 파악하고 적절한 구도를 설정하고 원하는 피사체를 만족스럽게 표현하는 것은 쉽지 않고 특별히 정해진 방법이 없다. 이러한 사진 작업의 특성 때문에 사진가들은 사진 촬영에 많은 시간을 투자하고 지칠 정도의 몸 상태가 되는 것도 마다하지 않고 몰두한다.

사진은 빛의 예술이다. 자연의 빛인 태양 빛 외에 많은 종류의 인공불빛이 넘쳐나는 현대 사회에서 순수한 자연의 빛을 보기 위해서는 인공조명이 없는 어두운 밤하늘을 찾아 떠나야 한다. 그곳에서라야 지구 밖 먼 곳에서 나와 미약하지만 순수한 우주의 빛을 만날 수 있기 때문이다. 천체 사진의 매력은 이런 빛을 형상화해서 아름다운 형상이나 과학적인 자료로 만들어내는 데 있다. 우리는 어둠을 뚫고 지구로 쏟아지는 우주의 빛을 이용한 천체 사진 촬영을 위해서 출발하려고 한다. 미약하지만 아름다운 이미지로 우리에게 다가올 오래전에 출발한 빛을 찾아서 카메라를 메고 어두운 하늘을 찾아 떠나보자.

▲ 강원도 인제 자작나무 숲. 태양 빛에 따라 다양한 색깔로 나무와 하늘을 표현한다.

▼ 같은 날 밤에 촬영한 풍경 사진. 빛이 약해서 사진이 어둡다. 미약하게 별빛이 빛난다. 나무 뒤편은 인공조명이다.

최근 인공조명이 발달한 대도시의 야경 사진을 주로 촬영하는 사진가들도 많은 편이다. 이들은 주간의 강력한 태양의 가시광선을 피해서 인공조명만을 이용하여 아름다운 색감으로 예술적인 이미지를 만들어낸다. 빛의 양이 부족한 밤에 사진을 촬영한다는 점에서 천체 사진과 비슷한 영역을 공유한다고 할 수 있다.

▲ 하늘공원에서 촬영한 서울 도심 야경은 인공조명으로 다양한 색을 보여준다.

▲ 강원도 홍천군 내면의 천체 사진 촬영지. 가로등을 제외하면 인공조명의 영향을 거의 받지 않는 어두운 곳이다.

스스로 빛을 내지 못하는 달. 그것이 태양 빛을 반사하여 보인다는 것은 누구나 아는 사실이다. 어두운 밤에 보이는 달의 밝은 부분이 흰색에 가까운 단조로운 색으로 보이는 이유는 흰색에 가까운 태양 빛을 반사하여 보이기 때문이다. 카메라에서도 화이트밸런스를 맞출 때, 태양 빛의 색을 흰색으로 하여 기준 잡는다. 그러나 개기월식 때는 달이 붉게 보이는데 이것은 태양 빛이 지구대를 통과하는 과정에서 붉은색 파장의 빛이 달 쪽을 향해서 비치기 때문이다. 그리고 지구대기가 혼탁한 경우에도 붉은색 계열로 달의 색이 다르게 보이기도 한다.

▲ 달 표면 사진은 일반적으로 흑백으로 촬영한 듯 보이지만 지구 대기의 상태에 따라서 다른 색으로 관측되기도 한다. 달의 바다 지역이 어두운 이유는 어두운색의 암석인 현무암이 분포하기 때문이고 밝은 지역은 충돌에 의한 먼지가 가루가 되어 뿌려졌기 때문이다.

다음 쪽 사진은 2014년 10월 8일 우리나라에서 관측할 수 있었던 부분월식 장면을 연속으로 촬영하여 한 장의 사진으로 만든 것이다. 월식 진행은 아래쪽 사진부터 위쪽으로 진행되었는데 이는 달이 지구 그림자 안으로 반시계 방향으로 공전하여 들어가기 때문에 달의 아래쪽부터 가려진다. 달 사이의 간격이 일정하지 않은 것은 중간에 사람들에 의한 불빛으로 사용할 수 없게 된 사진은 포함하지 않았기 때문이다. 월식 현상이 가장 크게 나타났던 가운데 부분의 달 사진은 붉게 촬영된 것을 볼 수 있다.

같은 날 DSLR 카메라인 캐논 30D를 천체망원경에 연결하여 촬영한 달 사진을 다음 쪽에 제시했는데 부분월식이 최대로 진행되어 붉은 빛을 머금은 달 모양이 촬영되었다.

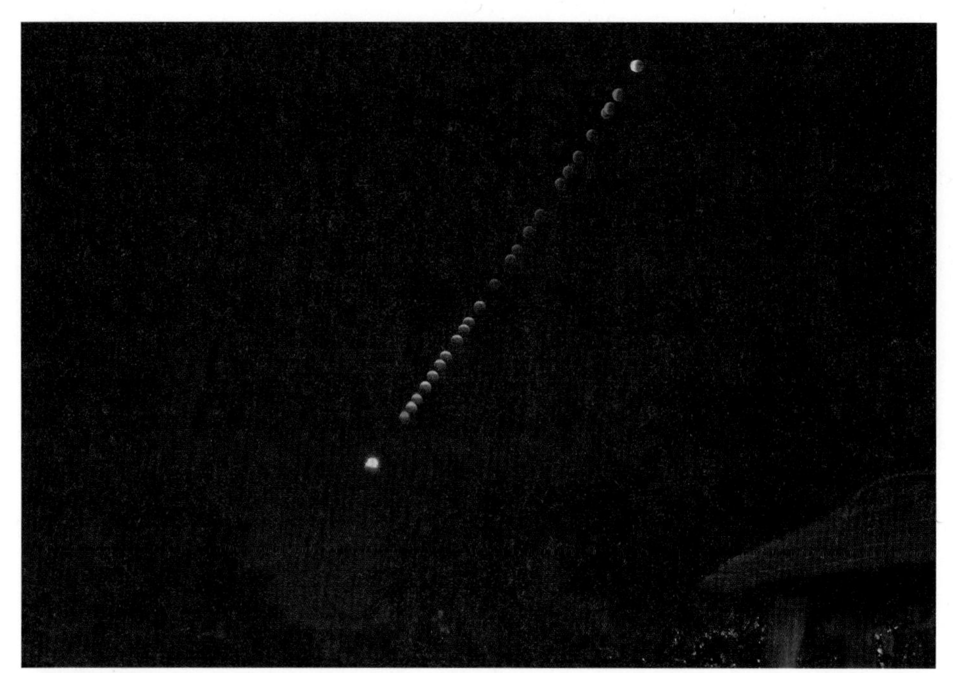

▲ 캐논 5D 카메라에 ISO 1600, 노출시간 0.5초로 설정, 시그마 50mm 렌즈로 연속 촬영한 25장의 부분월식 사진을 한 장으로 합성하였다.

▲ 캐논 30D 카메라에 ISO 1600, 노출시간 1초로 설정, 구경 102mm, 초점거리 1000mm인 굴절망원경에 연결하여 촬영한 부분일식이 최대로 진행됐을 때 사진이다. 달 표면에 붉은 빛이 보인다.

순수한 우주의 빛을 찾아서

계룡산 자락을 마주 보고 있는 외할머니 집 툇마루에서 보았던 계룡산 능선에 비스듬히 걸쳐있던 은하수의 기억은 최근에 더욱 짙게 다가온다.

산속 마을의 겨울밤은 빨리 찾아왔다. 저녁 먹고 마루에서 이불을 둘러쓰고 바라본 밤하늘엔 진하지는 않지만 옅은 연기가 피어오르는 듯한 모습으로 은하수가 흐르고 있었고 송편 모양의 달로부터 비친 차가운 달빛이 흰 눈에 반사되어 바늘 끝처럼 날카롭게 반짝였다. 그때는 이런 것이 흔히 볼 수 있는 풍경이라서 별다른 느낌이 없었다. 그러나 지금은 광해가 적은 깊은 시골이나 서호주 아웃백 같은 외국에 가야만 굵고 진한 은하수를 보며 뭉클한 가슴을 쓸어내릴 수 있게 되었다.

지금은 어렸을 적 기억 속 풍경을 주변에서는 쉽게 보기 어려워졌고 하늘을 흐르던 은하수와 어우러졌던 별빛도 밝고 화려한 인공불빛에 자리를 내준 채 우리로부터 돌아앉았다.

▲ 캐논 6D 카메라에 ISO 8000, 노출시간 30초로 설정, 삼양 14mm 광각렌즈, 조리개 f/5.6으로 맞춘 후 삼각대를 이용하여 고정 촬영하였다. 촬영 장소는 양평 벗고개로 맑은 밤이면 은하수를 관측할 수 있다.

지구 밖 세계로 눈 돌리기가 점점 어려워지고 있다. 은하수는 우리은하의 측면을 보여주는 것으로 은하수를 볼 수 있다는 것은 우주를 이해하기 위해서 필요하다기보다는 감성적인 면에 더욱 큰 비중을 둘 수 있다. 지구가 속해있는 우리은하를 우주선을 타고 우리은하 밖으로 나가지 않아도 우리은하 면을 볼 수 있다는 것은 얼마나 감성을 자극하는 것일까.

사람이 편하게 살기 위해서 잃는 것 중 큰 것 하나가 밤하늘의 아름다운 풍경을 볼 수 없게 되는 것은 아닐까. 점점 자연이 주는 신비롭고 매혹적인 작품을 감상할 기회를 잃어버리고 있다. 지금도 그렇지만 아마도 다음 세대를 살아가는 사람들은 밤하늘의 은하수를 모른 채 살게 될지도 모르고 결국 은하수를 보기 위해서는 다른 나라로 여행을 떠나야만 할 수도 있고 이런 여행은 경제적으로 여유로운 이들만의 특권이 될 수도 있어 안타까운 생각이 든다.

◀ 서호주 아웃백에서 천체 사진 촬영 중 유성 하나가 떨어지는 모습

지구, 행성에서 별로 변해가는가?

하늘의 수많은 별은 스스로 빛을 내는 항성에 해당한다. 태양계에서 태양만이 유일한 항성이고 지구의 모든 생명체들은 태양의 빛에 의존하여 생명활동을 유지한다. 그러나 태양 빛이 도달하지 않는 밤에도 인간들의 활동에 의해서 지구는 밝은 빛을 방출하고 있다. 인공조명에 의해서 밤하늘이 점점 밝아지면서 생태계 교란이 발생하고 있다는 연구보고가 점점 증가하고 있고 대부분의 선진국에서는 밤하늘 보호운동이 정책적으로 또는 자발적으로 일어나고 있는 추세이다. 과거 오래전에는 밤하늘의 빛은 단지 달과 별에 의해서만 제공되었을 것이다. 밤하늘의 인공조명 빛을 '광해(light pollution)'라고 하는데 밤하늘의 천체를 관측하는 데에는 가장 큰 방해 요소이다.

우리나라 천체 사진가들은 빛의 공해를 피해 강원도와 경상북도, 충청북도의 산골 마을을 찾아 점점 좁고 깊은 곳으로 스며들고 있고 더러는 더 좋은 하늘을 찾아 몽골, 서호주 또는 칠레 등 해외로 천체 사진 촬영을 위해서 떠나고 있다.

▲ 세계 광해지도(출처 Brilliant Maps)

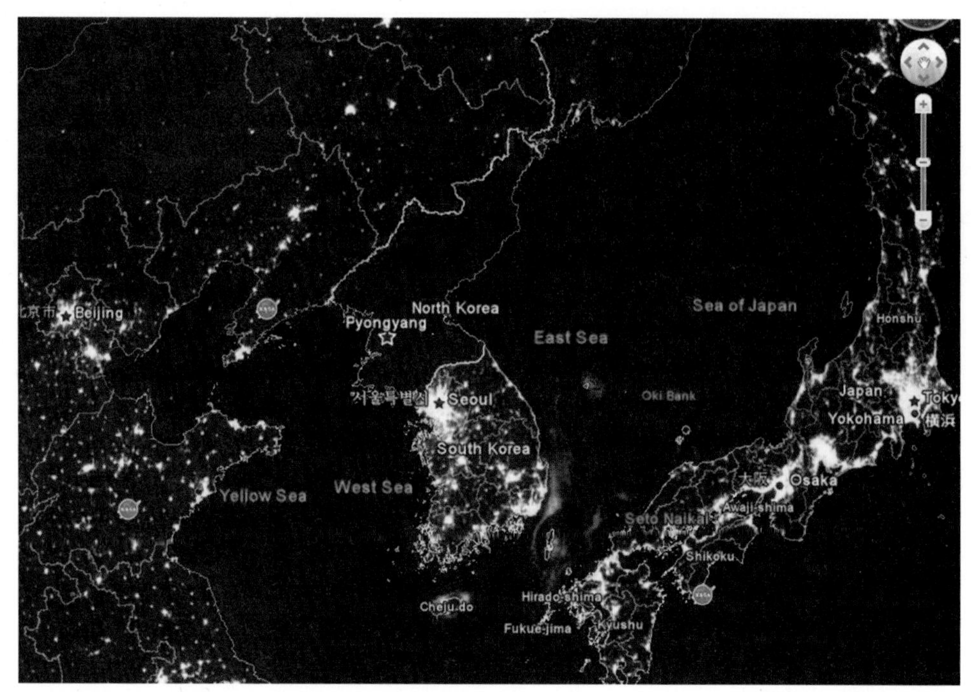

▲ 우리나라 주변의 인공 불빛 분포 현황(출처 Brilliant Maps)

문명이 발달하여 사람들이 많이 거주하는 대도시에는 밤하늘의 별을 보려는 사람들도 많이 살고 있다. 천체 사진 촬영도 문명의 발전에 따른 결과물이지만 이를 수행하기 위해서는 문명과 기술의 발달이 적은 오지로 떠나야만 하는 아이러니함이 있다. 밤하늘을 관측하기 좋은 지역에는 천체망원경과 디지털 카메라를 가지고 있는 사람들이 적고 그들은 밤하늘에 큰 관심을 갖지도 않는 편이다.

02 / 어디에 빛을 담을까?

방학 동안 밤하늘을 찍은 몇 통의 필름을 사진 현상소에 맡겼지만 돌려받은 사진 중 볼만한 사진은 몇 장 되지 않았던 씁쓸한 기억은 천체 사진을 오랫동안 촬영해 온 사람들이 공감할 수 있는 기억 중 하나이다. 필름 한 통에 24장 또는 36장의 사진을 촬영할 수 있으니 3~4통의 필름 속에는 100장 가까이 되는 촬영의 순간들이 있었고 이 순간들의 모음은 1개월 정도 되는 방학 기간의 밤 시간이 거의 모두 포함된 것이었다.

그러나 현상해서 본 사진들은 투자한 시간과 노력을 비웃기라도 하듯이 까만 배경에 초점이 맞지 않은 별빛 몇 개가 보이는 경우가 대부분이었다. 또한 현상소에서도 잘못된 사진으로 지레 판단하고 아예 인화하지 않는 경우도 많았기 때문에 자신이 원하는 천체 사진을 손에 넣기는 쉽지 않았던 시기가 있었다.

이제는 디지털 카메라가 대부분이고 필름카메라가 거의 사라진 상태라서 대학 초년생 때 겪었던 이런 기억들은 추억이 되었고 동네에서 필름을 인화하는 사진관을 찾기도 힘들다.

빛을 담을 도구의 선택

2005년쯤에는 DSLR 카메라가 본격적으로 대중화되기 시작했지만 가격이 만만치 않았고, 이 시기가 필름카메라를 사용한 천체 사진가들이 디지털 카메라로 옮겨가는 시기였다. DSLR 카메라 구입이 부담스러워 렌즈와 카메라 몸체가 일체형인 콤팩트 카메라 중 수동기능이 많이 포함된 미놀타 디미지(Dimage Z3) 카메라를 천문업체의 지인으로부터 소개받아 구입했었다. 당시 DSLR 카메라를 제외한 디지털 카메라로는 성능이 괜찮은 것이었으나 천체 사진 촬영에는 부족한 점이 많았다. 요즘 휴대폰 카메라에 비해서도 성능은 떨어지지만 카메라 디자인이 예뻐서 디지털 소품으로 아직도 가끔 가지고 나가 촬영하기도 한다. 그런데 적지 않은 사람들이 이 카메라에 호기심을 두고 어디 제품인지 물을 정도로 개성 넘치는 디자인을 보여주는 카메라이다.

니콘 D70s라는 DSLR 카메라를 구입한 것은 2006년으로 기억한다. 당시 가격이 대략 100만 원 초반대였던 것으로 무척 고가의 카메라였다. 이 당시 DSLR 카메라는 전문가들이나 사진 촬영에서 앞서가는 사용자들의 몫이었었다. 남대문 카메라상가를 방문하여 묵직한 카메라 박스를 들고 올 때의 설렘은 천체 사진뿐만 아니라 주간 사진에서도 이미 전문가가 된 듯한 기분이었다.

▲ DSLR 카메라 기능을 많이 포함했었던 미놀타 Dimage-Z3 카메라와 천체 사진 촬영에 처음 사용한 DSLR 카메라 니콘 D70s

천체 사진 왕초보의 당연한 실패의 길

디지털 카메라를 사용해서 처음 촬영한 밤하늘 사진은 당연히 엉망일 수밖에 없었다. 카메라의 기능과 특성을 파악하지 못한 상태에서 촬영해보고 싶은 의욕만 앞섰기 때문이다.

▲ Minolta Dimage-Z3로 촬영한 오리온자리(좌)와 Nikon D70s로 촬영한 달과 금성의 움직임(우)

위 두 사진은 미놀타 Dimage-Z3와 니콘 D70s를 사용하여 처음 촬영한 밤하늘 사진으로 많은 것을 배울 수 있었던 사진이다. 아마도 카메라 기능을 충분하게 숙지했더라면 훨씬 좋은 사진을 얻을 수 있지 않았을까. 그러나 이날 밤 풍경은 두 번 다시 되풀이 되지 않았다. 모든 사진들이 그렇지만 천체 사진도 마찬가지로 촬영 준비가 충분하지 않으면 원했던 순간을 적절하게 담지 못한다. 두 사진의 분석을 통하여 어떤 준비가 필요한지를 알아보는 것은 처음 천체 사진을 촬영하려는 사람들에게 큰 도움이 될 것이다.

미놀타 카메라로 촬영한 왼쪽 사진은 카메라 렌즈의 지름이 작고 광소자인 CCD의 크기가 작은 렌즈일체형 디지털 카메라 기능의 한계를 보여준 사진이다. 최근에는 소형 카메라의 기능이 이 사진을 찍을 때보다는 많이 좋아졌지만 렌즈와 CCD의 크기가 작은 것은 여전하다. 이 사진은 노출시간을 10초로 설정하고 촬영한 것인데 노출시간을 길게 설정할 수 없는 기능의 한계가 있었고, 렌즈 구경이 작아서 받아들이는 빛의 양도 부족한 결과인데 우측하단의 붉은색은 주간 사진에 비해서 상대적으로 긴 노출시간에 따른 열화 노이즈가 발생한 결과이다. 주간에는 10초 정도의 노출로 촬영하는 경우는 거의 없기 때문이다. 아래 사진은 니콘 DSLR 카메라로 달과 금성의 움직임을 촬영한 것이다. 카메라를 샀을 때 기본으로 제공하는 18-55mm 렌즈를 이용하여 150초 3장, 250초 3장을 촬영한 것으로 달의 이동 흔적이 6개로 보이는 것으로 이를 판단할 수 있다.

이 사진에서 발견되는 검은 반점들은 렌즈 표면이나 CCD 면에 붙어있는 먼지 입자들 때문에 생긴 것으로 촬영 전에 제거를 했어야 했고, 전깃줄이 세로로 가로지르는 것은 구도 설정에 실패한 것이다. 또한 하늘색이 보라색에 가깝게 비정상적으로 보이는데 이는 화이트밸런스를 잘못 설정한 결과다. 그리고 촬영 계획도 잘못되었는데 달과 금성이 가까운 거리에 있을 경우 일주운동 사진을 촬영하면 달의 궤적이 금성의 궤적을 지우면서 지나가기 때문에 두 천체의 궤적을 촬영할 수 없다.

▲ 달과 금성의 움직임을 촬영하기 전 Nikon D70s 3초 노출로 촬영한 점상 촬영 사진. 화이트밸런스 설정이 부적절하여 하늘색을 제대로 표현하지 못했다.

따라서 일주운동 사진보다는 위 사진처럼 점상 사진을 촬영하는 것이 더 좋은 촬영 계획이었다. 같은 날 촬영한 사진의 밤하늘 색이 노출시간에 따라 무엇이 다른지를 파악하고 긴 노출로 촬영할 경우 화이트밸런스 설정의 중요성을 인식해야만 같은 실수를 반복하지 않는다.

사진 좌측 상단의 일부가 붉고 밝게 보이는 것은 긴 노출시간에 따른 전기적인 발열 현상에 의한 열화 노이즈이다. 긴 시간 노출 촬영을 하게 되는 천체 사진에서 광소자 주변부의 열화 노이즈는 흔히 나타나는데 이를 방지하기 위해서 냉각장치를 부착한 카메라가 개발되기도 하였다.

천체 사진 촬영의 첫 고민, 카메라 선택

2008년을 지나면서 디지털 카메라의 기능과 성능이 급격히 향상되었다. 처음 구입한 니콘 D70s 기능을 제대로 파악하여 활용하지도 못한 상태에서 이 카메라의 열화 노이즈의 문제로 인하여 고민하다가 상대적으로 열화 노이즈가 적다고 알려진 캐논의 DSLR에 천체 사진가들이 몰리는 것을 보고 캐논 30D로 이름이 붙여진 DSLR 카메라를 다시 구입하였다. 짧은 시간 동안 카메라에 대한 지출이 컸던 것은 구매 전에 신중하지 못한 탓도 있었지만 주간 사진용으로 최적화된 디지털 카메라를 천체 사진에 사용하면서 나타나는 부조화 때문이었던 탓도 컸다. 이런 과정을 통하여 디지털 카메라에 대해서 이해하게 되고 천체 사진 촬영에 맞도록 기능을 최적화하는 방법도 터득하게 되었다.

▲ 중고로 판매한 650D를 제외하고 현재에도 사용하는 캐논 DSLR 카메라를 5D, 6D, 30D(APS-C타입), 650D(APS-C 타입) 순서로 나열하였다.

캐논 30D 카메라를 구입하면서 디지털 카메라를 이용한 천체 사진 촬영에 몰입하였다. 이때가 천체 사진 촬영의 붐이 조성되기 시작했던 시기였는데 그 이유는 DSLR 카메라를 천체 사진에 본격적으로 사용했기 때문이다. 천체 사진 촬영지의 거의 모든 사진가들이 DSLR

카메라를 사용하고 있었던 시기였다.

앞서 제시한 캐논 카메라들은 모두 사용했었고 지금도 사용하고 있는 것들로 같은 회사의 카메라를 주로 사용했던 이유는 노이즈도 적은 편이지만 무엇보다도 조작기능이 같은 패턴이라서 사용이 편했다. 그리고 렌즈와 액세서리를 같이 사용할 수 있어서 추가 비용을 절약할 수 있었기 때문이다. 사용패턴이 비슷하다는 것은 새로운 카메라에 대한 적응 시간을 줄여주고 어두운 밤하늘에서 실수를 줄여주는 중요한 요소에 해당한다.

5D와 6D는 풀프레임 카메라로서 필름 크기와 같은 크기의 이미지 센서를 장착하고 있어서 화각이 넓지만, 가격이 다른 카메라에 비해서 비싸다.

▲ 소니 알파7, 니콘 D70(APS-C 타입), 캐논 5D 냉각 카메라, CDS-600D(APS-C 타입) 냉각 카메라 순서

위의 디지털 카메라들은 캐논이 아닌 제조사에서 만든 것으로 천체 사진에서 사용하는 다양한 종류의 카메라이다. 소니의 알파7 카메라는 DSLR 카메라에서 뷰파인더 부분을 구성하는 펜타프리즘을 제거하여 가볍고 작게 만든 미러리스(mirrorless) 카메라로서 감도가 뛰어나고 풀프레임 CCD를 가지고 있기 때문에 최근 천체 사진 용도로 많이 사용한다. 또한 장시간 노출로 인한 열화 노이즈 발생을 억제하기 위한 냉각장치를 추가로 장착한 카메라를 판매하기도 한다.

천체 사진용 카메라를 구입하고자 할 때는 특성과 가격을 비교해 보고 중고 카메라를 구입하는 것도 나쁘지 않다. 그리고 가능하면 처음에 풀프레임 카메라를 구입하는 것이 나중에 중복된 경제적인 손실을 방지하는 방법 중 하나가 될 수도 있고 라이브 뷰 기능이 있으면 초점을 맞추거나 구도를 설정하는 데 큰 도움이 된다.

03 어떻게 빛을 담을까?

처음부터 멋진 천체 사진을 촬영하는 것은 불가능하기 때문에 마음을 조급하게 먹을 필요는 없다. 먼저 가장 쉬운 촬영법을 익히고 그다음엔 좋은 촬영 장소를 찾으면 스스로 만족할 만한 사진을 얻을 수 있다. 천체 사진도 주간 사진과 마찬가지로 촬영 장소 선정이 무척 중요하다. 좋은 장소가 어떤 곳인지는 촬영 대상에 따라서 선정 기준이 다르다는 것을 책을 읽다 보면 자연스럽게 알게 될 것이다.

▲ 밤 동안 천체 일주운동을 촬영하고 눈 내리는 아침을 맞이한 카메라와 삼각대

베란다를 촬영 연습 공간으로 활용하기

아래 보름달 풍경사진은 아파트 베란다에서 삼각대에 카메라를 고정시키고 촬영한 사진이다. 노출시간이 1/125초로 한 장을 촬영한 사진인데 도심 광해로 인해서 사진의 중심부와 주변부의 밝기가 차이나는 비네팅 현상을 띤다. 광해가 없는 하늘에서라면 비네팅 현상이 다소 줄어들겠지만 보름달의 광량이 크기 때문에 비네팅 현상을 완전히 피하기는 힘들 것이다.

▲ 캐논 5D에 70-200mm 줌렌즈를 200mm로 설정하여 촬영한 보름달 사진 노출은 1/125초

이 사진 촬영의 핵심은 보름달의 크기와 지상 풍경과의 조화이며 사진 촬영에서 가장 고려해야 할 것은 카메라 렌즈의 초점거리이다. 초점거리가 너무 작으면 달이 너무 작게 찍혀 달의 표면구조를 볼 수 없고 너무 커서 확대율이 크면 지상 풍경인 나무가 한 화면에 포함되지 않을 수 있다. 이 사진 촬영에는 캐논 70-200mm 줌렌즈를 200mm로 설정하여 촬영하였다. 일반적으로 많이 사용하는 50mm 렌즈를 사용했으면 달이 너무 작게 나와서 볼품없는 사진이 됐을 것이다. 렌즈의 초점거리와 화각 간의 관계는 뒤에서 자세히 다루기로 하자. 반대로 고배율로 확대하여 달 표면의 정교한 사진을 촬영하려면 카메라를 망원경에 연결해야 하는데 이 방법은 망원경을 이용한 촬영법에서 설명할 것이다.

왕초보에서 초보로 가는 도구들

▲ 캐논 카메라용 70-200mm 줌렌즈(좌)와 50mm 단렌즈

달이 뜨는 시각을 미리 알아보고 가장 기본적인 장비를 가지고 베란다나 옥상에서 천체 사진 촬영에 도전해보자. DSLR 카메라를 준비했으면 좋고 그렇지 못하면 렌즈 일체형 카메라로도 시작해볼 수 있다. 가장 먼저 준비해야 할 것은 카메라 삼각대이고 다음으로 필요한 것은 전자식 릴리즈이다.

천체 사진용으로 사용할 카메라를 구입할 경우 꼭 릴리즈나 리모컨을 함께 구입해야 한다. 디지털 카메라는 리모컨이나 전자식 릴리즈가 옵션 장비로 되어 있는 제품이 많은데 약간의 비용만 추가하면 구입할 수 있다. 천체 사진 촬영 이외에도 사용도가 다양하므로 구입하면 후회하지 않는다. 릴리즈나 리모컨은 사진 촬영 시 손으로 셔터를 누를 경우에 발생하는 흔들림을 방지할 수 있고 일주운동 사진이나 천체의 움직임을 동영상으로 보여주는 타임랩스 영상을 만들 때도 유용하다. 릴리즈나 리모컨이 없다면 카메라에 내장된 셀프타이머 기능을 활용할 수도 있다. 셀프타이머의 대기시간을

3~4초로 설정하면 3~4초 후에 전자식 셔터가 작동하므로 셔터를 눌렀을 때 발생하는 진동이 멈췄을 때 촬영된다. 천체 사진 촬영에 적절한 도구를 사용하는 것만으로도 촬영 후 사진을 보면 촬영 실력이 한 단계 높아진 것을 느낄 수 있다.

초보가 찍을 수 있는 멋진 천체 사진

천체 사진 초보자가 촬영할 수 있는 천체 사진 중 가장 멋진 것이 별들의 일주운동 사진일 것이다. 별은 실제로 움직이지 않지만 지구가 천구의 북극을 기준으로 자전하기 때문에 태양을 포함한 모든 천체는 동쪽에서 떠서 서쪽으로 지는 것처럼 관측된다. 이런 움직임은 하루에 한 바퀴 회전하는 움직임으로 나타나기 때문에 이를 '일주운동'이라고 한다. 카메라를 고정해 놓고 일정한 노출시간을 설정하면 별이 일주운동을 한 궤적이 선으로 찍힌다. 이는 전자식 릴리즈에 촬영 시간과 촬영 매수를 입력하면 자동으로 촬영하기 때문에 초보자도 어렵지 않게 촬영할 수 있고, 촬영한 결과물은 아름답고 멋진 이미지로 나타나 촬영자에게 큰 만족감을 주는 천체 사진 중 하나이다.

▲ 서호주 카리지니 에코리트리트에서 촬영한 일주운동 사진. 캐논 5D 카메라에 시그마 17-35 (17mm) 렌즈, 한 장당 30초 노출로 350장을 촬영하여 스타트레일로 합성했다. 1장당 노출시간을 길게 설정하여 주변 풍경이 밝게 나왔다.

앞의 일주운동 사진은 서호주 천체 사진 촬영 여행에서 찍은 것으로 총촬영 시간은 3시간 정도이며 30초씩 촬영한 별의 궤적을 350장 일주운동 합성프로그램으로 합성하였다. 다양한 별의 색을 살리면서 별의 궤적이 가늘게 나오도록 카메라를 설정하고 초점을 맞추는 것이 일주운동 사진 촬영의 기술적인 면에 해당한다. 촬영 기술과 별도로 일주 사진은 지상 풍경과 어울림이 중요하기 때문에 일주운동 촬영 전에 먼저 구도 촬영을 한 후 대략적인 모습을 스케치하고 촬영하면 감성을 자극하는 좋은 사진을 얻을 수 있다.

천체 일주운동 촬영은 일단 시작하면 최소한 3시간 이상 긴 촬영이 된다. 카메라 설정을 처음에 정확하게 하지 않으면 긴 시간 동안의 노력이 헛수고 되는 일이 많기 때문에 5분 정도의 노출로 미리 촬영해서 결과를 본다. 그리고 수정할 부분이 있으면 카메라 설정과 구도를 재조정하여 좋은 이미지가 나올 때까지 과정을 반복한 다음 촬영해야 좋은 사진을 얻을 수 있다. 또한 긴 시간 노출에 따른 렌즈에 이슬이나 서리가 맺히지 않도록 하는 것도 미리 체크해야 할 사항이다.

Tip

멋진 일주운동을 촬영하려면

① 구도를 구상하고 스케치한다. 원하는 구도를 위한 구도 확인용 촬영을 미리 실시한다.

② 초점을 정확하게 맞춘다. 초점이 맞지 않아 별 궤적의 선이 굵으면 사진 가치는 떨어진다.

③ 1장당 촬영 시간을 너무 길지 않게 설정한다. 노출시간이 길어 광량이 초과하면 모든 별의 색이 흰색으로 촬영되어 별의 색감이 사라진다.

④ 카메라 노출시간과 ISO, 조리개를 촬영 당시의 하늘을 고려하여 설정한다. f값을 크게 하여 조리개를 조일수록 노출시간을 길게 할 수 있고 별의 궤적도 날카롭게 촬영된다.

⑤ 별 색이 유지되는 노출시간을 찾고 시간이 짧으면 촬영 매수를 늘려서 일주운동 시간을 결정한다. 가능하면 짧은 노출로 촬영 매수를 많이 하는 것이 좋다.

⑥ 이미지의 촬영 시간 간격을 3초 이내로 설정하지 않는다. 1장 촬영 후 카메라 메모리 카드로 저장할 적당한 시간이 필요하다. 수백 장을 촬영하기 때문에 간격이 짧은 경우 저장하다가 오류가 날 수 있다. 몇 시간 뒤에 와보면 카메라는 오류로 죽어있고 일주사진은 사라져 버릴 수도 있다.

⑦ 수백 장의 사진이 촬영되므로 충분한 공간의 메모리 카드를 준비한다.

다음의 두 사진을 보며 일주운동 사진을 멋지게 촬영하기 위한 팁을 적용해 보고 어떤 점이 잘못되었는지 찾아보자. 그리고 앞서 서호주에서 촬영한 일주운동 사진과 비교해 어떤 것이 잘 찍은 사진인지 생각해 보자.

▲ 렌즈 : 삼양 14mm 카메라 : 캐논 6D 노출 정보 : 6초(ISO 1600)
일주운동 촬영을 위해서 미리 촬영한 구도 확인용 사진이다.

▲ 위의 구도 확인용 사진과 같은 설정으로 360매를 촬영하여 스타트레일스로 합성한 일주운동 사진. 대부분의 별색이 흰색으로 나타나며 별의 궤적으로 촬영된 선들이 다소 굵게 보이는 것은 한 장당 노출시간이 너무 길었기 때문이다. 카메라의 ISO 값을 감소시키거나 노출시간을 줄여서 별색이 표현되도록 해야 더 좋은 일주사진이 될 수 있다.

일주운동 촬영의 브레인

디지털 카메라가 보급되기 전까지는 일주운동 사진은 흔히 볼 수 없는 천체 사진이었다. 필름카메라와 기계식 릴리즈를 사용하여 일주운동 촬영하기가 쉽지 않았기 때문이었다. 지구가 1시간에 15도를 자전하기 때문에 2시간 이상을 촬영하면 별 궤적이 이루는 호의 각도가 30도 이상이 된다. 최소한 2시간 이상을 촬영해야 볼만한 일주운동 사진을 얻을 수 있고 좀 더 박력 있는 사진을 얻기 위해서는 5시간 정도 촬영하는 경우도 있다.

기계식 릴리즈를 사용했던 시절에는 촬영자가 시간을 보면서 셔터를 조작해야 하는 어려움이 있었지만 디지털식 릴리즈와 디지털 카메라가 대중화된 지금은 디지털 릴리즈에 촬영 시간, 촬영 간격 그리고 촬영 매수만 입력하는 것으로 일주운동 사진 촬영 준비를 쉽게 할 수 있고 마무리 후에 시작 버튼을 누르기만 하면 촬영이 시작된다. 카메라와 릴리즈가 일주운동을 촬영하는 동안 촬영자는 별을 관측하거나 천체 사진을 촬영하는 등 다른 작업을 할 수가 있어 최근에는 일주운동 사진 촬영이 부수적인 촬영 작업으로 전락하는 신세가 되었다.

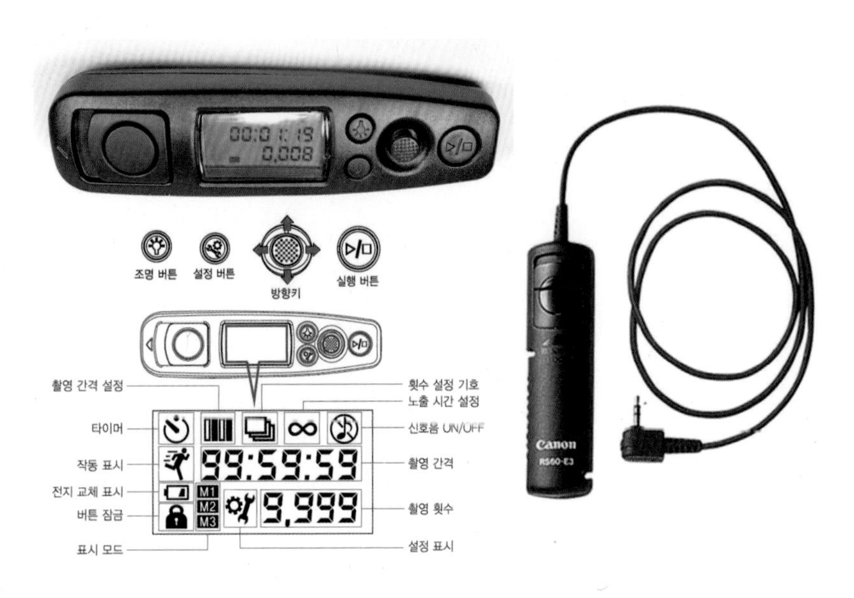

▲ 정보창이 있어 천체 사진에 적합한 디지털 릴리즈(좌)와 정보창이 없어 촬영 시간 및 촬영 매수를 수동으로 해야 하는 릴리즈(우)

디지털 릴리즈를 구입할 때는 정보 창이 있으며 다양한 입력이 가능한 것을 선택해야 한다. 창 없이 버튼만 있는 것은 과거의 기계식 릴리즈와 같은 역할만 가능하기 때문에 천체 사진 촬영에는 부적합하다. 또한 카메라 제조사에서 판매하는 릴리즈보다 가격이 저렴한 것들도 많이 시판되는데 이를 사용하는 것도 가격 대비 나쁘지 않다. 일주운동 사진 촬영 시간이 길기 때문에 릴리즈 건전지가 충분한지 미리 파악하고 온도가 낮은 겨울철에는 촬영 시작한 후 장갑과 같은 보온용 소품을 준비하여 그 안에 릴리즈를 넣어 두면 추위로 인한 오작동과 건전지 소모를 줄일 수 있다.

하늘이 맑을 경우의 일주운동 사진은 별이 없는 곳을 찾기 어려울 정도로 빽빽한 별들의 궤적이 촬영된다. 다음 사진은 서호주 천체 사진 촬영 여행 중 서부 아웃백 지역의 얀나리라는 곳에서 캠핑하면서 촬영한 일주운동 사진이다. 하늘이 맑고 광공해가 없는 지역에서는 20초 정도의 노출에 밤하늘의 모든 별이 카메라에 찍힌다. 따라서 사진과 같이 별빛의 궤적으로 가득 찬 장관을 이루는 일주운동 사진을 얻을 수 있다.

그러나 이 사진은 노출시간을 짧게 하고 촬영 매수를 늘렸어야만 했다. 노출시간이 길었기 때문에 거의 모든 별색이 노출과다로 하얗게 나오는 오류를 범했다. 별색이 다양했다면 정말 멋진 일주 사진이 되었을 법한 아쉬운 사진이다.

▲ 서호주 얀나리 캠핑장에서 본 일주운동
카메라 : 캐논 30D 렌즈 : 시그마 17-35(20mm) 노출 정보 : ISO 1250, 노출시간 20초, 500매
스타트레일스 프로그램을 사용하여 한 장의 사진으로 합성하였다.

Tip

Startrails(스타트레일스)의 세계

일주운동 사진 촬영은 한 번에 수백 장의 사진을 촬영하기 때문에 많은 사진을 일반적인 그래픽 툴로 합성하여 한 장의 일주운동 사진으로 만든다는 것은 쉽지 않다. 다행히 이를 자동으로 처리해 주는 프로그램이 있는데 바로 스타트레일스이다. 이 소프트웨어는 많은 사진의 별 궤적 이미지를 이어 붙여 한 장의 사진으로 만들어 준다.

무료 제공 홈페이지 http://www.startrails.de/html/software.html

Startrails를 이용한 별 궤적 합성방법은 간단하다. 프로그램을 실행한 후 아래와 같은 순서에 따라 일주운동 궤적의 사진을 합성할 수 있다.

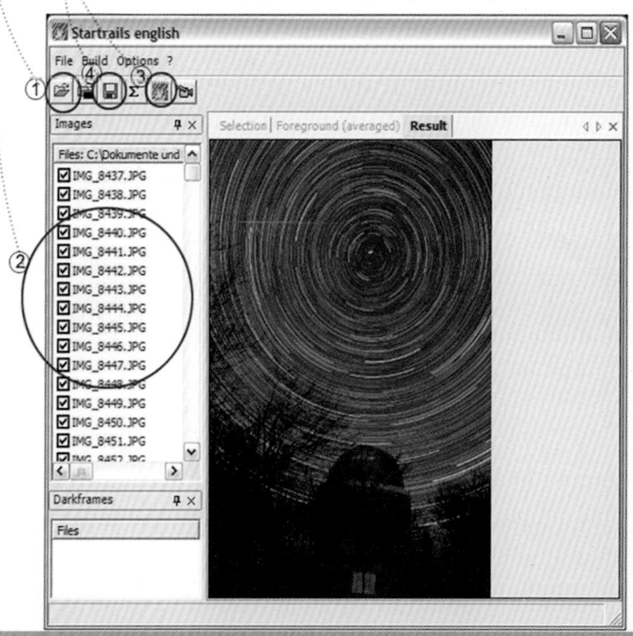

▲ Startrails 프로그램을 이용한 일주운동 사진 합성방법

04 어떤 캔버스에 밤하늘을 담을까?

천체 사진 촬영 시 고려해야 할 것들

화가가 그림을 구상할 때 가장 먼저 생각해야 할 것은 화폭 크기에 맞는 구도를 설정하는 일이다. 그림의 경우에는 화가의 눈에 보이는 대상을 화폭에 맞게 축소하거나 확대하여 그릴 수 있지만 카메라를 사용하여 촬영하는 경우에는 카메라에 보이는 시야만으로 구도의 크기가 결정된다.

따라서 카메라를 통해서 보이는 시야의 크기를 바꾸기 위해서는 카메라를 바꾸거나 렌즈를 바꿔야 한다. 천체 사진에서 적절한 렌즈 세트를 구성해야 하는 이유가 바로 여기에 있다. 천체 사진을 시작할 때 머릿속에 있었던 걱정스러운 요소들이 하나둘씩 나타나기 시작한다. 그러나 가장 일반적인 카메라 렌즈를 사용하여 천체 사진을 촬영하는 방법을 중심으로 알아보고 추가 장비를 구축해야 하는 것은 나중으로 미루어 두기로 한다.

▲ 같은 대상인 은하수를 촬영한 사진의 화각 비교를 통하여 렌즈 세트의 필요성을 인식하게 한다.
캐논 6D카메라에 50mm 렌즈(위)를 사용한 경우와 14mm 렌즈(아래)로 촬영한 사진이다.

화폭을 결정하는 요소들

인종에 따라 약간의 차이는 있을 수 있으나 사람이 보는 시야의 크기는 거의 비슷하다.

이는 사람의 눈 구조가 서로 크게 차이 나지 않기 때문이다. 그러나 다른 동물이라면 시각 체계가 사람과 다르기 때문에 해당 동물들이 보는 시야의 범위와 색상이 다르게 나타난다. 이것은 특성이 다른 카메라와 렌즈를 사용하는 경우와 같다고 할 수 있다. 겹눈을 가진 곤충의 경우는 화각이 넓고 색감이 뛰어나다고 알려져 있고, 어류의 눈은 구조와 작동 방법이 사람과는 전혀 다른 형태로서 원하는 대상에 초점을 맞출 때 사람의 눈 수정체의 부피를 조절하는 반면, 어류는 마치 사진기의 렌즈를 움직이는 것처럼 수정체를 앞뒤로 움직이며 초점을 맞춘다고 알려져 있다.

카메라도 같은 렌즈를 사용하면 같은 화각의 시야를 갖게 되지만 렌즈를 교환할 경우에는 다른 화각의 시야를 볼 수 있고 필터를 사용할 경우 다른 색감을 얻을 수 있다.

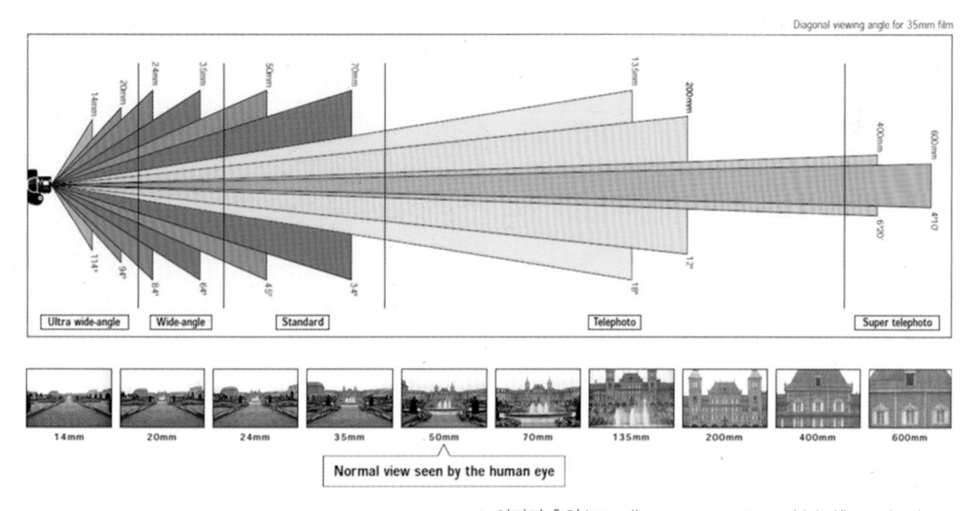

▲ 이미지 출처 https://www.panasonic.com/global/home.html

파나소닉사에서 제공하는 카메라 렌즈의 초점거리에 따른 화각 크기를 제시한 그림을 보면 사람의 시야와 가장 비슷한 렌즈인 초점거리 50mm를 렌즈를 화각의 기준으로 정하고 이를 '표준렌즈'라고 부르는 이유를 알 수 있다. 이보다 초점거리가 작아서 화각이 넓어지면 '광각렌즈', 초점거리가 커서 확대되어 보이면 '망원렌즈'라고 한다. 일반적으로 은하수와 별자리를 촬영할 경우에는 20mm 내외의 광각렌즈가 쓰이고 대상의 폭이 넓은 달이나 성운 등을 확대 촬영할 경우에는 망원렌즈를 사용한다. 그리고 화각을 결정하는 다른 하나의 요인은 카메라의 필름에 해당하는 광소자의 크기이다. 같은 렌즈를 사용하여 촬영한 사진도 사용한 카메라 광소자의 크기에 따라서 화각이 다르게 나타난다. 이런 이유는 광소자의 크기에 따라서 이미지를 인식하는 면적의 크기가 차이 나기 때문인데 면적이 작은 광센서는 입사한 이미지 전체 면적 중 일부분만을 인식하기 때문에 촬영한 이미지는 좁은 영역을 돋보기로 확대하여 보는 것과 같은 효과를 낸다. 따라서 광센서 크기가 작을수록 큰 센서에 비하여 좁은 영역이 확대되어 나타난다.

아래 그림은 광소자 크기를 상대적으로 비교한 것으로 크기가 클수록 카메라 가격은 비싸지지만 작은 광센서를 가진 카메라에 비하여 넓은 화각과 고해상도의 이미지를 얻을 수 있기 때문에 많은 천체 사진가들이 필름과 같은 크기의 광소자를 사용한 풀프레임 카메라 사용하기를 원하는 편이다.

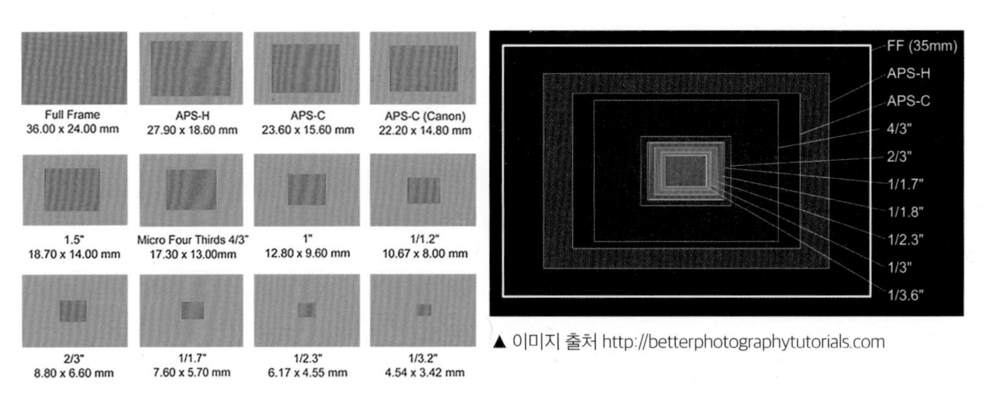

▲ 카메라에 사용하는 광소자 크기 비교

▲ 이미지 출처 http://betterphotographytutorials.com

다음 사진은 서호주 한 마을에서 촬영한 은하수 사진이다. 풀프레임 카메라와 크롭바디(croped body)로 불리는 작은 광소자를 가진 카메라로 촬영한 사진 크기를 비교하였다. 풀프레임보다 작은 크기의 센서를 가진 카메라에서는 풀프레임에 투영된 이미지 일부만을 잘라서(croped) 촬영되는 효과로 나타나기 때문에 편의상 크롭바디 카메라라고 부른다.

풀프레임 카메라인 캐논 6D의 이미지와 APS-C(Advanced Photo System type)형태의 캐논 30D 카메라를 사용하였다. 캐논 30D의 제조사 사양 설명서에는 센서크기 APS-C(22.5×15.0mm), 1:1.6으로 제시되어 있었는데 여기에서 1:1.6은 같은 대상이 풀프레임 카메라에 비해서 1.6배 확대되어 촬영된다는 것을 의미하는 것으로 카메라에 결합된 렌즈의 환산 초점거리는 렌즈에 표기된 초점 거리 약 1.6배와 같은 결과를 보인다.

▲ 촬영 이미지에 카메라 광센서 크기를 상대적으로 표시하였다. 풀프레임 카메라 6D에 비하여 30D는 작은 면적의 빛만을 인식하여 이미지를 만드는 것을 알 수가 있다. 6D 이미지와 30D 이미지가 같은 크기로 출력되기 때문에 30D 이미지가 상대적으로 확대되어 보인다.

▲ 풀프레임 카메라에 서로 다른 렌즈를 사용할 경우 렌즈 초점거리에 따른 화각 차이를 비교해 볼 수 있다.

저렴한 렌즈 세트로 천체 사진 촬영 즐기기

▲ 크롭바디용 50mm 단렌즈. 좌측부터 제조사는 캐논, 시그마, 삼양 순서이다.

처음 DSLR 카메라를 사용하는 사람들은 대부분 작은 크기의 광소자를 사용하는 크롭바디라고 부르는 카메라를 사용하는 경우가 대부분이다. 카메라의 기능을 잘 모르는 상태에서는 풀프레임 카메라의 가격이 너무 비싸고 카메라의 외관과 사진 결과물에서도 큰 차이를 느끼지 못하기 때문에 많은 이들이 크롭바디 카메라를 선택한다. 그러나 카메라 몸체의 크기와 광센서의 크기가 다르기 때문에 사용하는 렌즈도 풀프레임용과 크롭바디용이 구분되어 시판되고 있다.

앞서 언급한 바처럼 크롭바디로 촬영할 경우 풀프레임 카메라에 비해서 화각은 좁아지고 배율이 커지는 현상이 나타나는데 대부분의 크롭바디용 렌즈에는 확대율을 표시해 놓았기 때문에 이를 바탕으로 화각을 결정하면 된다.

위 사진으로 제시한 크롭바디용 50mm 단렌즈의 경우 캐논 1:1.2, 시그마 1:1.4, 삼양 1:1.2의 확대율이 적용되어 촬영된다. 즉 캐논의 경우 풀프레임 카메라보다 1.2배 더 크게 이미지가 촬영된다는 것이다. 이들은 화각이 좁아지는 현상이 단점이지만 풀프레임 렌즈에 비해서 가격이 저렴하기 때문에 크롭바디를 소유한 사람들에게는 부담 없이 사용할 수 있는 렌즈들이다. 화각과 배율을 조정할 수 있는 줌렌즈와는 다르게 이들 단렌즈는 초점거리가 50mm로 고정되어 있어 일정한 화각만을 갖지만 렌즈가 움직이지 않도록 고정되어 있어서 줌렌즈에 비하여 상이 깨끗하고 초점이 정확한 장점이 있다. 바늘 끝처럼 별상의 이미지를 추구하는 천체 사진에서는 단렌즈를 사용하는 경우가 많다.

▲ 카메라 : 캐논 6D, 렌즈 : 시그마 17-35 (30mm), F/2.8, 노출 정보 : 21초(ISO1600)

▲ 카메라 : 캐논 6D, 렌즈 : 시그마 50mm, F/2.8, 노출 정보 : 17초(ISO1600)

위 두 사진은 줌렌즈와 단렌즈에서의 화질 차이를 보여주는 대표적인 사진이라고 할 수 있다. 서호주 천체 사진 촬영 여행 중에 같은 날 서로 다른 렌즈를 같은 카메라를 사용하여 촬영한 것이다. 17-35mm 줌렌즈를 사용하여 초점거리를 30mm로 맞춰서 촬영한 은하수 사진은 아래의 50mm 단렌즈를 사용한 것보다 훨씬 광각의 이미지를 보여주어 시원한 느낌을 준다. 그러나 자세히 보면 별 이미지 즉 별상이 중심부에서는 작고 동그란 모양이지만 사진 주변부에서는 별상이 크고 길쭉하게 늘어난 형태를 보인다. 광각이기도 하지만 줌렌즈의 특성으로 사진의 주변부 화질이 다소 떨어진 형태를 보여준다.

◀ 서호주 은하수 촬영에 사용한 시그마 50mm 단렌즈(좌)와 시그마 17-35mm 줌렌즈. 가격은 단렌즈가 좀 더 비싼 편이다.

반면 50mm 단렌즈를 사용한 사진에서는 줌렌즈 사진보다는 별상이 더 동그랗고 주변부와 중심부의 크기 차이가 적은 것을 알 수 있다. 그러나 줌렌즈는 화질 문제를 양보한다면 다양한 화각을 구현할 수 있는 장점이 있어서 단렌즈 여러 개를 가진 효과가 있기 때문에 품질이 좋은 줌렌즈를 천체 사진에 사용하는 것도 고려해 볼 만하다. 또한 주간 사진에도 사용하고자 하는 경우 줌렌즈는 여러 가지 장점을 가지고 있다.

◀ 시그마 70-300mm 망원줌렌즈를 300mm로 설정하여 촬영한 달 사진. 40% 정도 주변부를 잘라내 확대하고 효과를 준 사진이다.

천체 사진 촬영에서는 50mm 이하의 광각렌즈를 은하수와 별자리 촬영에 주로 사용하지만 100mm 이상의 초점거리를 갖는 망원렌즈를 사용하여 달 또는 면적이 큰 천체를 확대하여 지상 풍경과 어우러지는 멋있는 사진을 얻을 수도 있기 때문에 망원렌즈 하나 정도는 가지고 있으면 좋다. 물론 망원렌즈는 고가에 해당하기 때문에 처음부터 렌즈 세트를 구성하기보다는 시간적인 여유를 가지고 구입하는 편이 좋다.

▲ 캐논 70-200mm 망원줌렌즈를 사용하여 200mm로 촬영한 대마젤란성운. 아래쪽에는 소를 운반하는 트럭의 짐칸 일부가 보이는데 이것으로 대마젤란성운의 크기를 가늠할 수 있다.

망원렌즈를 이용하여 촬영한 두 장의 천체 사진을 앞에 제시하였다. 시그마 70-300mm 망원 줌렌즈는 구경이 55mm이고, 캐논 70-200mm 망원줌렌즈는 구경이 77mm로 가격 차이도 크고 성능 차이도 크기 때문에 서로 비교하기 어려운 렌즈들이다. 그러나 밝은 천체인 달을 확대 촬영하는 데는 구경이 작은 시그마 렌즈를 300mm 초점거리로 설정하여 촬영하여도 문제가 없었다. 그러나 렌즈 화질 문제로 달 표면을 선명하게 표현하는 데는 어려움이 있었다. 이 망원줌렌즈의 가격은 20만 원대 초반으로 가격 부담이 적으므로 구입하여 망원렌즈 사용법을 익히는 데는 적절한 렌즈라고 생각한다.

그러나 대마젤란성운을 촬영한 캐논 망원줌렌즈의 경우에는 시그마렌즈 가격의 10배 정도인 200만 원 초반에 구입하였다. 천체 사진뿐만 아니라 주간 사진에도 많이 이용하는 고성능 망원렌즈라고 할 수 있다. 이 렌즈는 별상 왜곡이 적고 구경이 커서 노출시간을 짧게 설정할 수 있는 장점의 고급 렌즈에 속한다. 대마젤란성운 사진에서도 색수차가 없는 예리한 별상을 보여주는 것을 알 수 있다.

▲ 시그마 70-300mm(좌), 캐논 20-200mm 렌즈(우)와 결합한 풀프레임 카메라 캐논 5D

천체 사진은 장비와의 싸움이기도 한다. 좋은 장비를 사용하여 멋진 천체 사진을 얻을 수도 있지만 저렴하고 일반적인 장비를 사용하여 좋은 장비를 사용한 만큼은 아니더라도 자신이 만족할 정도 수준의 사진을 얻을 수 있다면 그것이 훨씬 바람직하게 천체 사진 촬영을 즐기는 것이라고 할 수 있다.

남들보다 좋은 장비를 갖는다는 것은 끝이 보이지 않는 길을 가는 것과 같고, 천체 사진 촬영에 경제적인 부담감도 커질 것이다. 자기 수준에 맞는 장비를 구입하여 촬영 기술을 습득하면서 남들보다 한 발짝 뒤에서 가는 것도 나쁘지 않은 방법이다. 신품 출고 후 2~3년이 지나면 장비 가격도 많이 낮아지고 중고 장비를 저렴하게 구할 수 있기 때문에 남들보다 조금 느리게 가면서 자신의 작품 활동을 하는 것이 진정으로 천체 사진 촬영을 즐기는 방법이라 할 수 있다.

단초점 줌렌즈로는 17-35mm 렌즈, 단렌즈는 50mm 렌즈, 망원렌즈는 70-300mm 망원줌렌즈를 남들보다 못한 천체 사진 촬영용 렌즈 세트로 구성하는 것을 추천한다. 렌즈 세 종류를 모두 구입해도 신품 렌즈 1개의 가격도 안될 것이다. 이들 렌즈 중 일부는 모두 단종되어 중고를 구입해야 하는데 문제가 없는 제품을 구입하면 사용에 아무런 문제는 없을 것이다.

망원경이 필요할 때

천체 사진을 효과적으로 담기 위한 화폭 크기를 결정하는 요인들을 알아봤다. 렌즈 초점 거리와 카메라 종류, 즉 광소자 크기가 그것들이다. 그러나 밤하늘의 여러 대상을 촬영하기 위해서는 지금까지 알아본 것 이외의 것들이 필요함을 느낄 것이다. 렌즈로만은 확대율이 한계가 있기 때문에 좀 더 정교한 사진을 얻기 위해서는 망원경이 필요하다는 것이 느껴지는 단계가 온 것이다.

오랫동안 다양한 천체 사진 촬영을 해왔지만 최근에서야 지상 풍경과 조화롭게 어우러진 밤하늘 풍경이 그 어떤 천체 사진보다도 아름답다는 것을 깨닫는다. 하지만 천체 사진 시작 초기에는 멋진 은하와 성단, 성운 등을 촬영하고 싶었던 기억이 있다. 천체 사진의 꽃이라고 불리는 딥스카이 천체도 멋지고 신비롭지만 DSLR 카메라와 삼각대만으로도 훌륭한 천체 사진을 만들 수 있다. 이 간단한 촬영 도구 조합의 장점은 촬영하고 싶은 곳, 즉 어디든지 갈 수 있다는 데 있다. 카메라와 삼각대만 배낭에 넣으면 산 정상이든 계곡의 골짜기이든 간에 마음만 먹으면 촬영하러 갈 수 있다. 뒤에서 다루겠지만 딥스카이 촬영을 위한 장비는 SUV 차량의 트렁크 공간을 모두 차지하고도 부족할 수 있다. 이것은 차량이 접근하지 못하는 공간에서는 촬영이 불가능하다는 것을 의미한다.

▲ 쾌적한 분위기의 관측지에서 관측 및 사진 촬영을 위해서 기다리는 장면을 일러스트로 표현하였다. 그러나 그림에 표현하지 못한 모기와 노트북과 헤드랜턴 주위로 달려드는 하루살이와 벌레들은 반갑지 않은 불청객들이다.

낮은 구릉지에 망원경을 펼쳐놓고 1인용 텐트 옆 간이의자에 앉아 밤하늘을 바라보는 낭만적인 풍경을 본 적 있을 것이다. 이런 단편적인 풍경은 천체 사진 촬영의 고충을 미화한 것일뿐, 실제 그렇게 멋진 시간을 즐기는 것은 매우 짧은 순간이다. 여름철엔 모기와 겨울밤엔 지독한 추위와 싸워야 한다. 천체 사진 촬영은 하늘을 읽고 카메라를 이해하고 졸음을 쫓으며 초점을 맞추고, 기다리고 움직이고 생각해야 하는 과정의 작업이다. 낭만적으로 접근했다가 쉽게 포기할 수 있다.

◀ 300mm 망원렌즈를 사용한 달 사진.

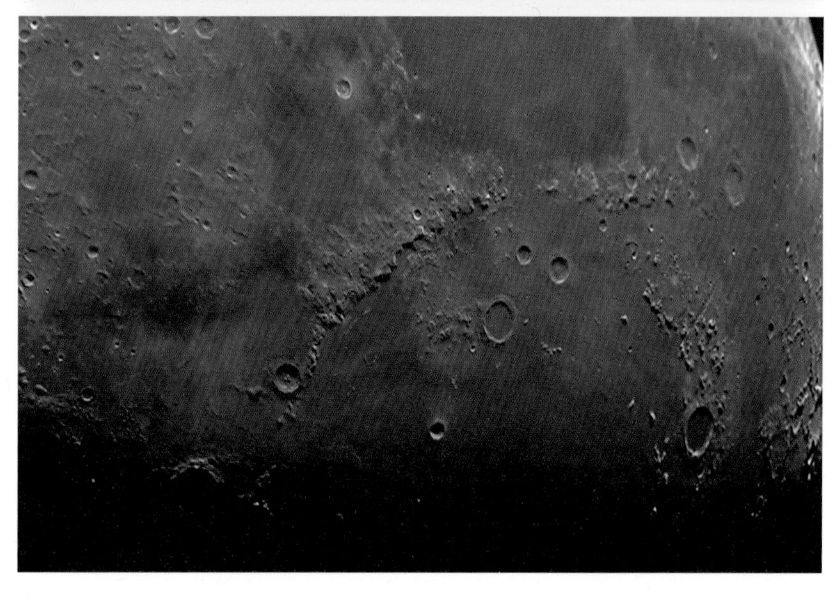

◀ 150mm 막스토프 카세그레인식 망원경에 동영상 카메라를 연결하여 촬영한 아페닌산맥 주변 지형으로 확대율이 300배가 넘는 고배율 촬영이다.

앞쪽 두 사진은 천체 사진 촬영에 천체망원경을 이용해야 할 당위성을 보여준다. 망원렌즈를 이용하여 촬영한 사진은 달 전체를 볼 수 있지만 달 표면의 운석구덩이와 계곡 등 상세한 지형을 보기는 어렵다. 반면, 천체망원경을 연결하여 동영상 카메라로 촬영한 사진은 인공위성에서 내려다보듯 달 표면의 지형을 상세하게 볼 수 있다. 확대율이 300배가 넘는 고배율로 촬영했기 때문에 가능한데 이는 카메라 렌즈를 사용해서는 얻을 수 없는 결과이다. 카메라 렌즈는 300mm 이상으로 초점거리가 길어지면 그 가격이 망원경보다도 훨씬 비싸지기 때문에 특별한 경우가 아니면 굳이 장초점의 망원렌즈를 구입할 필요는 없다.

이제 망원경이 필요한 때가 왔음을 느낄 수 있다. 고급형이 아닌 일반적인 망원경은 같은 초점거리의 카메라 렌즈보다 훨씬 저렴하기 때문에 렌즈를 사는 것보다 망원경을 구입하는 것이 더 효과적으로 천체 사진을 촬영하는 방법이다. 그러나 망원경은 카메라 삼각대에 거치할 수 없으므로 적도의라는 천체망원경용 장치대를 구입해야 한다. 적도의와 천체망원경을 구입했다면 아마추어 천체 사진가의 길로 절반은 들어온 것이다. 천체망원경을 사용한 천체 사진 촬영법은 Part 2에서 다룬다.

Tip

카메라 렌즈와 천체망원경의 배율 계산

천체망원경과 달리 카메라 렌즈에서의 배율은 거의 사용하지 않는 용어이다. 렌즈 초점거리를 배율로 사용하는 개념이기 때문에 필름 크기의 35mm 광센서를 가진 풀프레임 카메라에 50mm 렌즈를 결합했을 경우가 사람의 사야 각과 가장 비슷하여 배율을 1로 정하고 이를 기준을 삼는다는 정도이다. 50mm보다 초점거리가 작은 렌즈를 단초점렌즈라 하고 그 이상을 망원렌즈라고 부르고 배율 대신 렌즈 초점거리를 사용한다. 300mm 망원렌즈, 70-200mm 망원줌렌즈와 같이 표현하고 배율을 계산하려면 200mm 렌즈의 경우는 표준렌즈의 초점거리로 나누어서 200mm / 50mm= 4배가 된다고 할 수 있다.

단, 풀프레임 카메라가 아닌 크롭바디의 경우 앞서 제시한 배율을 곱해 주어야 한다. 캐논 APS-C를 사용하는 30D의 경우는 1.6배(50mm × 1.6)를 해서 계산해야 한다.

반면에 천체망원경은 배율을 망원경의 초점거리를 접안렌즈의 초점거리로 나누어 사용한다. 따라서 경통의 초점거리가 1000mm이고 접안렌즈의 초점거리가 10mm이면 1000mm / 10mm = 10배가 되는 것이다.

일반적으로 렌즈는 배율이란 용어를 사용하지 않고 렌즈의 초점거리를 사용하여 24mm 렌즈, 50mm 렌즈와 같이 렌즈를 구분하지만 망원경에서 초점거리를 언급하기 위해서는 1000mm 망원경, 600mm 망원경이라고는 하지 말고 앞에 초점거리 1000mm 망원경처럼 초점거리라는 말을 꼭 붙여서 사용해야 한다. 그 이유는 천체망원경에서는 105mm 굴절망원경, 10인치 반사망원경의 경우와 같이 망원경 앞에 붙이는 숫자는 망원경의 대물렌즈나 주경의 지름을 의미하기 때문이다.

결론적으로 렌즈를 언급할 때 사용하는 숫자는 렌즈의 초점거리를 의미하고 망원경 경통에 사용하는 숫자는 그 경통의 지름을 의미하는 방식으로 사용되기 때문이다.

그렇다면 1000mm 초점거리를 갖은 천체망원경에 35mm 풀프레임 카메라를 연결하여 촬영하면 배율은 몇 배일까? 이 경우는 풀프레임 카메라에 50mm 렌즈를 연결했을 때의 배율이 1이기 때문에 50mm로 나누어서 1000mm / 50mm = 20배가 된다고 할 수 있다. 즉 사람의 화각보다 20배 크게 보인다는 의미이다.

또 다른 방법은 광센서의 대각선 길이로 망원경의 초점거리를 나누어주는 방법도 사용한다. 예를 들어 35mm 풀프레임 광센서의 대각선 길이가 약 43.2mm 정도인데 1000mm 경통을 사용할 경우 1000mm / 43. mm = 23배 정도가 되는데, 50mm 렌즈로 나누었을 때보다 3배 정도 오차가 발생한다. 광센서의 크기로 계산하는 것이 더 정확한 계산법이며 크롭바디의 경우 경통 초점거리에 1.6배(광센서의 크기 참조)정도 곱한 값을 경통의 초점거리로 사용해야 한다.

▲ 구경 102mm, 초점거리 1000mm 굴절망원경에 캐논 30D 카메라를 연결하여 천체 사진을 촬영하는 경우로 배율 계산은 1000mm × 1.6 / 50mm = 32배이다.

05

디지털 카메라의 인사이드

남대문 카메라 상가에서 DSLR 카메라를 처음 구입하고 상자 속에서 카메라를 꺼낼 때의 느낌은 지금 생각해도 짜릿하다. 광택 없는 검은색이 주는 무게감과 투명하고 고운 모습의 렌즈를 장착한 카메라는 당시의 첨단 장비였고 내게는 최고의 천체 사진 촬영 장비이자 예술품이었다. 그러나 카메라가 주는 설렘은 두꺼운 사용설명서를 열면서 극복해야 할 부담으로 다가왔다. 처음 구입한 니콘 D70s의 사용설명서는 아직도 깨끗한 편이다. 설명서의 특정한 부분에만 손때가 묻어있고 나머지 부분은 한 번 정도 스쳐 가듯이 읽었다. 그 후에 구입한 캐논 30D의 사용설명서도 마찬가지였고 다시 한번 가슴설레게 했던 최초의 풀프레임 카메라인 캐논 5D의 설명서도 거의 똑같은 부분만 닳았다.

물론 5D는 중고로 구입했기 때문에 설명서의 사용감은 별로 언급할 필요가 없지만 그 후 감도 좋기로 소문난 캐논 6D 풀프레임 카메라 사용설명서도 마찬가지였다. 6D 사용설명서는 거의 읽어보지 않았다. 같은 제조사의 카메라를 구입한다는 것은 카메라 사용 방법을 전수받는 것과 같다. 그만큼 카메라에 적응하는 데 필요한 시간이 적어진다는 것이다.

주로 사용설명서 일부분만을 참조했다는 것은 천체 사진을 촬영하는데 카메라의 모든 기능을 알 필요가 없다는 것과 같다. 시간이 지나면서 순차적으로 알게 되지만 처음부터 모든 기능을 익히려 한다면 카메라를 배우는 것인지 전체 사진을 배우는 것인지 주객이 바뀔 수 있기 때문이다. 필요한 기능부터 익히고 반복적으로 연습하여 춥고 어두운 야외에 나가서도 능숙하게 카메라를 다루는 것이 우선해야 할 순서이다.

디지털 카메라의 시작

세계 최초의 디지털 카메라는 1975년, 미국 코닥(Kodak)사의 개발자였던 스티브 새슨(Steve Sasson)이 발명한 'DAC 100'로 알려져 있다. 이 카메라는 무게가 약 3.6kg이었고 100×100 해상도(1만 화소)의 CCD가 내장되었으며 흑백 이미지로 카세트테이프에 저장되는 시스템이었다. 그 후 소니와 후지에서 디지털 카메라를 개발하여 자신들의 제품이 실제적으로는 최초라고 주장하였고 이들 제조사가 주축이 되어 상용 디지털 카메라를 시판하기 시작하였다.

▲ 디지털 카메라의 시작을 알린 코닥 Sasson 디지털 카메라(1975), 소니가 출시한 MAVICA (1981), 후지의 FUJIX DS-1P(1988)

가장 현대적인 DSLR 카메라는 1999년 일본의 니콘(Nikon)사에서 만든 'D1'이다. 이 카메라의 이미지 센서는 화소가 270만 화소였고, 컴팩트 플래시(Compact Flash)방식의 메모리 카드로 영상 데이터를 저장하였다. 또한 '니콘 F 마운트' 규격의 렌즈를 장착할 수 있어서 기존의 아날로그식 필름카메라인 SLR 카메라와 동일한 감각으로 사용할 수 있었다.

니콘사의 D1(1999)

그후 후지필름, 캐논, 미놀타 등의 회사에서 DSLR 카메라를 생산하면서 본격적으로 DSLR 카메라의 시대가 열렸다.

초보자도 알아야 할 디지털 카메라의 인사이드

세계 최초의 천체 사진가는 미국 태생의 의사이자 아마추어 천체 사진가인 헨리 드레이퍼(Henry Draper)로 알려져 있다. 1872년 최초로 태양계 밖의 천체인 백조자리 베가의 스펙트럼 촬영을 시작으로 오리온성운의 중심부와 달을 카메라를 이용하여 촬영하였다.

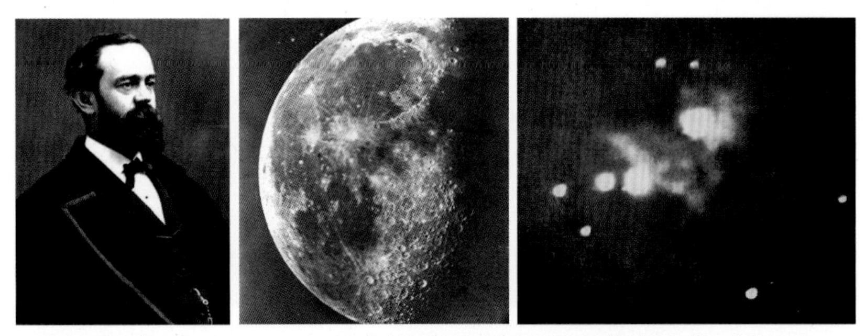

▲ 헨리 드레이퍼(Henry Draper, 1837~1882)(좌)가 촬영한 달사진(1863)과 오리온성운 중심부 사진(1880)

DSLR 카메라를 이해하기 위해서는 카메라에서 가장 중요한 이미지 센서(광소자 또는 광센서)에 대해서 이해할 필요가 있다. 앞서 언급한 것처럼 센서 크기는 촬영된 사진의 화각과 배율을 결정하고 해상도와도 관련성이 있기 때문이다. 그러나 카메라에 대한 전문가 수준의 지식은 필요 없고 천체 사진을 촬영하는 데 필요한 정보 수준만 알아도 충분하므로 부담가질 필요는 없다.

이미지 센서는 광자를 처리하는 방법에 따라 크게 CCD(Charge Coupled Device)와 CMOS(complementary metal-oxide semiconductor)방식으로 구분한다. CCD나 CMOS의 광소자는 빛(광자)을 흡수하고 이를 전기신호로 변환시키는 광전 장치(광 다이오드)로 빛에 민감한 반도체 소재로 이루어졌다. 노출시간 동안 누적된 빛은 전기적인 신호로 저장되어 처리된 다음 다시 빛의 신호로 재생된다. 이러한 과정으로 처리되는 전기적인 신호의 세기는 광소자에 도달한 광자 수와 비례하는데 이들 전기적인 신호는 디지털-아날로그 변환기를 통해서 이미지로 재생된다.

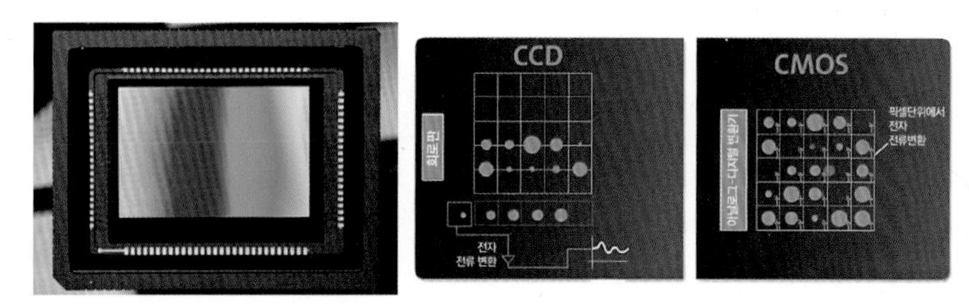

▲ 디지털 카메라의 광센서 모습과 CCD, CMOS 광소자의 전자처리 방식을 그림으로 표현한 예.
CCD는 전자를 모아서 회로에서 한번에 처리하는 반면 CMOS는 전자를 각각의 픽셀에서 처리하여 전류 신호로 변환한다.

CCD와 CMOS의 전기적인 처리 방식의 차이는 CCD의 경우 각 픽셀에 들어온 광자는 모아서 전기신호로 변환하는 반면에, CMOS의 경우에는 각 픽셀에서 광자의 전기신호를 처리하는 방식으로 CCD는 직렬식 처리, CMOS는 병렬식 처리한다고 한다. 디지털 카메라의 촬영 과정은 CCD, CMOS 센서가 광자를 흡수하여 전자를 생성하게 되고 이들 전자는 전기신호로 변환되어 아날로그-디지털 변환기를 통과한 후 우리가 볼 수 있는 이미지로 처리하는 것이다.

Tip

천체 사진과 디지털 카메라

디지털 카메라는 렌즈를 통해 모인 빛이 빛에 민감한 작은 반도체 판에 부딪혀 전기적인 신호로 바뀌면서 이미지를 만드는 도구이다. 반도체를 구성하는 작은 소자 단위를 픽셀(pixel)이라고 하고, 카메라 광센서의 기본단위로 DSLR 카메라의 경우 수 백만개 이상 집적되어 있다.

디지털 카메라는 빛의 신호를 시간에 따른 평면적 차원과 빛의 세기 차원으로 추출하여 이미지를 생성한다. 평면적인 빛 신호 추출은 광자가 광센서에 입사한 면적으로 픽셀 면에 직각 방향으로 입사하는 빛에 의해서 형성되고, 빛의 세기 추출은 입사하는 빛의 세기와 관련하여 연속적으로 변화하는 빛의 밝기를 세분하여 단계별로 기록하면서 이미지를 만든다.
평면적인 추출과 빛의 세기 추출이 정확하다면 디지털 카메라는 실제 이미지를 똑같이 재현하며 촬영 동안의 노출시간은 정확한 이미지를 생성하는 중요 요소가 된다. 노출시간이 짧거나 길면 실제 이미지와는 다른 형상의 이미지가 만들어진다.
노출시간은 천체 사진 촬영에 가장 중요한 조절 요소 중 하나이다. 낮 동안 사람의 시각세포는 수십분의 1초의 짧은 노출시간에 해당하는 신호에 따른 작용으로 설명된다. 그러나 어두운 곳에서는 시각세포의 빛에 대한 노출시간은 증가한다. 따라서 눈은 어두운 천체를 관측할 때 망원경을 이용한다고 할지라도 천체를 인식하는데 일정한 시간이 필요하다. 눈은 민감하기는 하지만 희박한 광자를 시신경을 통해 인식하기는 어렵고 몇 개 이상의 광자가 모여야 인식할 수 있다. 디지털 카메라 센서는 눈보다 더 예민하고 필름보다 더 작은 단위의 광자까지 인식할 수 있다.

천체 사진에서 디지털 카메라의 역할은 긴 시간 노출을 통하여 더 많은 광자를 모으고 통합할 수 있는 능력을 활용하는 것이다. 이것은 디지털 카메라가 집광력이 큰 대구경 망원경을 통해서 눈으론 볼 수 없는 어두운 천체를 긴 노출시간을 통해서 기록할 수 있음을 의미한다.

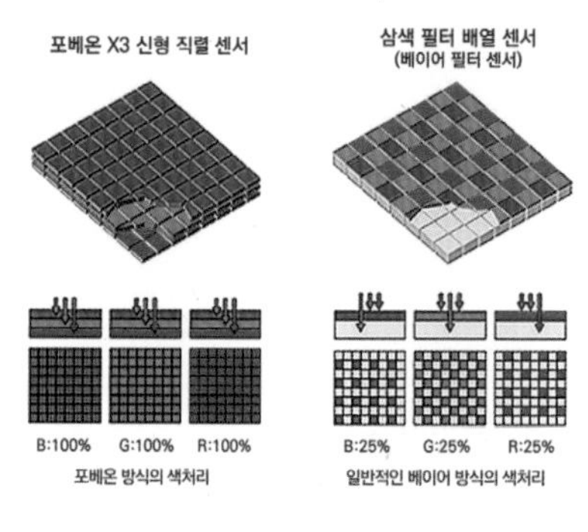

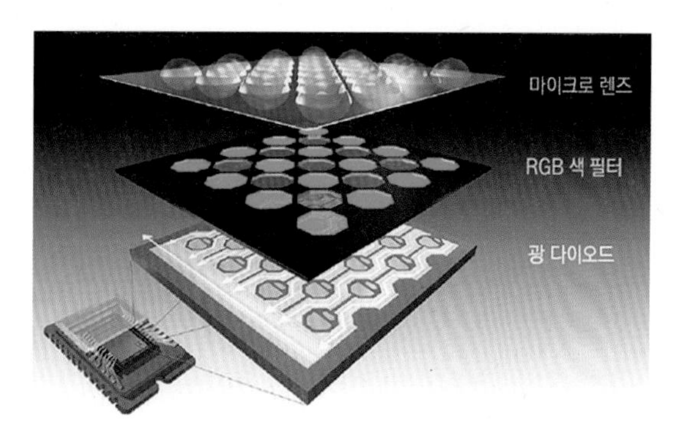

▲ 포베온 방식의 색 처리 ▲ 일반적인 베이어 방식 색 처리

▲ 색 처리를 위한 광소자의 수직구조

광센서는 빛 색은 인식하지 못하고 빛의 세기만 전기적인 신호로 변환하는데 색상은 어떻게 얻어내는 것일까? 그 답은 센서 앞면에 놓인 삼색 필터에 있다. 위 색 처리 방식 그림은 색을 만드는 방식을 보여주는 두 가지 예이다. 일반적으로 베이어 패턴 구조를 갖는 색상 필터가 디지털 카메라에서 가장 많이 사용된다. 이것은 한 픽셀을 R·G·B·G 영역으로 4영역으로 구분하여 각각의 색상을 가진 빛만 통과시켜 전기적인 신호로 변화하고, 이를 세 가지 색의 세기를 계산하여 혼합하는 과정으로 원색을 만드는 방식이다. 한 픽셀에서 세 가지 색을 나누어서 받은 후 이를 합성하는 방식이다.

반면에 포베온 구조는 시그마사에서 사용하는 방식으로 R·G·B 필터를 센서 위에 B·G·R 순서로 겹쳐서 설치한 구조이다. 픽셀 전체 영역에서 삼색의 세기를 순차적으로 모두 전기적인 신호로 변환하는 방식이다. 이 방식의 단점은 맨 아래에 있는 R영역의 빛의 신호는 B와 G 필터를 통과해야하기 때문에 신호가 약하고 노이즈가 발생한다는 것이다. 그러나 픽셀 전체 영역을 모두 한가지 색상을 받아들이는 데 사용하므로 해상도가 좋고 색상 표현이 필름과 흡사하다는 평을 받지만 천체 사진 촬영에서는 좋은 평을 받지는 못하는 구조이다.

색 처리에 사용되는 광소자의 수직구조를 보여주는 그림은 센서 맨 상단에는 마이크로 렌즈가 있어 빛을 모으는 역할을 하며, 이 빛이 색상 필터를 통과하여 광다이오드를 자극하여 전기신호로 변환되는 과정을 보여준다. 다음 쪽 그림은 베이어 패턴의 센서가 색상을 표현하는 모식도로 삼색 영역을 표현하고, 각 색 경계부를 주변 색상을 참조하여 부드럽게 처리하는 과정을 거치는데 이를 '보간(debayer)'이라고 한다.

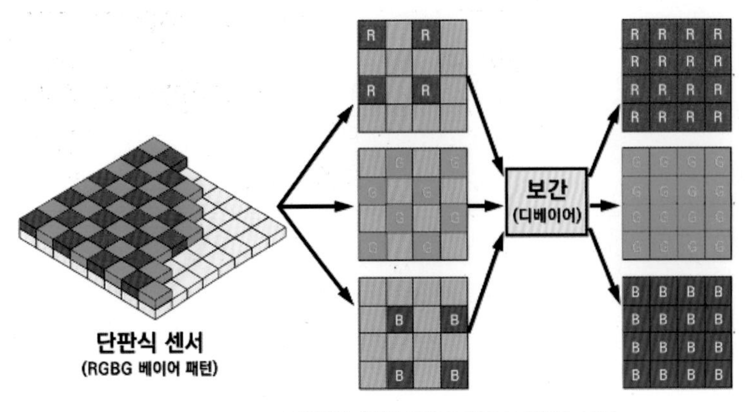

▲ 베이어 패턴의 센서가 색상을 표현하는 과정

천체 사진 촬영에 적합한 카메라 설정

천체 사진은 눈으로 보는 안시관측과는 달리 빛의 신호를 축적해서 볼 수 있다는 것이 차이점이자 장점이다. 눈은 동영상 카메라처럼 빛이 망막에 닿는 순간의 신호만 전달되고 사라지지만 카메라 광소자는 천체로부터 쏟아지는 광자를 바구니에 담듯 담아둘 수 있다. 또한 사람의 눈에 약한 파장영역의 빛도 특정 필터를 사용하여 쉽게 받아들일 수 있기 때문에 사람 눈에 잘 보이지 않는 영역까지도 사진으로 표현할 수 있다.

달과 몇몇 행성을 제외하고 밤하늘 대부분의 천체는 사진 찍기에 너무 어둡다. 따라서 카메라의 기본적인 조정은 관측 대상 천체의 빛을 많이 받아들이게 하는 것이다. 이를 위해서 가장 우선하는 조작은 노출시간과 ISO의 조정이다. 어두운 대상을 촬영하기 위해서는 감도를 높게 하고 노출시간을 길게 촬영하는 것이 천체 사진 촬영의 기본적인 방법이다.

천체의 빛 신호를 모아서 광소자에 집적시키는 역할은 카메라 렌즈이거나 카메라와 연결된 망원경이다. 이들은 오랜 시간 동안 먼 길을 달려오느라 힘이 빠진 광자들을 모아서 단체의 힘을 발휘하게 하는 장치로 맨 처음 광자를 맞이하는 도구이다. 다음으로는 렌즈와 망원경의 터널을 지나서 도착하는 곳이 디지털 카메라의 광소자인 CCD 또는 CMOS이다. 이곳에서는 빛의 입자가 광소자를 두드리는 정도에 따라서 전자가 튀어 나가 전기가 발생하게 되고 이 전기적인 신호들은 디지털 신호로 변환되어 카메라의 귀퉁이에 꽂혀 있는 메모리 카드로 저장된다.

간단한 원리만을 가지고 디지털 카메라의 조작법을 알아보기로 한다. 다음에 제시한 카메라의 외부로 노출되어 있는 기능 버튼에 대해서는 카메라 사용설명서를 참조하여 알아둘 필요가 있다.

▲ 일반적인 DSLR 카메라의 윗면 기능 버튼

▲ 일반적인 DSLR 카메라의 뒷면 기능 버튼

천체 사진은 어두운 곳에서 촬영하기 때문에 자주 사용하는 버튼의 위치를 숙지하여 별도의 조명이 없이도 사용할 수 있을 정도로 숙달하여야 어두운 야외에서 사진 촬영에 문제가 생기지 않는다. 천체의 빛이 맨 처음 도달하는 렌즈에는 빛의 양을 결정하는 조리개 조정과 선영한 이미지를 얻기 위한 초점 정렬 그리고 화각과 구도를 설정해 주어야만 하는 의무가 천체 사진가들에게는 주어진다. 천체 사진 촬영에 가장 우선순위에 해당하는 카메라 조작법을 순서대로 알아보자.

• **별상을 이용한 초점 조정**

천체 사진 촬영을 통해서 좋은 이미지를 얻기 위해서 꼭 필요한 것은 카메라 렌즈 초점을 정확히 맞추는 것이다. 이것은 사진 촬영 과정에서 가장 어려운 것 중 하나로 밝은 낮과 달리 어두운 야간에 빛의 양이 부족한 희미한 천체를 대상으로 초점을 맞추기란 쉽지 않다.

밤하늘에 있는 별들은 카메라 렌즈로 볼 때 모두 무한대의 위치에 있기 때문에 밝기가 적절한 별을 하나 선택해서 렌즈 초점을 정렬하면 다른 별에도 모두 초점이 맞게 나타난다. 렌즈 외부에 표시된 무한대 조정 표시선에 맞춰 놓고 촬영하여도 초점이 맞지 않아 별상이 크게 보이는 경우도 있기 때문에 렌즈 표시에 맞추기보다는 무한대 표시 근처에서 여러 번 별을 촬영하여 초점 상태를 파악하는 것이 정확하다. 초점 정렬에서 가장 먼저 해야 할 것은 오토포커스 기능을 끄고 수동으로 설정하는 것이다.

아래 제시한 사진들은 초점이 맞지 않은 상태로 촬영한 것이다. 첫 번째 사진에서는 카메라 렌즈가 자동 초점(AF)으로 되어 있어서 발생한 오류이다. 자동 초점은 주변의 피사체를 카메

라가 판단하여 그곳에 초점을 맞추는데 이 사진에서는 적도의에 있는 LED 조명에 초점이 맞춰졌기 때문에 적도의는 선명하지만 배경으로 보이는 오리온자리별들은 초점이 맞지 않아 크게 부푼 것으로 촬영되었다. 오른쪽의 은하 사진은 수동 초점이지만 초점 정렬이 부정확하여 별이 크게 나온 예이다.

최근에 업그레이드되어 나오는 디지털 카메라는 대부분 라이브 뷰 기능을 제공한다. 이 기능은 천체 사진에서 초점을 맞추는 데 효율적이다. 일반적으로 아래와 같은 순서로 초점 정렬을 할 수 있다.

초점 정렬할 때는 별을 밝게 볼 수 있도록 f 값을 작게 설정하여 렌즈의 조리개를 최대로 열고 정렬하는 것이 효과적이다.

① 라이브 뷰 기능 버튼을 눌러 액정 모니터에 촬영 대상 주변의 적절한 별을 도입한다. 촬영 대상 주변에 밝은 별이 없을 때는 다른 곳의 별을 사용해도 상관없다. 모든 별이 무한대의 거리에 있는 것으로 가정하기 때문이다.

② ISO의 감도를 1600 이상으로 증가시키면 약간의 어두운 별도 보이기 때문에 적절한 ISO 값을 설정한다.

③ 확대 버튼을 눌러 액정모니터를 통하여 실시간으로 별을 보면서 렌즈의 초점 조절링을 돌려 최대한 별이 작게 보이도록 조정한다.

④ 초점 조정이 끝났으면 초점조절링이 움직이지 않도록 테이프 등으로 부착하여 고정한다.

구형 카메라거나 라이브 뷰 기능이 없는 카메라는 뷰 파인더나 액정 모니터를 보면서 반복적으로 별을 촬영하여 초점을 조정한다.

위의 ①, ② 단계의 과정은 같으니 그대로 따라한다.

③ ISO1600 이상의 적당한 감도에서 3~5초 노출을 설정하고 별을 촬영한다.

④ 촬영한 사진을 최대한 확대해서 별상이 작은 지를 확인하고 별상이 최소가 될 때까지 초점조절링을 돌리면서 촬영과 확인을 반복한다.

⑤ 초점 조정이 끝났으면 초점조절링이 움직이지 않도록 테이프 등으로 부착하여 고정한다.

초점 정렬이 끝났으면 촬영 대상에 맞도록 조리개를 다시 조정하고 촬영하는 것을 잊지 말아야 한다. 조리개를 최대로 개방한 상태에서 촬영할 경우 별상이 부풀어서 크게 나타나는 경우가 많다.

• 조리개 값 설정

조리개는 사람 눈의 홍채와 같은 역할을 한다. 빛이 적은 곳에서는 빛을 많이 받을 수 있도록 확장히고 적은 곳에서는 반대로 조정하는 것이 기본 원치이다.

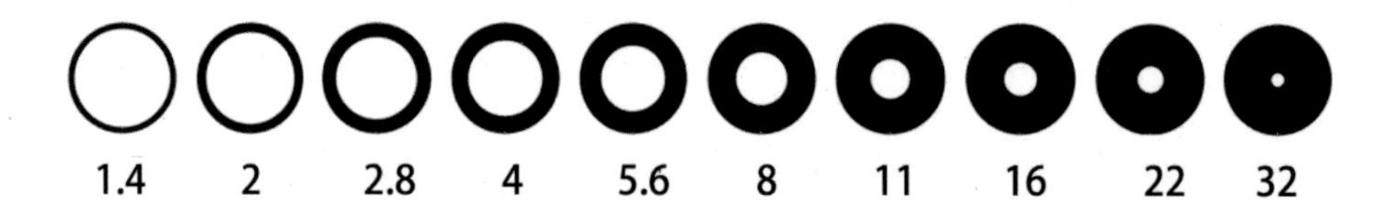

▲ 카메라 렌즈의 f값과 조리개의 크기

렌즈 혹은 망원경의 밝기는 F=초점거리(mm) / 구경의 지름(mm)의 식으로 환산하며 한 단계당 약 1.4배의 연속적인 숫자로 표현되며 숫자가 작을수록 조리개의 열린 구멍의 크기가 더 커진다. 조리개의 열린 구멍의 크기는 f/4는 f/5.6의 두 배로 나타난다. 간단한 계산 방법은 조리개 수치에 제곱한 값으로 비율을 따져볼 수 있다. 즉 4 : 5.62 = 16: 32의 비율로서 2배 차이가 나고 f 수가 적을수록 조리개의 열린 면적이 더 크게 되므로 f/4는 f/5.6에 비해서 2배 정도의 빛을 더 받아들이게 된다. 즉 f수 한 단계당 2배 정도 빛의 양이 차이 난다.

조리개를 조여서 빛의 양을 적게 할 경우에는 노출시간이 상대적으로 길어지며 조리개를 넓게 개방할 경우 노출시간이 짧아진다. 그러나 조리개가 많이 열려있을 때는 렌즈에 의한 수차의 영향이 커져서 별상이 좋지 않게 촬영되는 경우도 있으므로 노출시간을 늘리더라도 조리개를 1~2단계 조여서 깨끗한 별상을 얻도록 촬영하는 것이 천체 사진에서는 일반적이다.

조리개를 조이면 조리개 구조에 의한 회절상을 얻을 수 있기 때문에 노출시간을 늘리더라도 사진 이미지를 위해서 조리개를 조여서 촬영하는 경우도 많다. 이 경우에 밝은 별에서 나타나는 조리개의 회절상이 사진을 더 멋있게 해주기도 한다.

이미지 밝기를 결정하는 또 하나의 요소는 렌즈의 초점거리이다. 초점거리와 밝기는 반비례하기 때문에 망원렌즈를 사용할 경우에는 노출시간을 길게 설정해야 한다.

▲ 밝은 달을 촬영하기 위해서 조리개를 조여 조리개의 회절상을 얻은 경우. 달, 수성, 금성이 일직선상에 놓인 날 초저녁 서쪽하늘을 촬영한 것이다. 캐논 6D, ISO 25600, f/11, 17초, 17-35mm (35mm) 렌즈를 사용하였다.

• 노출시간 설정

노출시간(셔터속도)은 카메라 기종에 따라 차이가 있다. DSLR 카메라는 대부분 1/1000초부터 무한대(벌브모드, Bulb mode))까지 설정할 수 있다. 천체 사진은 어두운 밤에 촬영하는 경우가 대부분이므로 노출시간을 벌브모드(B셔터)로 설정하는 경우가 많다. 벌브모드란 셔터를 누르면 셔터막이 열린 상태로 빛을 받아들이다가 다시 셔터를 누르면 셔터막이 닫히는 방식으로 긴 노출이 필요한 어두운 천체의 경우 원하는 노출시간을 임의로 조정할 수 있다. 디지털 릴리즈를 사용할 경우에도 셔터모드는 벌브로 선택하고 릴리즈에 셔터속도와 촬영 매

수 촬영 간격 시간을 입력하고 촬영 시작 버튼을 눌러야 한다.

천체 사진은 주간 사진 촬영보다 노출시간이 길기 때문에 촬영 도중 카메라를 고정할 수 있는 삼각대는 필수이다. 노출시간을 결정하는 요소들은 관측 대상의 밝기 정도, 렌즈의 초점거리, 조리개의 f값, ISO 값, 관측 대상의 움직이는 속도, 촬영 일시의 외부 온도 등이 있다.

• 감도(ISO) 설정

▲ 천체 사진 촬영에서 조정해야 하는 부위를 표시한 것으로 카메라에 따라서 다소 차이가 있지만 그 차이가 크지 않기 때문에 사용의 호환성이 크다.

ISO 값은 디지털 카메라의 빛에 대한 감도를 나타내는 것이다. ISO 값이 100~1600 정도의 범위를 갖는 오래된 카메라부터 250,000 이상까지 큰 범위를 갖는 것 등 최근 제품까지 카메라에 따라서 그 값의 범위가 다양하다. ISO 값이 클수록 감도는 증가하지만 그만큼 노이즈나 입자감도 증가한다. 천체 사진의 경우는 감도 증가를 위해 대체로 ISO 값을 크게 설정하여 사용하고 이로 인해서 발생하는 노이즈는 촬영 후 보정용 다크이미지를 촬영하여 별도의 보정작업을 할 수 있다. 그러나 감도를 너무 높게 설정하면 밤 하늘색이 너무 밝고 색감도 달라지기 되기 때문에 촬영 후 이미지 처리 작업에서도 자연스러운 밤하늘 색감을 얻기 어려운 경우가 많으므로 촬영 대상의 밝기와 촬영 당시의 하늘 조건 그리고 광해 여부에 따라서 ISO의 값을 적절하게 조정할 필요가 있다.

ISO 값은 ISO100, ISO200, ISO400, ISO800, ISO1600, ISO3200과 같이 두 배 단위로 감도도 두 배씩 차이가 나게 설정되어 있으며 물론 사이 값도 카메라에 표시된다. 추적 가능한 장치대에 카메라가 부착된 경우에는 가능하면 ISO 값을 작게 설정하여 노이즈를 줄이면서 노출시간을 증가시켜 정당한 광량을 확보하는 것이 사진의 질을 향상시키는 좋은 방법이라고 할 수 있다.

• 화이트밸런스 설정

사람 눈은 태양의 색을 흰색으로 인식하도록 진화되어 왔지만 태양의 색도 아침, 저녁으로 다르고 지평선과 가까울 때나 공해가 심할 때는 붉은색 계열로 보이기도 한다. 광원이 바뀌더라도 카메라가 가장 밝은 빛을 흰색으로 처리하도록 설정하는 것이 화이트밸런스를 조정하는 원리인데 색온도가 6000K인 태양 빛을 흰색으로 기준을 정했다. 카메라에서 화이트밸런스는 아래 표의 왼쪽과 같이 그림 기호로도 표시되고 세부 메뉴에서는 색온도로도 나타내는데 광원이 제공하는 환경에 맞춰서 설정하여 사용하면 된다.

WB SETTINGS	COLOR TEMPERATURE	LIGHT SOURCES
	10000 - 15000 K	Clear Blue Sky
	6500 - 8000 K	Cloudy Sky / Shade
	6000 - 7000 K	Noon Sunlight
	5500 - 6500 K	Average Daylight
	5000 - 5500 K	Electronic Flash
	4000 - 5000 K	Fluorescent Light
	3000 - 4000 K	Early AM / Late PM
	2500 - 3000 K	Domestic Lightning
	1000 - 2000 K	Candle Flame

▲ 광원에 따른 색온도와 카메라에 표시된 화이트밸런스 기호
[출처] http://www.zacuto. com/film-lighting-basics-color

디지털 카메라의 화이트밸런스는 기본적으로 자동모드로 설정되어 있다. 자동모드는 천체 촬영에는 적절치 않고 특히 광해가 심한 지역에서는 더욱 부적절하여 사진 촬영 후 결과물을 보면 하늘 색이 실제와 다르게 보이다. 천체 사진 촬영에서는 화이트밸런스를 태양광으로 설정해야 실제 하늘색과 가장 비슷한 결과물을 얻을 수 있고 촬영 후 색감이 크게 다른 경우에

는 카메라 제조사에서 제공하는 프로그램이나 포토샵에서 화이트밸런스를 재조정할 수 있다.

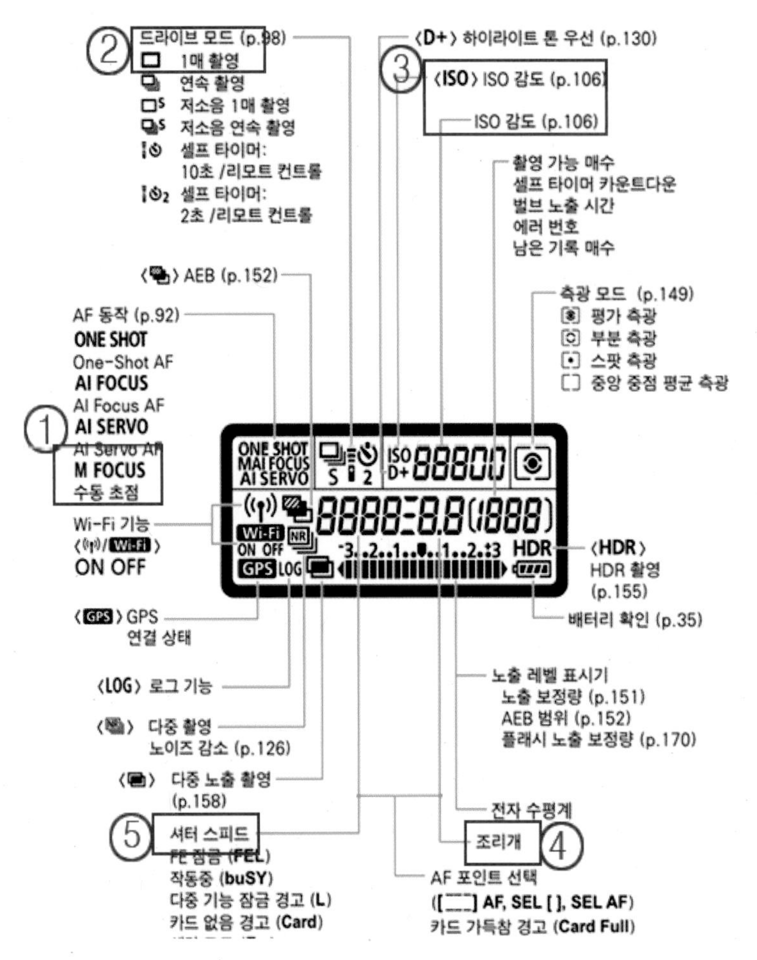

▲ 천체 사진을 촬영하기 위해서 확인해야할 카메라 정보창의 항목들을 촬영을 시작하기 전에 점검해야 할 순서에 따라 제시하였다.

• 이미지 저장 형식 결정

천체 사진 촬영에서 이미지 저장은 이미지의 화질을 가장 좋게 처리할 수 있는 RAW 파일의 형태로 저장하는 것이 기본적인 설정이다. RAW 파일은 촬영한 정보를 압축하지 않고 그대로 저장하는 방식으로 1장당 저장 용량은 크지만 그만큼 많은 정보가 들어있어 천체 사진의 후처리에 큰 도움이 된다.

촬영하려는 대상의 촬영 매수를 미리 계산하여 카메라에 삽입된 메모리 카드의 용량이 적당한지를 미리 파악해 두는 것도 중요하다. 먼 곳까지 어렵게 사진 촬영을 하러 갔는데 메모리의 용량이 부족하여 촬영을 못하거나 공들여서 촬영한 이전 사진을 삭제해야 할 경우도 발생할 수 있기 때문이다. 특히 한 번에 수백 장 이상을 촬영하는 일주운동 사진이나 밤하늘 풍경의 타임랩스를 촬영하는 경우에는 중간에 메모리 카드를 교체할 수 없기 때문에 더욱 신경을 써야 한다.

이미지 기록 화질 설정값 (근사치)

화질		기록 화소수 (메가픽셀)	프린트 크기	파일 크기 (MB)	촬영 가능 매수	최대 연속 촬영 매수
JPEG	◢L	20M	A2	6.0	1250	73 (1250)
	▟L			3.1	2380	2380 (2380)
	◢M	8.9M	A3	3.2	2300	2300 (2300)
	▟M			1.7	4240	4240 (4240)
	◢S1	5.0M	A4	2.1	3450	3450 (3450)
	▟S1			1.1	6370	6370 (6370)
	S2*1	2.5M	9x13 cm	1.2	6130	6130 (6130)
	S3*2	0.3M	-	0.3	23070	23070 (23070)
RAW	RAW	20M	A2	23.5	300	14 (17)
	M RAW	11M	A3	18.5	380	8 (10)
	S RAW	5.0M	A4	13.0	550	12 (17)
RAW + JPEG	RAW ◢L	20M 20M	A2 A2	23.5+6.0	240	7 (8)
	M RAW ◢L	11M 20M	A3 A2	18.5+6.0	290	8 (9)
	S RAW ◢L	5.0M 20M	A4 A2	13.0+6.0	380	10 (12)

▶ 캐논 6D 카메라에 8GB 메모리 카드를 장착했을 때 촬영 가능한 매수를 나타낸 표이다.

• 노이즈 감쇄 기능 설정

노이즈 감쇄 기능은 노출시간과 온도 그리고 광소자의 전기적인 신호와 관련한 이미지 센서의 노이즈 제거 기능이다. 즉 이미지 촬영과 같은 조건으로 셔터를 열지 않고 빛이 없는 상태에서 촬영하고, 이때 발생한 노이즈로 촬영된 이미지의 노이즈를 제거하는 기능이다. 따라서 노이즈 감쇄 기능을 켜두면 두 번 촬영이 이루어지기 때문에 촬영을 마치고 이미지를 얻기까지 노출시간의 두 배의 시간이 걸린다.

1분의 노출 촬영의 경우 셔터가 열려있는 1분 동안은 광자가 카메라 센서에 부딪혀서 상을 만드는 데 이 과정을 라이트프레임을 촬영한다고 하고 또 다른 1분은 조리개를 닫고 빛이 차단된 어두운 상태로 1분 동안 촬영을 하는데 이를 다크프레임을 촬영한다고 한다.

노이즈 감쇄 기능은 라이트프레임을 찍고 이미지가 메모리로 바로 전달되는 것이 아니라 같은 조건으로 다크프레임을 찍고 라이트프레임에서 다크프레임을 빼주는 과정을 거친 다음에야 이미지를 메모리에 저장하고 상을 보여준다. 다크프레임은 빛이 없는 동안 카메라의 전기적인 노이즈를 찍게 되는데 온도와 노출시간이 동일하다면 라이트프레임에도 이러한 전기적인 노이즈가 똑같이 포함되어 나타나기 때문에 이를 제거하는 작업이 필요한데 이를 카메라에서 내부적으로 처리하면서 시간이 두 배로 더 필요하다.

이 기능은 노출시간이 짧은 주간 촬영에서는 사용되지 않고 노출시간이 길 경우에만 작동한다. 촬영 시간을 단축하기 위해서는 촬영할 때마다 반복되는 다크프레임의 촬영을 하지 않도록 노이즈 감쇄 기능을 끈 상태에서 촬영을 한 다음, 나중에 카메라 렌즈를 막고 같은 시간과 온도에서 다크프레임을 따로 촬영하고 이미지 편집 프로그램을 이용하여 다크프레임을 빼주는 작업을 수동으로 처리하는 것이 천체 사진에서의 일반적인 방법이다. 야간에 촬영 시간이 부족한 경우가 대부분이기 때문에 카메라 노이즈 감쇄 기능은 사용하지 않고 촬영이 끝난 다음 다크프레임을 촬영하는 방법을 사용하는 것이 효과적이다.

▲ DSLR 카메라의 다크프레임 이미지로 광소자와 전선이 연결된 부위에서 발생한 열화 노이즈(좌)를 뚜렷하게 볼 수 있고 어두운 바탕에 밝은 색 반점으로 보이는 노이즈(우)도 볼 수 있다.

노이즈 감쇄 기능을 꺼두고 캐논 30D 카메라로 촬영한 오리온성운 사진을 제시하였다. 광해가 심한 곳에서 촬영하였기 때문에 사진 주변부의 밝기가 떨어지는 비네팅 현상이 발생하였으며 주목해야 할 것은 이미지의 오른쪽 상단과 하단에 나타난 열화 노이즈이다. 400초의 노출시간으로 3장을 촬영했기 때문에 긴 노출시간으로 광소자와 전선이 연결된 부위에서 발생한 열로 인하여 붉은색으로 밝게 나타난 것이다. 그다음 사진은 다크프레임을 이용하여 열화 노이즈를 제거한 것이다. 완전하게 제거되지는 않았지만 이미지 질이 좀 더 좋아진 것을 알 수 있다.

▲ 캐논 30D 카메라로 400초 노출한 3장의 이미지를 합성하여 만든 사진으로 오른쪽 상하 부위에 열화 노이즈가 보인다. ISO는 1600으로 설정하였고 6인치 반사망원경을 사용하였다.

▲ 위의 사진을 다크프레임 처리를 한 이미지로 열화 노이즈가 많이 제거됐고 노이즈로 인한 바탕의 거친 느낌도 줄어든 것으로 보인다.

• 미러 락업(Mirror luck up) 기능 및 자동 전원 끔 해제

천체 사진 촬영은 한 시간 이상 지속되는 촬영일 경우가 많기 때문에 자동 전원 꺼짐 설정을 해제해야 하고 촬영 시 발생하는 미러의 충격을 방지하기 위해서 미러 락업 기능을 설정해 두는 것이 효과적이다. 최근에는 미러가 없는 미러리스 카메라가 천체 사진에 활용되기도 하지만 아직도 대부분의 천체 사진은 펜타프리즘을 가진 DSLR 카메라를 사용한다.

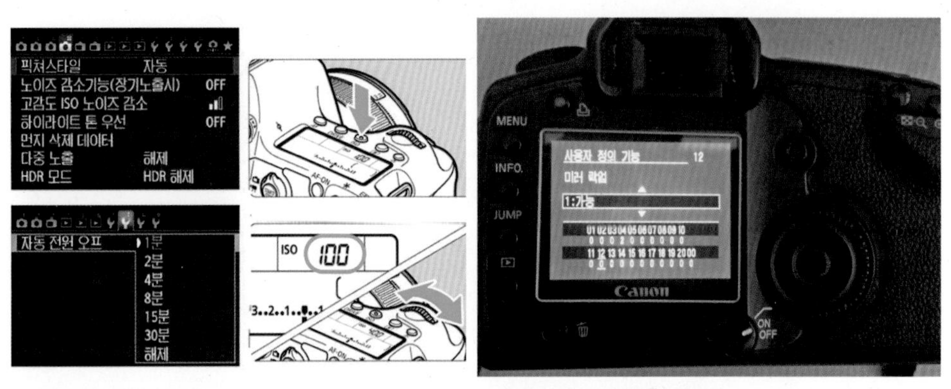

▲ 노이즈 감쇄 기능, 자동전원 오프 기능을 해제(좌)하고 미러 락업 기능을 가능(우)하도록 설정한다.

▲ 사진 촬영 순간의 카메라 미러 충격으로 이미지가 흔들린 사진. 위쪽의 초점이 맞지 않은 밝은 별상 옆에 희미하게 또 다른 둥근 원이 찍혀 있고 좌측 하단 카메라의 이미지도 흔들림이 포착되었다.

천체 사진 촬영을 위한 디지털 카메라 기능 설정을 요약하면 다음과 같다.

카메라 기능	설정
프로그램모드	수동
노출모드	벌브(B)
오토포커스	수동
화이트 밸런스	태양광(색온도 6000K)
드라이브(촬영방식)	1컷
화질	Raw 파일
노이즈 감쇄기능	끔
자동전원 오프기능	끔
미러 랍업기능	가능(켬)
적목현상 보정	끔
플래시	끔

밤을 지새울 카메라의 에너지원

천체 사진을 촬영하기 전까지는 사진을 얼마나 찍어야 카메라 배터리가 방전되는지 감을 잡을 수 없다. 카메라를 이용하여 천체 사진을 촬영하러 갔다가 사진 5장만 찍어온 기억이 있다. 저녁을 먹고 1시간 30분 걸려서 도착한 경기도 파주의 한 관측지에서 1시간 정도만 촬영하고 돌아와야 했다. 카메라 배터리를 완전히 충전한 상태라서 많은 사진을 촬영할 수 있으리라 생각했는데 주간에 촬영하는 방식과는 전혀 다른 300초(5분) 이상의 장노출 촬영은 배터리 잔량 눈금이 순식간에 짧아지다 사라지는 것을 경험하게 해주었다.

고정 관측소를 갖지 못한 경우 대부분의 천체 사진 촬영은 전원을 공급받지 못하는 야외에서 이루어진다. 천체 사진 촬영의 단계가 높아질수록 촬영 장비에 의한 전기의 사용량도 비례하여 증가하는데 DSLR 카메라만 가지고 촬영하는 단계에서도 카메라의 전원을 충분하게 준비해야 한다. 그렇다고 해서 여러 개의 카메라 배터리를 준비하는 것은 적절한 방법이 아니다. 카메라 배터리의 경우 장노출 촬영 시에는 전원의 소모량이 증가하여 촬영 도중에 방전될 수가 있는데 이 경우에는 촬영하던 사진이 저장되지 않고 이미 저장된 파일들도 손상될 수도 있다. 이런 촬영 끊김을 예방하기 위해서는 대용량의 외부전원을 이용하는 것이 바람직하다. 소형 12V 배터리를 이용하여 카메라의 전원을 공급하면 밤 내내 촬영할 수 있다. 물론 12V 배터리와 카메라를 연결하는 장치가 필요하다.

전원 공급장치는 자신의 카메라 기종에 맞는 것을 시중에서 구입하거나 직접 제작하기도 하는데 천체 사진 촬영에서는 필수적인 준비물이다.

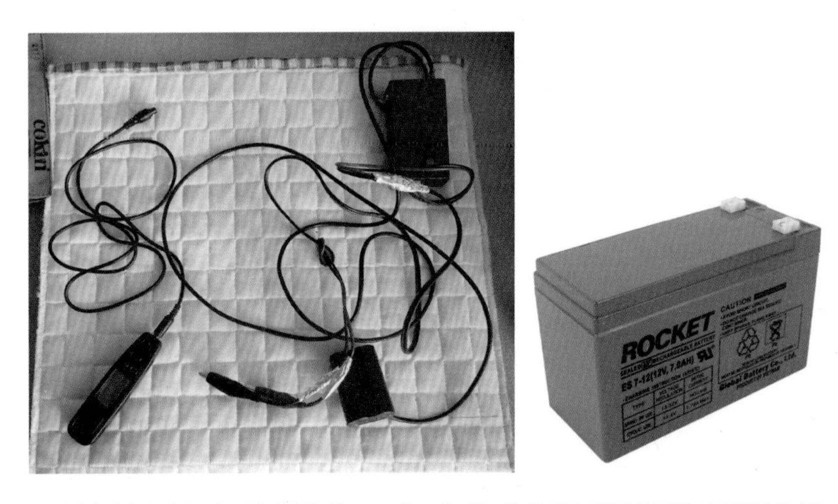

▲ 카메라 전자식 릴리즈와 직접 제작한 캐논 30D와 5D에 사용 가능한 외부 전원장치(좌)로 전선 끝의 집게를 12V 배터리(우)와 연결하여 사용한다.

06

실전! 춥고 어두운 관측지로 들어가 보자

▲ 강원도 홍천 관측지에 눈이 내렸다. 밤새워 천체 사진을 촬영하고 차갑지만 상쾌한 아침 공기를 마시며 장비를 점검하고 있다.

자작나무 숲으로 유명한 강원도 인제 운이덕으로 밤하늘과 은하수 사진 촬영을 위해서 촬영 여행을 떠나보자. 천체 사진 촬영을 시작한 초기에는 사진 촬영을 위해서 서울에서 가까운 경기도 양주, 벽제 그리고 조금 시간을 내면 파주 등지로 갔었다. 그럭저럭 만족스러운 밤하늘이라고 생각하며 2년 정도의 촬영을 이들 지역에서 했었다. 그리고 천체 사진동호회에 가입하면서 활동반경은 급격하게 넓어졌다. 동호회원들이 어둡고 한적한 곳을 찾아내면 따라갔고 그곳이 관측지가 됐다. 빛 공해 없는 오지를 찾아 강원도 곳곳을 헤집고 다녔다. 그곳에서 사는 좋은 분들과 교류하고 그곳 특산물도 맛보는 기회도 있었다.

좋은 차를 타던 사람이 질 낮은 작은 차를 타기 어려운 법이라는 말을 들어 본 적 있다. 그런데 밤하늘의 경우는 더욱 심하다. 까맣다 못해 보랏빛이 감도는 투명한 밤하늘과 그곳에 반짝이는 별을 보는 데 익숙한 사람은 심한 광해로 밝고 탁한 질 낮은 하늘을 찾아가지 않는다. 이런 심정이 별을 보기 위해서 광해가 없는 오지를 찾아서 떠나는 이유이다. 별을 보고 사진을 촬영하고 어둠 속에서 서로 두런두런 얘기하다 보면 세상사 걱정을 잠시 내려놓게 되고 평온한 상태에 빠져들면서 밤하늘로부터 위로를 받곤 한다. 천체 관측 활동하는 사람들의 밤 시간이 분주한 것처럼 보이지만 그들의 마음은 여유롭고 평화롭다.

▲ 강원도 인제 운이덕 산 능선에 별을 보기 위해 모인 세 사람이 안드로메다은하를 배경으로 서 있다.

일기예보와 친해야 할 이유

야외활동은 날씨의 영향을 받지만 천체 관측 및 사진 촬영은 날씨가 활동의 결정권을 가진 활동이다. 비와 눈 예보뿐만 아니라 구름의 움직임과 바람의 세기, 습도까지도 파악해야만 한다. 이런 이유로 천체 관측하는 사람들의 일기예보 분석과 기상 위성사진을 판독하는 능력은 수준급이다. 우리나라 기상청 자료는 물론 외국의 일기예보 사이트를 이용한 관측지의 기상 상태를 면밀하게 분석하고 활동 여부를 결정하는데 이들이 가끔 하는 당연한 실수를 옆에서 보는 것도 재미있다. 관측을 꼭 하겠다는 의욕 때문에 당연히 흐려질 것으로 예측되는 위성사진을 맑아질 것으로 자신이 희망하는 방향으로 판단하는 경우가 왕왕 있다. 이는 모처럼 관측할 수 있는 시간이 생겼는데 날씨가 맑아지기를 간절히 바라는 마음 때문에 생기는 판단 오류로 별을 보기 위해서 지푸라기라도 잡고 싶은 심정 때문에 생기는 현상이다. 관측을 나갔으나 날씨가 흐릴 때는 천체 관측과 사진 촬영은 포기하지만, 다양한 차나 주류를 음미하면서 천체 관련 이야기로 꽃피우는 시간이 많다.

Tip

기상 위성사진 분석

우리나라 기상청에서 제공하는 기상 위성사진을 분석하는 방법 중 착각하기 쉬운 것은 구름의 색과 형태이다. 기상 위성사진은 30분 정도의 시간 간격을 두고 업로드되기 때문에 이를 시간 간격에 따라서 동영상으로 재생시키면 구름의 이동 방향과 속도를 대략 판단할 수 있다.

다음 사진에서 구름 색이 흰색으로 밝게 보이는 부분은 상층구름에 해당한다. 위성에서 촬영했을 때 위성과 가까운 구름이 밝게 촬영되는 것이다. 사진에서 보이는 강원도 지방의 옅은 색 구름은 낮게 깔린 구름으로 천체 사진 촬영을 하는 데에는 곤란한 구름이다. 결론적으로 위성사진에서 희미하고 약해 보이는 구름의 존재와 이동 여부를 잘 파악해야 한다.

▲ 기상청 사이트에서 볼 수 있는 가시광선 영역의 위성사진

▲ 얕게 깔린 구름이 은하수 주변을 빠르게 이동한다. 구름 사이로 별들은 보이지만 이런 하늘 상태에서는 천체 사진 촬영이 불가능하다.

카메라와 삼각대로 그려보는 밤하늘 풍경

때로는 단순한 것이 가장 감동적인 장면을 연출하기도 한다. 천체 사진에서도 이런 경우를 가끔 볼 수 있는데 카메라와 삼각대만으로 아름답고 뭉클한 장면이 포착되는 경우이다.

▲ 사진의 별이 늘어나 보이는 것은 렌즈 앞쪽에 디퓨져 필터를 사용했기 때문이다. 디퓨져 필터는 별자리 사진 촬영에서 많이 쓴다. 밝은 별을 크고 색감이 두드러지게 해주는 역할을 하는데 사진 주변부의 별상을 왜곡시키기도 한다.
캐논 6D, f/5.6, ISO 25600, 시그마 17-35mm(17 mm), 켄코 소프튼 필터, 노출시간 25초

▲ 은하수는 머리 위쪽에 있을 때보다 지평선 가까이 있을 때 더 좋은 구도를 보여준다. 이 사진은 은하수가 천정 주변에 위치하므로 산 정상부 나무 옆에서 삼각대를 낮춰 사진에 나무를 포함하는 구도로 설정했다.
캐논 6D, f/5.6, ISO 25600, 시그마 17-35mm(20 mm), 켄코 소프튼 필터, 노출시간 25초

강원도 인제 운이덕은 고랭지 배추 경작을 위해 산 능선까지 농사용 사륜구동 트럭이 올라갈 수 있도록 길이 조성되었다. 덕분에 초청해준 분의 트럭을 타고 정상에 올랐다. 하늘 풍경이 압권이었다.

맨눈으로 만나는 은하수

30여 초의 노출 사진으로 얻은 밤하늘은 신비롭고 가슴 뭉클한 경험이다. 사람의 눈과 달리 카메라는 빛을 누적시킬 수 있으므로 사람이 인식할 수 없는 밤하늘의 멋진 모습을 보여주어 사람들을 천체 사진의 매력 속으로 빠져들게 한다. 즉 천체 사진은 적절한 노출시간과의 싸움이라고 할 수 있다. 긴 노출시간으로 빛의 신호가 강하다고 해서 항상 좋은 사진이 나오는 것은 아니며 오히려 별 색이 사라지는 역효과를 가져오기도 한다. 주변 풍경과 어울릴 수 있는 광량을 얻도록 노출시간을 조절하는 것이 천체 사진에서는 매우 중요하다.

▲ 나무와 산 능선 실루엣을 적당하게 표현한 은하수 사진이다. 디퓨져 필터 사용으로 사진 주변부의 별상 왜곡이 심하게 나타났다. 캐논 6D, f/5.6, ISO 25600, 시그마 17-35mm(18 mm), 켄코 소프트튼 필터, 노출시간 25초

▲ 하늘에는 은하수, 땅에는 반딧불이. 은하수 촬영 중에 숲속에서 반딧불이가 날아든 것이 촬영된 행운의 사진이다.
카메라 : 캐논 6D 렌즈 : 삼양 14mm 노출 정보 : ISO 20000, 노출시간 20, f/4.5초

우리나라에서 광해가 적은 곳 중 한 곳인 강원도 인제 운이덕에서는 우리은하 면에 해당하는 은하수를 보는 것은 어렵지 않지만 최근 몇 년 사이 점점 맑은 날 보기가 어려워지는 상황이 늘고 있다.

천체 사진을 촬영하다 보면 뜻하지 않게 좋은 사진을 얻게 되는 경우가 있다. 그중 가장 흔한 것은 커다란 유성이 찍히는 경우이다. 그런데 위의 사진에서 숲속 주변을 자세히 보면 작은 밝은 점들이 보이는데 이는 반딧불이가 반짝이며 지나간 궤적이다. 불빛을 깜빡이며 날기 때문에 점상으로 궤적이 나타난 것이다. 20초 동안 촬영한 것이므로 불빛의 개수를 세면 깜빡이는 주기도 계산할 수 있는 참 재밌는 사진이다. 이 사진을 얻고는 한동안 입가에서 미소가 머물렀던 기억이 있다. 아름다운 밤하늘과 작은 생명체가 보여주는 숲속의 소소한 이벤트에 감사하면서 말이다.

Tip

디퓨저 필터란?

▲ 캐논 30D, f2.8 ISO 3200, 14mm 렌즈를 사용하여 200초 노출로 고정 촬영하였으며 켄코 디퓨져 필터를 사용하였다.

별자리 촬영에 사용한 켄코 소프톤 필터가 결합된 캐논 30D 카메라

디퓨저 필터는 별상을 크게, 또 색감을 살리는데 사용하는 필터이다. 주간 사진에는 결혼식 사진에서 드레스 입은 신부의 이미지를 부드럽고 화사하게 촬영할 때 사용하는 효과 필터의 일종인데 천체 사진에서는 별자리를 촬영할 때 주로 사용한다. 이들 필터는 제조사에 따라서 소프톤(softon) 필터, 디퓨저(diffuser) 필터 등과 같이 이름은 다르게 불리지만 효과는 같다.

▲ 캐논 5D, f/3.5 ISO 800, 시그마 17-35mm(17 mm)로 20초 노출하여 디퓨저 필터는 사용하지 않고 고정 촬영하였다.

앞쪽의 큰곰자리 북두칠성 사진은 디퓨저 필터를 사용한 것이고, 위 오리온자리 사진은 필터를 사용하지 않은 것이다. 그러나 필터를 사용할 경우 별상 왜곡도 증가시키기 때문에 렌즈의 수차에 의해서 별상이 왜곡된 상태에서 필터를 사용하면 필터에 의한 별상 왜곡이 증가하여 사진 주변부의 별상이 길쭉하게 늘어나는 현상이 심하게 나타난다.

DSLR로 도전하는 딥스카이 천체

그동안 DSLR 카메라로 촬영해 온 사진은 주로 밤하늘 풍경이거나 은하수, 일주운동 영역이었다. 천체 사진을 시작하면서 가졌던 생각은 안드로메다은하와 말머리성운 등을 멋지게 촬영해 보고 싶었다. 지금 가지고 있는 촬영 장비는 렌즈 몇 개, 카메라와 삼각대 그리고 전자식 릴리즈가 전부이다. 이것으로 은하와 성운 등을 촬영할 수 있을까?

▲ 서호주에서 고정 촬영한 마젤란성운 형제의 사진으로 위쪽이 소마젤란, 아래쪽이 대마젤란 성운이다.
캐논 6D, f/2.8, ISO 16000, 시그마 50mm, 노출시간 17초

Tip

500의 법칙

지구 자전에 의한 별 궤적을 최소화하기 위한 최대 노출시간을 산출하는 방법은 렌즈 초점거리로 500을 나누는 것이다. 24mm 렌즈를 사용하면 500/24 = 21초로 노출시간을 21초 이내로 설정해야 별 궤적이 나타나지 않는다.

앞쪽 사진은 서호주에서 촬영한 대마젤란, 소마젤란성운이다. 50mm 렌즈의 표준화각에, 아래쪽 유칼립투스나무와 어우러지는 구도로 삼각대를 이용하여 17초의 노출로 고정 촬영하였다. 별상은 점상으로 나타나며 구도와 두 대상의 밝기도 적절하여 비교적 잘 찍은 사진으로 DSLR 카메리로 성운을 촬영한 예이다.

아래 사진은 미국 서부 벨링햄에서 촬영한 M3 구상성단의 모습이다. 200mm 망원렌즈와 30D 카메라를 별 추적이 가능한 장비인 가이드 팩에 연결하여 1분의 노출로 촬영하였다. 오른쪽 하단부의 나무 모양처럼 번져 보이는 것은 별을 따라 카메라가 움직이면서 촬영됐기 때문이다. 200mm의 망원렌즈로 확대하였으나 구상성단은 별보다 조금 큰 크기로 촬영되었을 뿐 성단 구조를 알아보기 어렵게 촬영된 사진이다. 딥스카이 천체란 어두운 심연의 우주 속에 존재하는 천체라는 뜻으로 밝기가 어두워서 망원경으로도 희미하게 인식되는 아주 흐린 천체들을 의미한다.

▲ 미국 서부 벨링햄에서 촬영한 구상성단 M3으로 노출과 확대율이 다소 부족해 보이는 아쉬운 사진이다.
Canon 30D, f/4.5 ISO 800 canon 70-200mm (200mm), 노출시간 60초 추적 촬영

위 두 사진을 분석해보면 마젤란성운을 17초 정도의 짧은 노출시간으로 촬영이 가능했던 것은 하늘에 광해가 없고 어두운 상태였기 때문이다. 욕심내어 노출시간을 더 길게 설정했다면 별의 궤적이 나타나 사진 품질이 떨어졌을 것이다. 벨링햄에서 촬영한 구상성단 사진도 촬영지역이 광해가 많은 편은 아니었기에 노출시간을 더 많이 설정했다면 구상성단의 주변부까지 촬영하여 더 큰 성단 모습을 보여줄 수 있었을 것이다.

▲ 캐논 6D, f/4.5, 캐논 70-200mm(200 mm), 노출시간 40초로 촬영한 소마젤란성운 사진으로 가이드 팩을 이용하여 추적 촬영하였다. 위쪽으로 크게 보이는 구상성단과 성운에서 10시 방향으로 작게 보이는 구상성단도 함께 촬영되었다.

두 배의 노출시간을 설정했어도 괜찮았을 것이다. 촬영 당시 시간 부족으로 노출시간을 짧게 설정했는데 후회가 남는 사진이다. 짧은 초점거리도 구상성단의 모습을 살리지 못한 이유이다. 초점거리가 500mm 정도는 됐어야 하는데 그러면 지상 풍경을 포함할 수 없는 아쉬움이 있다. 멋진 구도와 성단 사진의 정교함을 동시에 가질 수 없었던 경우이다.

이런 어두운 천체를 촬영하기 위해서는 두 가지 조건을 만족해야 한다. 먼저 흐린 천체를 밝게 보기 위한 집광력이 큰 렌즈 또는 망원경이 필요하다. 집광력이란 이들 도구가 빛을 모을 수 있는 능력으로 렌즈나 망원경 구경 지름의 제곱에 비례한다. 즉 구경이 큰 렌즈 또는 망원경이 필요하고 세기가 미약한 빛을 누적해서 담기 위해서는 노출시간이 길어야 하는데 추적할 수 없는 삼각대로는 촬영이 어렵다. 결론적으로 구경이 큰 광학장비와 추적 가능한 추적 장치가 필요하다. 이 조건이 충족되면 DSLR 카메라로도 딥스카이 천체 사진을 촬영할 수 있다.

▲ 캐논 EOS 30D, f/4.5, 캐논 70-200mm(200 mm)를 사용하여 노출 180초로 촬영한 사진을 6장 합성한 안드로메다(M31)은하 사진. 추적 장치를 사용하여 별이 흐르지 않도록 하였다.

실전! 초보자, 겨울 밤하늘 촬영에 나서다

▶ DSLR 카메라로 천체 사진을 촬영할 때 필요한 장비와소품들

① 캐논 5D 카메라
② 캐논 30D 카메라
③ 캐논 6D 카메라
④ 70-200mm 줌렌즈
⑤ 14mm 렌즈
⑥ 17-35mm 줌렌즈
⑦ 50mm 렌즈
⑧ 14mm용 디퓨저 필터
⑨ 72mm용 디퓨저 필터
⑩ 추가 배터리
⑪ 카메라 외부 전원장치
⑫ 유선 릴리즈
⑬ 전자식 릴리즈
⑭ 볼 헤드
⑮ 가이드 팩
⑯ 추적조정기
⑰ 12V 배터리
⑱ 초점조정용 마스크
⑲ 별지시기

그외 겨울에는 핫팩, 여름에 바르는 모기약을 준비한다.

첫술에 배부를 순 없다. 쉬운 것부터 시작하는 것이 순서라지만 천체 사진에서는 쉬운 과정으로 얻은 결과물도 가볍지 않은 것이 다른 활동과 다른 점이다. 눈도 내렸고 춥기도 하지만 금요일 밤에 간단한 장비를 꾸려 가까운 거리에 비하면 하늘도 나쁘지 않은 양평으로 출발하려 한다. 먼 곳까지 가서 장비 하나 빠트려 낭패를 볼 수 있기 때문에 가지고 가야 하는 것들을 신문지 위에 펼쳐놓고 촬영 시뮬레이션을 해본다.

이 과정이 천체 사진 촬영 준비에서 가장 중요한 단계이다. 촬영지에서 촬영의 성공과 실패를 떠나서 촬영할 수 있느냐 없느냐를 결정하는 과정이기 때문이다. 깜빡 집에 남겨두고 가서 현장에서 아쉬워할 장비가 없도록 철저하게 챙겨 가야 한다. 장비를 꾸릴 때는 장비의 그룹별로 가방에 담는 것이 좋다. 카메라 그리고 그와 관련된 부품들, 렌즈, 그와 관련한 부품들, 추적기 및 관련한 부품들과 같이 같은 부류끼리 챙기면 빠트리고 갈 확률도 낮고 보관 및 사용하기에도 편리하다.

카메라는 3대를 준비하여 풀프레임 6D는 별자리 고정 촬영, 30D는 일주운동을 촬영할 것이고 5D는 예비용으로 가져간다. 예비용도 중요한 의미를 갖는다. 렌즈는 17-35mm를 20mm로 설정하여 별자리 고정 촬영에 사용한다. 14mm는 30D에 연결하여 일주운동 촬영에 사용하며 50mm 렌즈는 밤풍경 사진 촬영에 사용할 것이다. 디퓨저 필터를 2종 준비하는데 디퓨저 필터의 지름이 82mm인데 50mm와 17-35mm 렌즈 구경이 77mm라서 82mm를 77mm에 사용할 수 있도록 변환 어댑터 링을 준비하였고, 14mm는 렌즈 앞에 필터를 끼울 수 없게 되어있어 별도의 디퓨저 필터 커버를 제작하였다.

추적 장치인 가이드 팩은 전원을 사용하지 않으면 고정 촬영 삼각대로 사용하고, 전원을 연결하면 추적되기 때문에 고정과 추적 촬영에 모두 사용할 수 있다. 또 중요한 것은 여분 배터리 또는 외부 전원장치를 준비하는 것이다. 핫팩을 여러 개 준비하여 추위에 대비하고 카메라 렌즈에 고무줄로 핫팩을 부착하여 서리가 맺히는 것을 예방하는 용도로도 쓸 수 있다. 아울러 보온병에 따뜻한 꿀차와 약간의 쿠키를 준비해도 좋다.

조급하지 않도록 여유 있게 출발하여 해가 지기 전에 촬영지에 도착한다. 초보일수록 밤에 작업하는 것이 쉽지 않기 때문이다. 촬영지에 바람이 불면 차를 이용하여 바람을 막을 수 있도록 주차하고 그 뒤편에 카메라를 설치한다. 1박 하면서 촬영할 땐 1인용 텐트를 준비하여 촬영 장비도 넣고 알람을 정해 잠시 눈붙일 때 활용하면 좋다. 차에 누워있는 것과는 다른 낭만적인 느낌을 주고 카메라 셔터 작동 소리도 들을 수 있어서 추천할 만하다. 단, 전기장판이 필요해서 전원이 공급되어야 가능한 경우이고 초보자에게는 과분한 장비라고 할 수 있다. 어두워지기 전에 촬영을 위한 카메라 설정을 확인한다.

촬영할 6D 카메라의 배터리 잔량을 체크하고 일주운동을 촬영할 30D 카메라에는 12V 외부 전원장치를 연결한다. 일주운동은 300매 이상 촬영할 계획이므로 메모리 카드도 충분한지 확인하고 일주운동은 한 장당 사진의 화질이 중요하지 않기 때문에 저장 형식을 RAW가 아닌 L로 설정한다. 메모리 용량이 부족할 때는 M모드로 촬영하는 것도 나쁘지 않다. 초점모드를 수동으로 설정하고 노이즈 감쇄 기능을 꺼둔다. 일주운동 촬영이 3시간 정도 연속촬영이기 때문에 전자식 릴리즈의 리튬이온 전지도 확인하고 릴리즈를 감싸서 보온할 재료를 준비한다. 추운 날엔 건전지 소모가 빠르다는 것을 염두에 두자.

▲ 촬영 대기 중인 카메라와 가이드 팩, 어둠이 내린 저녁이지만 노출을 길게 하여 밝게 촬영하였다.

렌즈 설정은 어두워지면 별을 기준으로 하여 초점으로 조정하고 삼각대와 가이드 팩을 설치할 자리의 눈을 치우고 잔돌을 제거한다. 대략적인 방위와 주변 나무, 사물 그리고 산능선 모양을 확인하여 좋은 배경이 어느 곳인지 파악해 둔다.

드디어 해가 지고 북극성이 보이기 시작한다. 북극성을 기준으로 가이드 팩의 극축을 북극성에 맞게 설치하고 카메라를 연결한다. 밝은 별로 구성된 별자리를 파악하고 준비한 별자리판을 이용하여 동서남북 방향의 대표적인 별자리를 숙지한다.

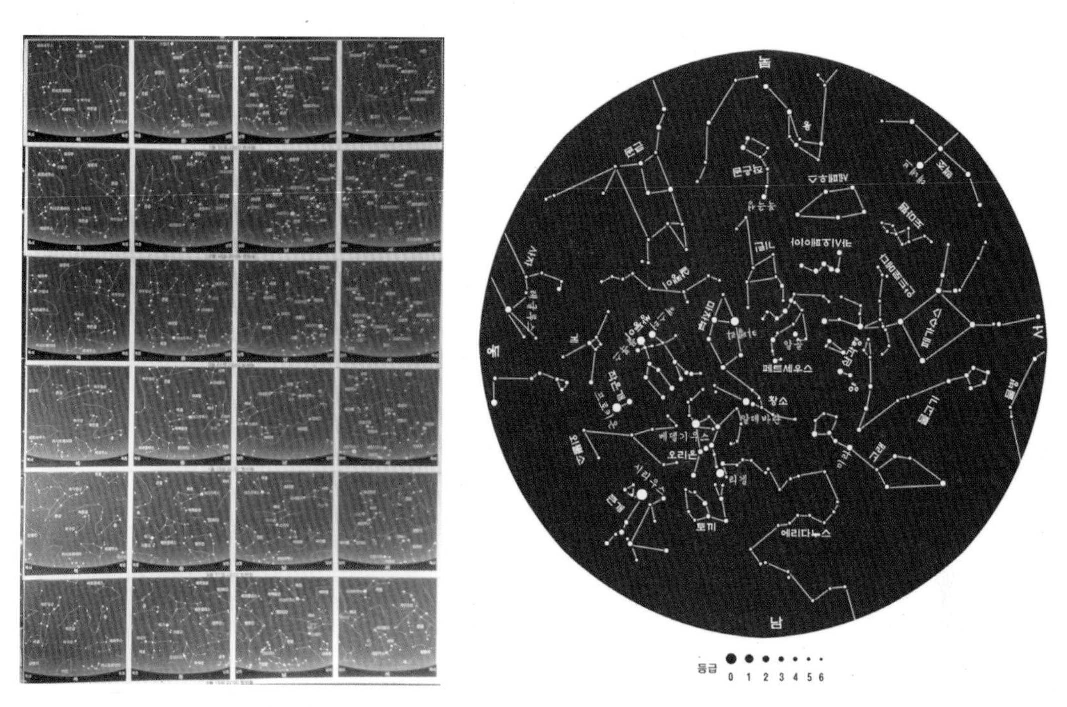

▲ 천문달력을 오려서 만든 월별 별자리판(좌)과 포토샵으로 직접 그려 만든 원형 별자리판(우)으로 별자리와 1등성의 이름과 위치를 확인하는데 사용할 수 있게 제작하였다.

별자리판은 노트북을 이용한 컴퓨터 성도나 스마트폰 성도보다 야외에서의 활용성이 훨씬 뛰어나다. 노트북은 밝은 화면으로 인해 밤하늘을 관측할 때 암적응에 방해되며 부피도 크고 전원이 부족할 경우 무용지물이다. 밤새워 관측할 경우 전원 문제는 언제든지 발생할 여지가 있다. 스마트폰은 추운 겨울에 터치가 잘되지 않는 경우도 있으며 화면이 작아서 많은 터치로 화면 이동을 자주 해야 하므로 장갑을 자주 벗어야 하는 불편함도 있다.

월별 별자리판은 천문달력 별자리판을 오려서 6개월 치를 양면에 붙여서 만든 것이다. 지난해 달력으로 필요 없어진 것을 오려서 만들었는데 매년 별자리는 큰 변화가 없으므로 지난해 것으로 만들어도 문제없다. 원형 별자리판은 동서가 바뀐 것만 주의하면 사용하는 데 불편함은 없다. 별자리판은 부피도 작고 밤에 전등만 있으면 사용할 수 있으므로 한번 만들어 두면 여러 해 동안 효율적으로 쓸 수 있다.

점점 어두워지니 별자리를 구성하는 밝은 별부터 보이기 시작한다. 카메라로 예비 촬영하여 대략적인 화각을 계산해 보고 구도도 설정해 둔다. 촬영 목표로 정한 별자리의 위치와 시간을 파악하고 카메라 렌즈의 초점 정렬 단계로 들어간다.

별자리 고정촬영을 위한 6D 카메라에 17-35mm 렌즈를 결합하고 초점거리를 20mm로 설정한다. 조리개값은 f/5.6으로 설정하고, ISO를 1600으로 맞춰 놓는다. 가이드 팩에는 볼헤드를 연결하고 카메라를 부착한다.

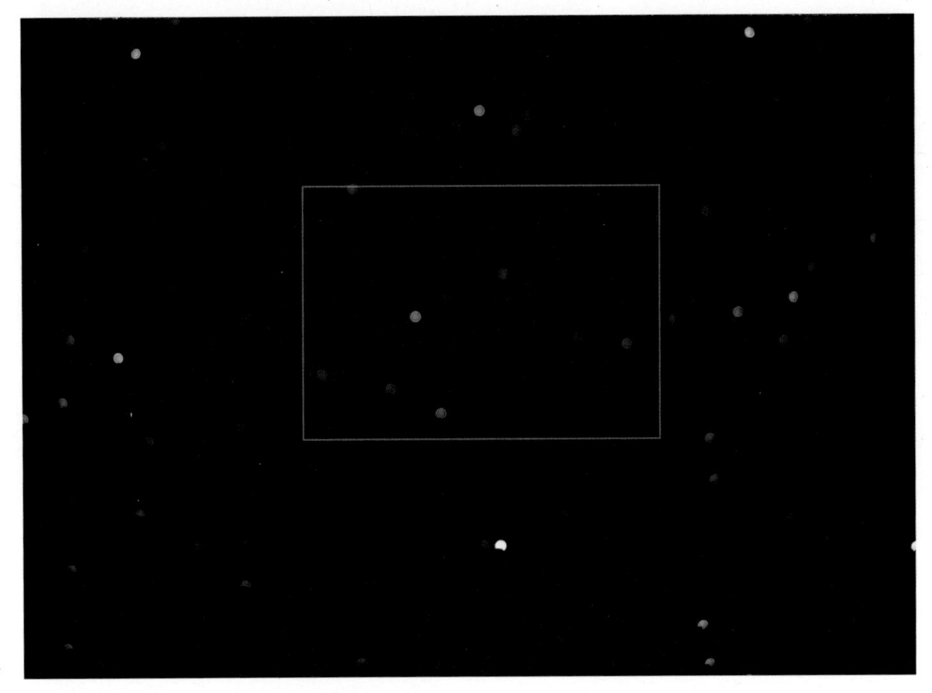

▲ 초점이 맞지 않은 촬영 사진으로 카메라의 작은 LCD 창으로 보면 구분이 어려워 최대 크기로 확대해야 한다.

▲ 좌측 사진의 사각형 부분을 확대하여 초점 상태를 확인한 것이다. 초점이 맞지 않아서 별 빛의 회절상이 보인다. 이 회절상을 이용해서 망원경의 광축정렬을 하기도 한다. 회절상의 동심원이 일정한 것으로 보아 렌즈의 광축은 정확하게 되어 있음을 알 수 있다.

아주 밝은 별보다 약간 어두운 별을 대상으로 촬영하면서 렌즈 초점을 정렬한다. 3초 이내의 노출시간을 설정하여 촬영한 후 모니터 창에서 별상을 최대로 확대하여 별상 크기가 가장 작게 보일 때까지 촬영과 확인을 반복한다. 앞쪽 사진처럼 초점이 맞지 않은 경우 별상은 도넛 모양의 회정상을 보이는데 초점 링을 돌려 이 회절상이 없어져 점상으로 보일 때까지 반복한다. 초점 조정도 카메라가 흔들리지 않도록 삼각대에 고정해야 한다.

초점 맞추는 과정은 지루하고 힘들다. 초보자를 벗어나기 위해서 이 과정에 신중해져야 한다. 여러 사람과 어울려 촬영할 때 다른 사람이 촬영을 시작했다고 해서 조급한 마음에 초점 정렬을 대충 해서 촬영을 시작하면 그날 사진은 모두 가치 없는 사진이 되기 십상이다. 왁자지껄한 촬영 현장에서도 초점 조정 시간만큼은 조용하게 침묵하는 사람이 있다. 그런 분들이 사진의 고수라는 것을 차츰 느끼게 될 것이다. 초점 조정에 시간 할애하는 것을 아까워하지 말자. 초점 정렬이 끝나면 렌즈 초점 링이 움직이지 않도록 테이핑한다. 조리개 링을 조정하려다 실수로 초점 링을 돌릴 수도 있기 때문이다. 두 번 초점을 조정해야 하는 일이 생길 수도 있기 때문이다. 실제로 촬영 도중 온도 변화에 의한 초점 변화를 재점검하는 것도 필요하지만 아직 초보자이므로 한 번으로 만족하자.

▲ 초점거리 20mm 렌즈를 6D로 15초 노출하여 고정 촬영한 북두칠성 모습. 별 궤적이 보이지 않는 점상 촬영이다.

테이핑했으면 구도 촬영에 들어간다. 조리개와 노출시간을 조정하여 구도 배치 및 별자리 촬영 상태를 확인한다. 위 사진은 북두칠성 별 사이에 나무 끝을 넣은 구도이다. 별 크기가 작아 밋밋한 느낌을 준다. 디퓨저 필터를 사용할 순서가 다가왔다.

◀ 광각렌즈인 14mm 렌즈의 후드에 맞게 디퓨저 필터를 잘라 만들어 고무줄로 부착한 캐논 30D 카메라

디퓨저 필터 사용은 비교적 간단한데 렌즈 지름에 맞는 디퓨저 필터를 구입하여 렌즈 앞면에 돌려서 부착하고 촬영하면 된다. 초점은 필터를 끼우기 전에 미리 맞춰놔야 한다. 디퓨저 필터를 끼우면 별이 부풀려 보여 초점 맞추는 것이 용이하지 않기 때문이다.

앞의 14mm 렌즈 사진은 앞면에 필터를 부착할 수 없는 구조이다. 대부분의 광각렌즈는 이처럼 꽃잎 모양의 렌즈 후드로 되어 있어 별도의 필터를 붙이기 어렵다. 앞 렌즈 사진의 필터는 판 모양 디퓨저 필터를 구입하여 렌즈 모양에 맞게 자른 뒤 고무줄로 렌즈 앞면에 부착한 모양새이다. 고무줄이 너무 팽팽해 필터가 휘지 않도록 주의해야 한다. 필터가 휘면 별상 왜곡이 발생하기 때문이다. 고무줄 세기는 필터가 흔들리지 않을 정도로 조정하였다. 모양은 초보티가 나지만 이것을 고안해서 만든 과정에는 천체 사진가의 열정이 포함되어 있다. 어렵게 만든 디퓨저 필터를 사용하여 멋진 별자리 사진을 촬영해 보자. 촬영의 기대감이 추위를 녹인다.

▲ 별자리를 촬영 중인 6D와 가이드 팩. 멀리 큰개자리의 밝은 별 시리우스가 초점이 맞지 않아서 보름달처럼 크게 보인다.

눈밭에서의 촬영이 시작되었다. 기온은 영하 10도이다. 이렇게 추운데도 카메라가 정상적으로 작동하는 것이 고맙고 대견할 뿐이다. 한쪽에서는 일주운동을 촬영하는 카메라 셔터

소리가 주기적으로 들려온다. 20초 노출에 380장, 촬영 간격은 3초로 촬영을 설정하였다. 23초(20초+3초)×380= 9200초로 2시간 30분 정도의 일주운동이 촬영될 것이다.

▲ 점상 촬영 확인용으로 촬영한 동쪽하늘 모습. 노출시간 25초로 짧은 궤적이 촬영되었다. 시간을 20초 정도로 줄여서 재촬영하여 확인해 보아야 한다.

일주운동 촬영과 달리 별자리 촬영에서는 별이 움직인 궤적이 남지 않도록 노출시간을 설정하는 것이 중요하다. 별의 움직인 궤적은 같은 시간 노출이라 할지라도 하늘에 따라 다르게 나타나는데 북극성에 가까운 천구의 북극 주변에서는 호의 길이가 짧고 오리온자리 주변 천구의 적도 근처에서는 같은 시간이라도 호의 궤적이 길게 나타난다. 원운동에서의 가속도는 같은데 선속도가 다른 물리적인 개념과 같다.

별자리 위치에 따라 다양한 노출시간을 설정하고 촬영한 후 별상이 늘어나지 않을 정도의 노출시간을 설정하고 본 촬영에 들어간다. 디퓨저 필터를 사용하면 궤적도 강조되어 나타나기 때문에 가능하면 별상이 점상으로 나타나는 노출시간을 선택해야 한다.

사자 모양을 하고 있는 멋진 별자리인 사자자리를 촬영 대상으로 선정하고 촬영을 시작하였다.

▲ 캐논 6D와 17-35mm 렌즈를 20mm로 설정하여 20초 노출하여 점상 촬영한 사진. 조리개 값은 f/5.6, ISO는 1600을 설정하였고 디퓨져 필터를 사용하였다.

사자자리가 천구의 북극으로부터 멀리 떨어져 있기 때문에 20mm의 단초점 촬영에도 불구하고 짧은 노출시간에도 별 궤적이 나타났다. 노출시간을 20초로 재설정하여 촬영된 사진이다. 디퓨저 필터를 사용했는데도 노출시간이 짧고 단초점 렌즈를 사용하여 확대율이 작기 때문에 별상이 크게 돋보이지는 않는다. 하늘 상태로 보아 노출을 더 길게 설정하면 하늘이 밝게 촬영되어 더 좋지 않을 결과를 초래할 수도 있다.

산능선을 박차고 뛰어오르는 사자의 구도를 계획했는데 산으로부터 너무 떨어진 느낌이다. 좀 더 일찍 촬영을 했다면 산능선과 사자의 구도가 어울렸을 것이다. 천체 사진 촬영에서 타이밍의 중요성을 다시 한번 인식하는 계기가 되었다.

▲ 촬영한 사자자리 별자리 사진에 포토샵 프로그램을 이용하여 별자리 선을 그려 넣었다.

촬영을 끝내고 집에 도착하여 일주운동을 처리하고 사자자리 사진에 별자리를 그려보았다. 앞서 언급한 것처럼 별자리를 억지로 외울 필요는 없다. 사자자리 주변 별자리는 하룻밤의 촬영을 통하여 저절로 알게 되었고 별자리 앞발과 뒤발의 밝은 별인 레굴루스와 데네볼라라는 대표적인 별 이름까지도 익히게 되었다. 몇 번의 별자리 촬영만 하면 더 많은 별자리와 1, 2등성에 해당하는 별 이름도 낯설지 않게 대할 수 있으리라.

천체 촬영을 통해 배우는 것

밤하늘의 천체들은 천체 사진가의 정복 대상이 아니다. 우리 눈에 보일 수도 있고 보이지 않을 수도 있는 다양한 천체는 항상 그곳에 있다. 이들을 모두 사진으로 담아 뿌듯한 기분을 느끼는 것은 나쁘지 않지만 이들을 정복한 것과 같은 느낌을 가지고 다른 사람에게 과시하려는 듯한 행동은 어리석고 의미 없다.

관측지에 도착해서 아름답고 낭만적인 느낌을 주는 밤하늘에 고마운 생각을 가지고 어두운 곳에서 우리를 반겨주는 밤하늘 천체에 감사의 마음을 표해야 한다. 계절이 바뀌고 해가 바뀌어도 항상 그곳에서 우리가 볼 수 있도록 기다려주는 고마운 존재들이다. 밤하늘의 천체를 모두 촬영하여 천체 사진을 마스터한다거나 끝을 보겠다는 표현은 불편하다. 우주에 비해서 지극히 미약한 존재인 우리가 어찌 그런 표현을 사용할 수 있으랴.

천체 사진을 촬영한다는 것은 밤하늘의 숭고함을 체험을 통해서 느끼고 그 안에 존재하는 보석처럼 빛나고, 예술작품처럼 매력적인 대상을 감상할 수 있는 기회를 얻는 것이다. 우주에 인간만 존재한다면 그 공간이 너무 아깝다는 칼 세이건의 말은 어디에선가 우리처럼 우주가 펼쳐 놓은 작품을 감상하고 있을 외계의 생명체가 있을 수도 있다는 말이 아닐까?

인간의 활동으로 병약해지는 지구를 보면서 우주 공간과 그 속의 천체들은 우주 태초의 모습과 오염되지 않은 아름다움을 볼 수 있게 해주는 고마운 존재란 생각이 든다.

밤하늘은 우리가 태어난 공간이고 우리를 이곳에 있게 한 근원이라고 한다. 그곳을 바라보려 노력하는 것은 우리를 되돌아보게 하는 원초적이고 순수한 욕구일 수도 있다.

안타레스 주변부 성운과 구상성단 M4

《촬영 정보》

· 카메라 : 캐논 EOS 6D, 렌즈 : 캐논 EF70-200mm f/2.8L(200mm), 노출 정보 : 80.0 sec(ISO 12800), 조리개 : f/3.2

전갈자리의 심장에 해당하는 전갈자리 알파별 안타레스 주변부는 화려한 색을 보이는 별과 성운들 그리고 구상성단과 암흑성운이 예술적으로 분포하고 있는 지역으로 천체 사진가들이 렌즈를 이용하여 촬영하고 싶어 하는 1순위 지역이다.

이 사진은 개조하지 않은 풀프레임 카메라 캐논 6D에 캐논 70-200mm 망원줌렌즈를 200mm로 설정하여 촬영하였다. 색감을 높이기 위해서 ISO 값을 다소 높게 설정하였고, 조리개도 최대 개방에서 한 단계 줄인 f/3.2로 설정하였다. 촬영 장소는 서호주의 카리지니 국립공원이다.

사진에서 안타레스 우측 위쪽에 있는 구상성단 M4를 보면 중심부의 별이 분해되지 않고 뭉쳐 보이는 것은 노출이 약간 과했기 때문인데 희미한 성운 형태를 표현하기 위해서는 어쩔 수 없는 선택이었다. 초점은 정확하게 맞은 상태이고 노출시간 80초 동안 가이드 팩의 추적이 정교하게 진행되어 별상이 늘어져 보이지 않는다.

사진에서 아쉬운 점은 초점거리를 200mm가 아닌 150mm 정도로 설정했으면 좀 더 넓게 촬영되었을 것이라는 점이다. 천체 이미지가 화면에 꽉 차서 답답한 느낌을 주지만 확대되어 정교한 이미지를 볼 수 있는 장점도 있다.

계룡산 갑사 입구에서 본 오리온자리와 플레이아데스성단

《촬영 정보》
· 카메라 : 캐논 EOS 6D, 렌즈 : 삼양 polar 14mm 2.8 ED, 노출 정보 : 15.0 sec(ISO 16000),
조리개 : f/5.6, 필터 : 코킨 디퓨져

지상의 자연 풍경과 조화롭게 어울리는 밤하늘의 천체 사진으로 사진 구도가 훌륭하게 설정되었다. 오리온자리를 중심으로 좌측 아래에는 밤하늘에서 가장 밝은 별인 큰개자리 시리우스를, 오른쪽 위쪽에는 플레이아데스성단을 나뭇가지 사이로 배치하여 예술적으로 표현했다.

이 사진은 디퓨져 필터를 사용했는데 필터에 의한 장단점이 모두 드러난다. 먼저 오리온자리의 별상을 돋보이게 하고 색감을 살려준 반면에 사진 주변의 나무들 모습이 정교하지 못하고 흔들린 것처럼 부스스하게 표현되었다. 이것은 14mm 광각렌즈에서 주변부 상의 왜곡이 필터로 인해서 증폭되어 표현되었음을 알 수 있다.

화각과 노출시간도 적절해 보이며 작은 별상과 중심부의 나뭇가지 모습으로 보아 초점도 정확한 상태로 파악된다. 아마도 노출시간을 좀 더 길게 설정했다면 별의 궤적이 촬영되어 별상이 좋지 못한 결과를 초래했을 것으로 판단한다.

아쉬운 점은 디퓨져 필터에 의한 주변부 상의 왜곡인데 이는 렌즈를 교체해서 촬영해 보기 전에는 해결하기 어려울 것으로 생각한다. 감성적인 면을 부각한 천체 사진으로서 플레이아데스성단과 나무에 가려져 뚜렷하지는 않지만 황소자리 히아데스성단을 함께 볼 수 있어 밤하늘의 정보와 예술성을 포함한 좋은 사진으로 생각한다.

독수리자리 주변 은하수와 천체 사진가

《촬영 정보》

· 카메라 : 캐논 EOS 6D, 렌즈 : 시그마 50mm 1.4, 노출 정보 : 20.0 sec(ISO 20000), 조리개 : f/5.6,
필터 : 켄코 소프튼

천체 사진 촬영 분위기를 은하수와 함께 표현한 사진이다. 좀 더 광각의 렌즈를 사용했다면 좋은 사진이 되었을 것으로 생각한다. 은하수 위쪽이 사진 프레임과 맞닿아 답답한 느낌을 주는 구도이고 사람의 윤곽도 너무 크게 느껴진다.

디퓨져 필터 사용으로 별상은 두드러지게 표현됐지만 20초의 노출시간이 너무 길게 설정된 것으로 여겨지는 것은 약하긴 하지만 별상에서 별이 움직인 궤적이 보이고 별색이 대부분 흰색으로 표현되었다. ISO 값이 고감도인 20000으로 설정했기 때문에 노출시간을 줄였으면 이미지가 더 정교하게 표현되지 않았을까 싶다.

촬영 의도는 좋았으나 전체적으로 완성도가 떨어지는 사진이다. 이 사진을 통해서 적절한 화각과 노출시간의 결정이 사진의 완성도를 결정하는 데 중요한 요소라는 것을 새삼 느낄 수 있다.

가장 아쉬운 점은 별색을 살리지 못한 점이다. 천체 사진은 어두운 밤하늘을 배경으로 하고 지상의 풍경에서도 색감을 얻기 어렵기 때문에 별색이 제대로 표현되어야만 사진의 단조로움을 피할 수 있다.

서호주 은하수와 마젤란성운 형제

《촬영 정보》
· 카메라 : 캐논 EOS 6D, 렌즈 : 삼양 XP 14mm 노출 정보 : 10.0 sec(ISO 16000), 조리개 : f/2.8

서호주 천체 사진 여행을 위해서 준비한 단초점 광각렌즈를 사용하여 은하수와 관측 장면을 한 화면에 담았다. 함께 갔던 일행과 추억으로 남을 수 있는 분위기를 담기 위해서 촬영 순간을 알리지 않아 등을 보이는 모습도 볼 수 있다. 대마젤란성운을 촬영하고 있는 천체망원경과 소마젤란성운 그리고 대마젤란성운이 삼각구도를 보이며 짜임새 있는 모습으로 촬영되었다.

단초점 렌즈 사용으로 별상이 작게 나타나 보이지만 은하수가 진하게 촬영되어 하늘의 밋밋함을 상쇄시켜 준다. 지상의 밝은 가로등 빛을 피하고 잔상 없는 사람들의 모습을 담기 위해서 노출시간을 10초로 짧게 설정하였다. 그로 인해 깔끔한 이미지를 얻을 수 있었지만 두 성운과 은하수의 풍부한 성운 이미지를 얻는 데는 부족함이 있었다. 반대로 노출시간이 좀 더 길게 설정됐다면 지상의 노란 꽃밭과 가로등 빛의 노출이 과다하여 이들의 이미지가 망가졌을 수도 있었을 것이다.

이 사진을 통해서 수차가 억제된 고급형 렌즈의 효과와 높은 ISO 값 그리고 풀프레임 카메라가 주는 넓은 화각의 조화로움을 느낄 수가 있었다. 천체 사진의 목적도 좋지만 투명도가 큰 하늘 아래서 관측했던 기억과 그날의 분위기를 적절하게 포착했다는 사진 본래의 목적을 달성한 좋은 사진으로 생각한다.

천체 사진은 촬영 기술에 관한 노력도 필요하지만 상황에 맞는 적절한 장비 구성과 좋은 풍경이 뒷받침되어야 한다는 것을 깨닫는 사진이다. 중요한 것은 좋은 하늘과 광해 없는 환경이 필수 조건임은 당연한 사실이다. 과하지 않은 하늘색과 풍부한 색감이 사진 분위기를 더욱 상승시키는 효과를 주는 것은 틀림없다.

북악으로 내리는 별비

《촬영 정보》
· 카메라 : 캐논 EOS 30D, 렌즈 : 삼양 polar 14mm 2.8 ED, 노출 정보 : 7.0 sec(ISO 640), 550장,
조리개 : f/5.6

서울이라는 대도시에서 일주운동이 어떻게 촬영되는지를 보여주는 귀중한 사진이다. 또한 광해가 심한 도심에서 일주운동을 촬영하는 방법을 배울 수 있게 해주는 사진이다.

가장 잘된 요소는 초점 정렬이다. 별 궤적이 가늘게 표현되었는데 이는 별상이 작은 상태에서 궤적을 그렸기 때문으로 초점 정렬이 완벽했음을 의미한다. 그리고 짧은 노출로 별색을 완벽하게 표현하였다. 노출시간이 길어지면 별의 광량이 과대해져서 별색이 하얗게 타버리기 때문에 별색이 없어지는데 노출을 짧게 설정하여 별색을 살리고 도심의 광해도 다소나마 차단하는 효과도 얻었다.

지평선 주변에는 광해로 인해서 별 궤적이 사라지는 것을 볼 수 있는데 노출을 더 길게 설정한다면 도심 광해 영역이 더 위쪽으로 올라오게 되어 별의 궤적도 짧아지고 어두운 하늘의 영역이 더 좁아지며 지상 풍경도 너무 밝아져서 사진의 질이 크게 떨어졌을 것으로 판단된다.

이 사진은 광해가 심한 곳에서 노출을 짧게 설정하고 ISO 값을 작게 설정하여 감도를 떨어뜨려서 광해에 의한 영향을 최소화하려 한 것이다.

아쉬운 점은 별의 궤적이 중간에서 한번 끊어진 것으로 나타나는데 릴리즈 조작에 세심한 신경을 썼어야 했다.

Part 02

DSLR, 천체망원경을 만나다

01 달의 맨 얼굴을 들여다 보자

용도에 맞는 카메라 찾기

처음 DSLR 카메라를 구입하여 달 사진을 촬영했을 때의 기억은 고민부터 가득했다. 아무리 정성을 들여 촬영해도 초점거리 300mm의 망원렌즈로는 크기도 작고 달 표면의 구조도 선명하지 않아서 인터넷에서 보이는 선명하고 정교한 달 사진은 어떻게 찍는지 매우 궁금하였다. 달처럼 밝고 큰 대상을 제대로 촬영하지 못해 스스로 한심스럽게 여겼고 형편없이 촬영한 수많은 달 사진으로 컴퓨터 휴지통만 가득 찼다.

망원경에 동영상 카메라를 연결하여 달 사진을 확대 촬영한다는 것을 안 것은 이런 고민으로 지친 나날을 보내고 잠시 카메라를 손에서 멀리 떠나보낸 휴식기를 가진 후였다.

오래전에 구입하여 거의 사용하지 않았던 천체망원경에 대한 기억을 떠올리며 학교 실험실에 폐기되다시피 방치한 망원경을 찾아 먼지를 털고 사용할 수 있는지부터 알아보았다. 그러나 망원경을 청소하고 잃어버린 나사가 많아 삐걱거리는 부분을 새로운 나사로 단단히 조여서 사용할 수 있는 형태를 갖추었지만 DSLR 카메라가 나오기 이전의 망원경이었고, 2인치 접안부를 사용하지 않고 1.25인치의 접안부라서 가지고 있는 캐논 30D 카메라를 연결할 수가 없었다.

▲ 처음으로 구입하여 사용한 천체망원경. 구경 90mm, 초점거리 1000mm로서 구경에 비해서 장초점에 해당하며 접안부가 1.25 크기이다.

모든 천체망원경이 천체 사진 촬영용으로 사용할 수 없다는 것을 알게 된 기회가 됐을 뿐이었고 이로 인해서 천체 사진의 용도에 맞는 새로운 망원경을 구입해야 한다는 필요성을 가지게 되었다.

▲ 카메라 렌즈로 촬영한 보름달이 든 풍경
카메라 : 캐논 30D 렌즈 : 70-300mm (200mm), 노출 정보 : f/18, 2초(ISO 640)

이제부터는 카메라 렌즈를 떠나 망원경을 사용한 천체 사진 촬영의 단계로 넘어가는 것이다. 그러나 카메라 렌즈를 사용하여 촬영한 달 사진은 렌즈만의 운치있는 사진을 만들어 주는 경우도 많다. 망원경을 사용하면 긴 초점거리로 인해 확대율이 커서 주변 풍경을 담을 수 없는데 반하여 렌즈를 사용할 경우에는 주변 풍경과 달을 조화로운 구도로 설정하여 촬영할 수 있는 장점이 있다.

앞서 제시한 사진은 보름달을 1초 정도의 노출로 달과 구름 그리고 지면 나무들의 윤곽을 촬영한 것이다. 구름의 영향으로 음산하면서도 신비로운 효과를 얻을 수 있는 운치있는 사진이라고 할 수 있다. 지상의 구조를 더 밝게 표현하기 위해서 노출시간을 증가시키면 달 표면 구조를 볼 수 없기 때문에 달과 지상의 모습이 모두 표현될 수 있도록 적절한 노출시간을 설정하는 것이 중요하다.

▲ 렌즈 : 캐논 70-200mm, 200mm, f4.5 카메라 : 캐논 5D 노출 정보 : 1/125/초, ISO 400
삼각대를 사용하여 고정 촬영한 사진으로 달과 풍경이 어우러지도록 구도를 설정하였다.

위 사진은 지상 풍경인 나뭇가지의 세밀한 구조를 밤하늘 배경으로 표현하기 위해서 카메라의 조리개를 많이 개방한 상태로 촬영하였다. 그래서 달 표면 구조가 나타나지 않고 노출이 과다하여 하얗게 촬영되었다. 그러나 이런 화각에서는 달 크기가 너무 작기 때문에 달 표면 구조를 살리는 것보다는 지상 풍경을 강조하는 것이 더 좋은 달 풍경 사진을 만들기 때문에 나뭇가지의 상세 구조를 살리는 쪽으로 촬영을 수행하였다.

다음은 카메라를 망원경에 연결하여 달 사진 촬영을 위해 필요한 준비를 해보자.

망원경에 카메라를 달자

첫 번째 망원경으로 천체 사진 촬영이 불가능하여 초점거리가 비교적 짧은 저렴한 망원경을 다시 한 대 구입했다. 지금 생각해 보면 저렴하지만 당시에는 가격이 부담스러운 망원경세트라고 생각했다. 그만큼 천체망원경의 세계에 대해서 알지 못했기 때문이었다. 마치 예쁜 유리구슬만을 갖고 싶어 했던 어린아이가 성인이 되어 보석과 다이아몬드를 알게 되는 과정과 비슷하다고 할까.

크기가 작고 가벼운 적도의와 소형망원경을 구입하고 설레는 마음으로 서울 북쪽에 위치한 장흥유원지 쪽으로 관측하러 갔던 기억이 생생하다. 그때는 그 장비로 모든 것이 다 해결될 것으로 생각했다. 사진 촬영은 준비되지 않아 할 수 없었으며 그날 본 것은 초승달과 플레이아데스성단이 전부였다. 성도(星圖)도 준비하지 않았고 스마트폰도 없던 시절이었다. 아는 것이 없으니 볼 것도 없었다.

천체 사진 촬영을 위해서는 망원경과 카메라를 연결하는 장치도 필요했고 촬영을 위한 기초 지식도 필요했는데 이런 준비를 하는데도 적지 않은 시간이 필요하였다.

▶ 구경 120mm, 초점거리 600mm인 굴절망원경과 적경축 모터를 부착한 소형 적도의(좌), 그리고 D70s 니콘카메라와 30D 캐논카메라

처음 천체 사진에 사용한 이 망원경은 구경 120mm, 초점거리 600mm의 아크로매틱 경통이었고 적도의는 탑재 중량이 5~6kg 정도인 소형 적도의로 나중에 적경축 모터를 추가로 달아서 사용하였다. 경통은 초점거리가 적당해서 달과 플레이아데스성단을 관측하는 데는 적절했다. 그러나 색수차가 심해서 밝은 대상을 관측할 때는 주변부에 청색 무리가 심하게 보였었으나 당시에는 색수차에 대해서 잘 몰랐기 때문에 신경 쓰질 못했고 관측 대상 천체가 확대되어 보이는 자체만으로도 즐거워했다.

천체 사진 촬영을 시작하면서 망원경을 구입한 곳에서 적경축 모터를 추가로 달아서 추적 촬영을 시작했으나 극축망원경이 없는 적도의였기 때문에 정확한 극축 정렬을 할 수 없어서 200~300초 정도의 추적에 만족해야 했고 북극성 주변을 촬영할 때는 어느 정도 추적됐지만 오리온자리 부근과 같은 천구의 적도 주변에서는 200초 정도의 추적도 불가능하였다.

이제부터는 카메라 렌즈를 망원경이 대신할 것이다. 망원경 초점거리가 렌즈에 비해서 훨씬 길고 구경도 커서 무게도 무거워지고 확대율도 커지기 때문에 삼각대보다는 좀 더 견고한 적도의를 사용해야만 한다. 5분 이상의 긴 시간의 노출 촬영을 위해서는 사진 촬영 전에 적도의의 극축 정렬을 완료한 후에 추적 촬영해야 하는데 극축 정렬과 추적 촬영은 다음에 설명하기로 한다.

천체망원경에 DSLR 카메라를 연결하는 방법은 두 가지 구성품으로 간단히 해결할 수 있다. T링 한쪽은 카메라 렌즈 연결부와 같은 모양으로 되어 있고 반대편은 직초점 어댑터를 연결할 수 있는 나사산이 있어 직초점 어댑터를 돌려서 끼울 수 있는 구조이다. T링은 카메라 종류에 따라 연결부가 다른 모양이기 때문에 자신의 카메라에 맞는 것을 골라 구입하자.

▲ 망원경에 DSLR 카메라를 연결하기위한 부품 구성으로 T링과 직초점 어댑터를 결합 순서대로 배치하였고(좌) 카메라에 결합을 완료한 상태(우)

직초점 어댑터는 2인치 또는 1.25인치 지름을 갖는 것이 일반적이며 DSLR 카메라의 경우 2인치 어댑터를 구입해서 사용해야 사진 주변부의 광량이 줄어드는 비네팅 현상을 줄일 수 있다.

* T링 - T링은 렌즈를 분리한 카메라에 부착하는 장치이다. 카메라에 따라 호환되지 않을 수도 있기 때문에 카메라 제조사에 맞는 것을 골라야 한다. 한쪽은 카메라 렌즈의 결합부와 같은 형태이고 다른 쪽은 직초점 어댑터와 연결할 수 있도록 나사산이 만들어져 있다.
* 직초점 어댑터 - 카메라에 부착된 T링과 망원경의 접안부를 연결하는 중간 장치이다. 한쪽은 T링의 나사 홈에 돌려서 연결하고 다른 쪽은 망원경의 접안렌즈 삽입부에 끼워 넣을 수 있도록 되어있다. 어댑터 구입 시에는 망원경 접안부의 크기에 맞는 것을 골라야 하는데 일반적으로 접안부 크기는 1.25 인치 또는 2인치가 대부분이고 사진 촬영에는 2인치 크기가 많이 사용된다.

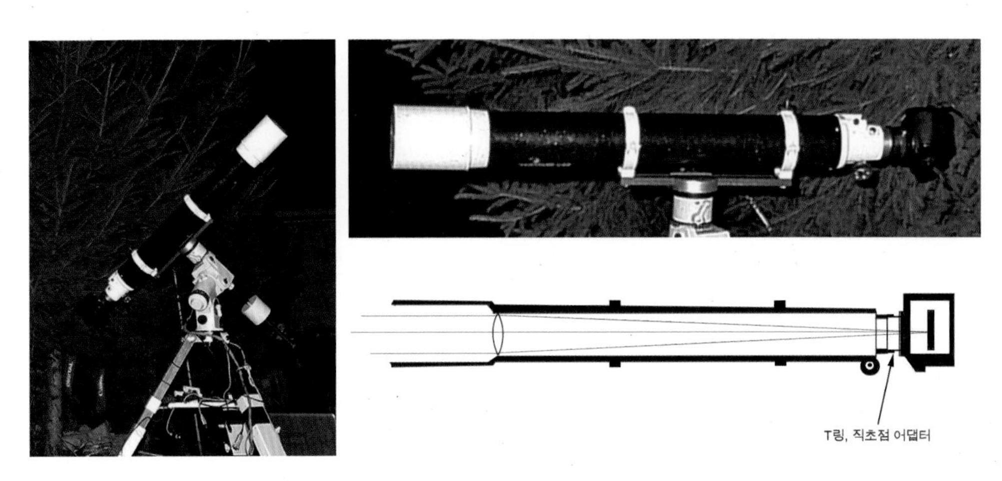

▲ 천체망원경에 DSLR 카메라를 연결한 사진과 빛의 경로

천체망원경에 카메라를 연결하여 망원경을 통과한 빛이 카메라 광소자 면에 직접 도달하도록 초점을 맞춘 후 카메라를 조정하여 촬영하는 방식을 직초점 촬영법이라고 한다. 망원경을 사용하여 천체 사진을 찍을 때 대부분 이 방식을 쓴다. 직초점 연결의 경우 카메라와 망원경 사이에 다른 부수적인 광학계를 설치하지 않는다면 카메라를 쉽게 망원경에 결합할 수 있다.

위 그림의 천체망원경은 구경 102mm, 대물렌즈의 초점거리가 1000mm인 경통에 30D 카메라를 연결한 사진과 망원경의 빛의 광로를 나타낸 것이다. 망원경의 초점거리는 대물렌즈를 통과한 빛이 굴절하여 광소자면에 초점이 맺히기까지의 거리를 의미하며 초점거리가 길수록 확대율은 커지지만 상의 밝기는 감소한다.

직초점 촬영에서 배율을 계산하는 방법은 앞에서 언급하였다. 다시 한 번 기억해보면 50mm 렌즈에 풀프레임 카메라를 사용하여 맺힌 상이 사람이 보는 시야각과 가장 비슷하기 때문에 망원경 초점거리를 50mm 렌즈의 초점거리로 나누면 풀프레임 카메라를 연결했을 때의 배율이 계산된다. 30D 카메라와 같은 크롭바디를 연결했을 경우에는 망원경 초점거리에 1.6을 곱해서 계산하면 배율을 산출할 수 있다. 즉, 망원경 초점거리를 50mm 렌즈로 나누어 확대율을 산출하면 맨눈으로 볼 때보다 몇 배 확대되어 보이는 지 알 수 있다.

직초점 촬영은 카메라 렌즈를 제거하고 망원경이 카메라 렌즈 기능을 대신한다. 카메라 일반 렌즈보다 초점거리가 훨씬 긴 망원경을 사용하기 때문에 렌즈를 사용했을 때보다 확대율이 커지게 되며 확대가 필요한 대부분의 천체 사진은 이런 방식의 촬영법을 사용한다.

▲ 경통 : ES Triplet 80mm(f/6) 카메라 : QSI 583WSG CCD 적도의 : 다카하시 EM11
노출 정보 : L 500초, 4장 R,G,B 30초 x 각 3장

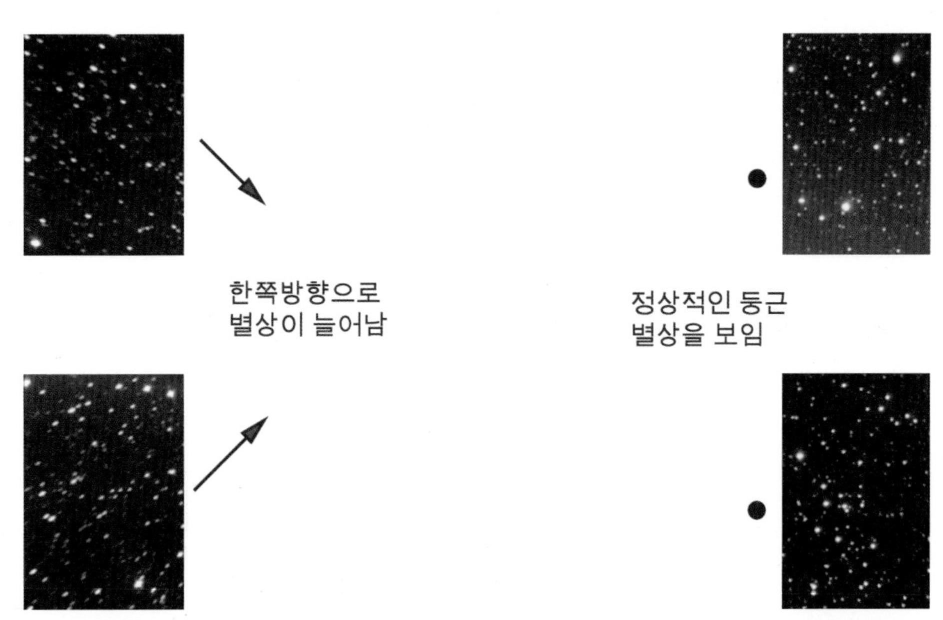

▲ 위 사진의 주변부 별상을 확인하기 위해서 확대한 사진.
카메라와 망원경이 제대로 연결되지 않아서 한쪽 편의 별상이 왜곡되어 촬영된 사진.

직초점 사진 촬영법으로 촬영할 경우 가장 중요한 것은 카메라와 망원경 연결을 정교하고 단단하게 해야 한다는 점이다. 2인치 접안렌즈 또는 어댑터와의 원활한 결합을 위해서 망원경의 접안부는 2인치보다 조금 크게 만들어진다. 이런 이유로 직초점어댑터를 망원경의 접안부에 연결할 때 약간의 유격이 발생할 수 있다. 유격을 없애기 위해서는 카메라와 연결된 직초점 어댑터를 망원경 접안부에 단단히 밀착시켜 카메라의 광소자가 광로에 직각이 되도록 연결해야 한다. 만일 유격에 의해서 카메라가 삐딱하게 연결될 경우 위의 사진과 같이 별상이 왜곡되는 현상이 나타난다. 위 안드로메다은하 사진의 오른쪽과 왼쪽의 별상을 보면 오른쪽은 정상적이지만 왼쪽의 별상이 늘어난 것으로 보이는데 이는 카메라가 광축에 직각으로 연결되지 않고 약간 삐딱하게 결합되었기 때문이다. 후에 접안부의 유격이 없도록 단단하고 정교하게 조정하고 촬영한 결과 위와 같은 현상은 나타나지 않았다.

다음의 안드로메다은하 사진은 처음 구입한 망원경과 적도의를 사용하여 촬영한 것으로 600mm 초점거리 망원경에 캐논 크롭바디 DSLR인 캐논 3D 카메라를 직초점으로 연결하여 노터치 가이드 방식으로 촬영한 것이다. 사진 우측의 상,하단에 장노출로 인한 열화 노이즈를 볼 수 있으며 밝은 별 주변의 청색 색수차도 나타난다. 또한 망원경의 수차로 인해서 사진 주변부 별들이 타원형으로 늘어난 모양으로 촬영되었다. 그렇지만 이 사진을 여러 사람에게 자랑했던 기억이 있다. 그때만 해도 천체 사진을 촬영하는 사람들이 많지 않았기 때문에 보는 사람마다 직접 촬영한 안드로메다은하 사진은 처음 본다며 멋있고 신기하다고 칭찬해줬지만 지금 보면 민망한 사진이다. 이 사진의 가장 큰 단점은 은하와 별색이 잘 표현되지 않았다는 것이다. 천체 사진에서는 깔끔한 별상과 다양한 별색을 어느 정도 표현했는지가 사진의 품질을 결정하는 가장 중요한 요소이다. 그때 받은 주변 사람들로부터의 관심과 격려가 지금까지 천체 사진을 촬영하는 힘이 되었다.

▲ 안드로메다은하(M31) Telescope: 120mm 굴절망원경
카메라 : 캐논 30D, 광해필터(LPS-p2) 사용 적고의 : EQ-5, 360sec,2매(ISO800) 360sec, 2매(ISO 650)

옆 두 장의 달 사진은 서로 다른 카메라를 사용하여 같은 날 같은 장소에서 촬영한 것인데 두 사진은 정교함에서 차이가 나는 것을 알 수 있다. 처음 사진은 동영상 카메라로 촬영한 여러 장의 동영상을 사진으로 변환하여 합성한 것이고, 아래 사진은 캐논 30D를 망원경에 연결하여 한 장으로 촬영한 것이다. 정교한 달 사진은 동영상 카메라로 촬영한다는 사실을 알고 있는 사람은 많지 않지만 천체 사진가들이 촬영한 정교한 달 사진의 대부분은 동영상 카메라로 촬영한 것이다.

▲ 망원경 : 6인치 뉴턴식 반사망원경(f/7.2)
카메라 : flea 3 color 동영상 카메라 적도의 : sky-watcher EQ6 노출 정보 : 28개 동영상클립 합성

▲ 망원경 : 6인치 뉴턴식 반사망원경(f/7.2)
카메라 : 캐논 30D 적도의 : sky-watcher EQ6 노출 정보 : 1/500초(ISO 1200)

스마트폰 카메라를 많이 사용하는 요즘, 망원경 접안렌즈에 스마트폰 카메라를 일치시키고 달 사진을 촬영하는 경우도 많은데 이런 촬영법을 '어포컬 촬영'이라고 한다. 정교한 촬영을 위해서는 부수적인 어포컬 촬영 장치를 이용하기도 하지만 달이 매우 밝아 짧은 노출로 촬영하기 때문에 특별한 장치 없이 손으로 촬영해도 좋은 달 사진을 얻는 때도 많다.

멋진 달 사진을 크게 출력하여 액자로 만들어 선물하거나 자기 방에 걸어둘 수 있는 것은 천체 사진을 촬영하는 사람들이 가질 수 있는 하나의 자부심이다. 벽걸이용 달력 크기로 인화하여 액자를 만들어 다른 사람에게 선물하면 세상에 하나밖에 없는 멋진 선물이 되며 받는 이들도 무척 좋아하는 것을 여러 번 경험했다.

▲ 스마트폰 카메라로 어포컬 촬영한 달 사진(좌)과 시중에서 판매하는 스마트폰 어포컬 촬영 장치

Tip

어포컬(Afocal, 콜리메이트) 촬영법

이 방식은 망원경의 접안렌즈를 통해서 보이는 촬영 대상의 모습을 렌즈가 달린 카메라를 사용하여 촬영하는 방식이다. 카메라로 접안렌즈에 맺힌 상을 찍는 것이 기본적인 원리이다. 이 방법을 이용하여 촬영 시 접안렌즈에서 빠져나온 사출동공을 카메라 렌즈로 초점을 맞춰서 촬영할 수 있도록 카메라를 고정하는 장치가 필요하기 때문에 삼각대

나 다른 부수적인 고정 장치를 별도로 만들 필요가 있다. 정교한 촬영을 위해서는 촬영 시 흔들림을 방지하고 초점을 쉽게 맞출 수 있도록 어포컬 촬영 장비를 사용하는 것이 좋다.

어포컬 촬영에 의한 확대율은 카메라 초점거리를 접안렌즈 초점거리로 나누어 구할 수 있고 이때의 합성 초점거리는 다음과 같이 계산한다.

망원경의 배율 = 망원경의 초점거리 / 접안렌즈의 초점거리

합성 초점거리 = 망원경의 배율 × 카메라 렌즈의 초점거리

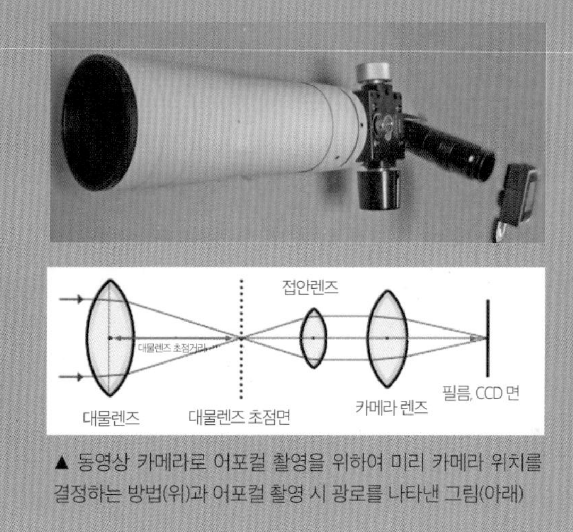

▲ 동영상 카메라로 어포컬 촬영을 위하여 미리 카메라 위치를 결정하는 방법(위)과 어포컬 촬영 시 광로를 나타낸 그림(아래)

천체망원경의 종류

갓 탄생한 것 같은 깔끔한 외모를 가진 신품 천체망원경 렌즈와 몸체를 바라보면 공학적인 아름다움이 무엇인지를 느낄 수 있다. 원색을 포함하지 않은 중성적인 색감과 금속성이 주는 차가운 기운 그리고 투명한 볼록렌즈의 멋진 곡률은 정교한 몸체와 어우러져 매력적인 모습을 보여준다. 천체망원경은 카메라 렌즈처럼 아기자기하지는 않지만 나름의 매력을 가진 물건이다. 거기에다 그 몸체를 통과한 빛을 이용하여 멋진 밤하늘 작품을 만들 수 있는 능

력을 갖췄다는 사실에 지적인 멋까지 풍기는 물건이다.

▲ 구경 80mm, 초점거리 480mm로 f/6.0인 굴절망원경. 접안렌즈를 제거하고 뒤쪽에서 본 모습

천체망원경은 밤하늘을 달려온 지친 빛을 모아서 초점을 만들고 이를 확대하여 맨눈으로 관측하거나 필름 또는 디지털 장비를 이용하여 이미지를 기록할 수 있게 돕는 도구이다. 망원경은 맨눈으로 관측할 때보다 더 많은 빛을 받아들일 수 있기 때문에 어두운 천체도 더 자세히 관측할 수 있으며 사진 기록도 가능하다.

천체망원경은 대물렌즈나 대물경의 특성과 방식에 따라 굴절망원경과 반사망원경으로 구분할 수 있다. 볼록렌즈나 오목거울을 통과하거나 반사한 빛이 한 점에 모이면 이 점을 볼록렌즈로 확대하여 상을 보는 것이 기본원리며, 상이 맺힌 곳에 카메라를 부착하면 사진을 촬영할 수 있는 것이다. 그런데 접안렌즈를 제거하고 접안부를 통해서 망원경을 바라보면 간단하고 휑하기 짝이 없다. 둥근 원통 파이프에 렌즈만 덩그러니 보일 뿐, 카메라 렌즈에 있는 조리개도 없고 조절할 수 있는 것은 접안부를 밀어 넣었다 뺐다 하는 조절나사뿐이다.

천체망원경은 빛이 부족한 밤에 사용하는 도구로서 구경이 클수록 많은 빛을 받을 수 있다. 그래서 가능한 구경을 크게 만들기 때문에 빛의 양을 조절하는 조리개와 같은 장치는 필요

없다. 망원경을 이용한 천체 사진 촬영에서 빛의 양은 카메라 노출시간으로 조절한다.

천체망원경의 성능을 판단하는 3가지 요소

① 집광력 : 빛을 모을 수 있는 능력으로 천체망원경은 빛 입자를 담는 양동이에 비유할 수 있다. 양동이 입구가 커야 빗물을 많이 받듯이 망원경도 구경이 커야 빛을 많이 담아 어두운 천체를 밝게 볼 수 있다. 어두운 천체를 보는 것이 주목적인 천체망원경에서는 가장 중요한 기능이다.

② 분해능 : 얼마나 자세하게 볼 수 있는가 하는 해상도와 관련된 것으로 이것도 구경이 클수록 그 성능이 크다. 분해능이 좋아지는 것은 작게 쪼개서 볼 수 있다는 것으로 해상도가 증가한다는 의미이고 실제로 천체 관측 하는 사람들은 쌍성이나 이중성을 관측하여 망원경의 분해능을 판단하기도 한다. 가까이 붙어있는 두 별이 분해능이 나쁘면 한 덩어리로 보이며 반대일 경우에는 두 별이 분리되어 명확하게 보인다. 분해능은 구경 크기뿐만 아니라 볼록렌즈나 주경의 정밀도와도 관계되는 항목이다.

③ 확대능 : 앞서 설명한 배율 또는 확대율에 해당하는 것으로 망원경의 초점거리와 관련한 항목이다. 초점거리가 길면 확대능이 커져서 크게 볼 수 있지만 광로가 길어지기 때문에 상이 어두워진다. 천체 사진 촬영에서는 가장 영향력이 작은 항목이다.

- 집광력 ∝ 구경2, 분해능 ∝ 1/구경, 확대능 = 망원경의 초점거리 / 접안렌즈의 초점거리
- 구경이란 망원경의 대물렌즈 또는 주경의 지름 크기를 의미하여 분해능이 작아진다는 것은 작게 세밀하게 쪼개서 볼 수 있다는 것이다.

▲ 8인치 슈미트 카세그레인식 망원경을 이용하여 달 사진을 촬영하고 있다. 밝은 보름달 빛으로 그림자가 보인다.

• 굴절망원경(Refractor)

굴절망원경은 망원경제작 시 대물렌즈가 경통에 단단히 고정되도록 만들어졌다. 반사망원경처럼 광축을 자주 정렬해야 할 필요성이 적어서 초보자가 사용하기 쉬운 편으로 1600년대 초 처음 고안되었다. 1609년 갈릴레이에 의해서 알려졌으며 초기 대물렌즈는 한쪽 면이 편평한 볼록렌즈를 사용하였고 접안렌즈에는 한쪽 면이 오목한 오목렌즈를 사용하여 정립상으로 보이는 방식이었다. 이를 갈릴레이식 망원경이라고도 한다. 그러나 이후 개발된 케플러식 망원경은 대물렌즈와 접안렌즈 모두 볼록렌즈를 사용하였고, 상은 도립상으로 관측되지만 성능이 크게 개선되어 현재 대부분의 굴절식 천체망원경은 케플러식이다.

빛은 볼록렌즈를 통하여 굴절되어 모이는데 렌즈를 통과한 빛은 파장과 렌즈 유리의 내부 격자구조에 따라 굴절률이 다르기 때문에 빛의 전달 경로도 다를 수 있다. 따라서 하나의 볼록렌즈로 모든 파장의 빛을 같은 방향으로 굴절하여 하나의 초점을 형성하는 것은 불가능하며 이런 이유로 초점이 한점에 일치하지 않는 현상인 색수차가 발생한다. 이것이 굴절망원경의 최대 단점이다.

1733년 무어 홀(Chester Moor Holl)은 볼록렌즈와 오목렌즈를 결합하여 하나의 초점을 만드는 방법을 개발했고 이를 색지움(doublet chromet) 렌즈라고 불렀다. 이 렌즈 세트를 사용한 굴절망원경은 모든 파장 영역의 빛을 같은 방향으로 굴절시켜 하나의 초점을 만들 수 있도록 하여 색수차를 감소시켜 굴절망원경의 성능을 개선하였다. 그 후 1892년 광학 디자이너 데니스 테일러(H.Dennis Taylor)는 세 겹의 렌즈를 사용하여 색수차와 구면수차를 최소화한 삼중 아크로매틱 광학계(Cooke triplet)를 개발하였다. 요즘 고성능 굴절망원경은 대부분 3겹의 아포크로메틱 렌즈를 사용하고 렌즈의 재질도 초저분산 렌즈(ED, Extra low Dispersion) 또는 형석(Fluorite)렌즈를 사용한다. 이런 렌즈들로 구성된 굴절망원경은 색수차를 비롯한 다양한 수차를 제거하거나 최소화하여 밝은 천체뿐만 아니라 어두운 천체 관측과 촬영에서 탁월한 성능을 보여준다.

▲ 색수차를 최소화한 쿠케 삼중렌즈를 개발한 데니스 테일러(왼쪽 위)와 삼중렌즈의 구조(왼쪽) 쿠케(Cooke)는 그가 데리고 있던 조수의 이름이다.

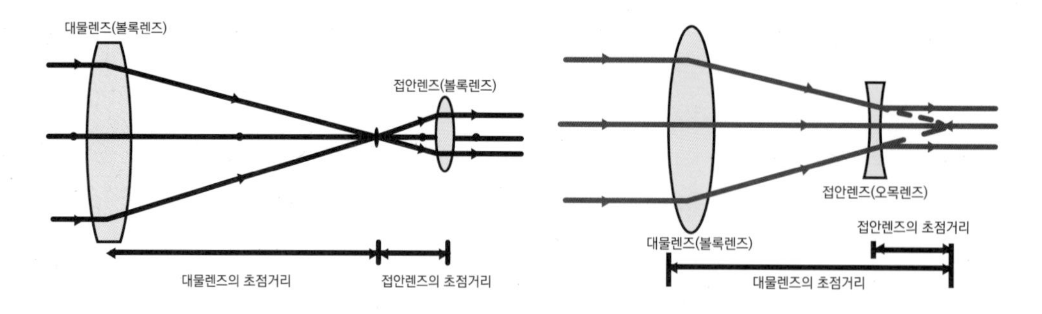

▲ 케플러식 망원경의 광로(왼쪽)와 갈릴레이식 망원경의 광로(오른쪽)

아포크로매틱 망원경은 아크로매틱에 비해 비싸다. 이들 망원경은 3군4매 또는 3군3매라고 사양에 적혀있는데 이는 3장짜리 렌즈 세트가 3개 또는 4개가 포함되어 있다는 것으로 3군4매의 경우 렌즈 개수만 12장 들어있다. 이런 경통은 작지만 무게가 많이 나가고 가격도 상당히 고가이다. 천체 사진을 시작하면 이런 경통을 갖는 것이 꿈이며 결국에는 이런 망원경을 소유하게 되는 경우가 많다. 이런 경통을 사용하여 촬영한 이미지는 두 장의 렌즈를 겹쳐서 만든 아크로매틱 경통으로 만든 것과는 큰 차이를 보이며 정교하고 뛰어난 색감을 보여준다.

아래 사진은 천체 사진가들이 많이 사용하는 아포크로매틱 경통이다. 120mm 구경의 경통은 무게가 무거워서 중형적도의를 사용해야만 하며 105mm 구경의 경통은 소형적도의로도 사용할 수 있지만 가이드 장비처럼 다른 부수 장비를 많이 부착하면 무게가 증가하여 중형적도의를 사용해야 할 수도 있다.

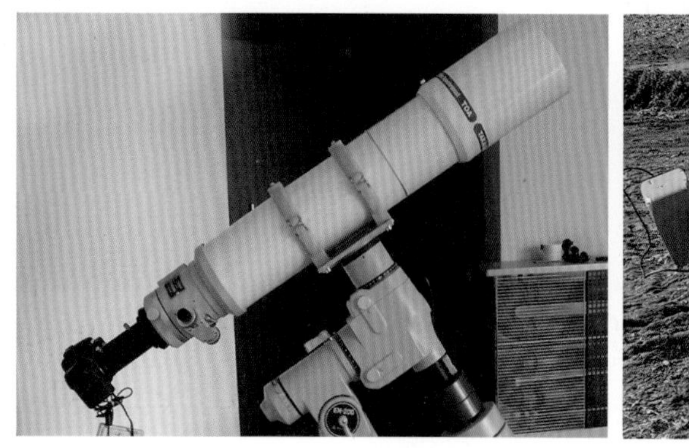

▲ 아포크로매틱 굴절망원경인 TOA 120mm(좌)와 Pentax 102mm 굴절망원경

• 반사망원경(Reflector)

반사망원경은 오목거울을 사용하여 빛을 모으는 형태이다. 굴절망원경에 비해 구경을 크게 만들 수 있고 볼록렌즈 사용으로 인한 색수차가 발생하는 굴절망원경과 달리 색수차가 나타나지 않는다. 또한 같은 구경의 굴절망원경에 비해 반사거울의 제작이 쉽기 때문에 가격이 저렴하다. 그러나 반사망원경의 구조상 경통 앞쪽에 작은 반사경인 부경이 설치되어 있어 같은 구경의 굴절망원경에 비해서 집광력이 작기 때문에 굴절망원경보다 구경 지름을 크게 제작해야 할 필요가 있고 상의 대비가 굴절망원경에 비해서 다소 떨어질 수도 있다. 또한 경통을 차에 싣고 이동하거나 설치할 때의 충격으로 경통 뒤쪽에 설치된 주경의 움직임이 발생할 수도 있기 때문에 광축을 주기적으로 점검해야 한다.

반사망원경의 구조는 주경을 통해서 모인 빛이 부경 또는 사경이라고 하는 작은 반사경으로 보내져 접안렌즈 방향으로 다시 반사되는 구조이다. 망원경 입구는 개방되어 있거나 투명 보정판으로 막혀있는 형태로 만들어진다.

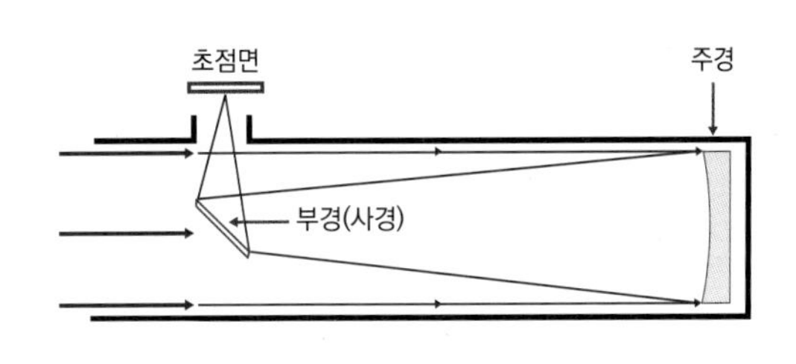

▲ 뉴턴이 만든 반사망원경(좌)과 뉴턴식 반사망원경의 내부 구조(우)

반사망원경은 1668년 뉴턴(Isaac Newton)에 의해서 고안되었고 곡면의 거울을 사용함으로써 굴절망원경에서 나타나는 색수차 문제를 해결하였다. 그러나 초기 반사망원경의 문제점은 유리 대신 금속 재질의 거울을 사용하였기 때문에 곡면이 정교하지 못해서 초점이 분산되어 상이 깨끗하지 않다. 뉴턴식 반사망원경은 사진 촬영에 있어서는 가격에 비해서 대구경 망원경을 사용할 수 있다는 장점이 있다. 어두운 천체 촬영에 많이 활용하지만 경통이 개방되어 주경이 노출되어 있기 때문에 온도 변화에 따른 영향과 경통 내부에서 발생하는 공기의 와류 현상에 영향을 받는 단점이 있다.

▲ 천체 사진 촬영을 위해 설치한 아포크로메틱 굴절망원경(좌)과 10인치 뉴턴식 반사망원경(우)

• 반사-굴절식 망원경(Catadioptric System)

반사-굴절식 망원경은 여러 가지 수차를 제거하고 경통 크기를 작게 만들기 위해서 다양한 모양의 반사거울과 렌즈를 사용하여 만들어진 형태의 모든 망원경을 일컫는 것으로 복합식 또는 카다옵트릭 망원경이라고도 한다. 이런 종류의 망원경은 경통 앞쪽에 수차 제거를 위한 보정판을 부착한 망원경으로 슈미트-카세그레인식, 막스토프-카세그레인식 등이 있다. 이 방식의 망원경은 경통 앞쪽이 개방된 반사망원경과는 달리 수차 제거를 위한 보정 렌즈 또는 보정 거울을 경통 앞쪽에 설치하기 때문에 경통 앞쪽이 막혀있는 형태로 제작된다.

빛의 경로는 주경에서 빛을 모아서 경통 앞쪽의 부경으로 보내진 다음 주경 중심의 구멍을 통과해서 경통 뒤쪽의 접안렌즈로 전달되는 방식으로 대부분의 망원경이 이 형태의 광로를 갖는다.

▲ 카다디옵트릭 망원경 중 가장 많이 사용되는 슈미트-카세그레인식 망원경인 MEADE사의 14인치(좌)와 Celestron사의 8인치(우 아래) 경통. 경통 길이에 비하여 초점거리가 길다.

반사-굴절식 망원경의 대표적인 종류에 대한 간단한 설명은 다음과 같다.

① 슈미트-카세그레인식(SCT) - 주경은 구면경이 사용되며 부경은 보정판에 붙어 있고 주경에서 모아진 빛은 경통 앞쪽의 보정판에 붙어있는 부경에 의해서 반사되어 주경 중심의 구멍을 통해서 주경의 뒤쪽으로 진행되어 초점을 형성한다. 경통 앞쪽에 부착된 비구면 형태의 보정판은 구면경을 사용하는 망원경에서 빛의 반사각 차이에 의해서 발생하는 구면수차를 제거하는 역할을 한다.

② 리치-크레티앙식 - 카세그레인식 망원경의 코마수차와 구면수차를 제거하기 위해서 주경과 부경을 모두 쌍곡면으로 제작한 반사경을 사용하는 것으로 제작비용이 많이 들어 가격이 비싸다. Ritchey Chretien을 흔히 RC 망원경이라고 줄여서 부른다. f/6/에서 f/9까지의 반사-굴절식의 다른 망원경에 비하여 상대적으로 넓은 범위의 초점비를 갖기 때문에 사진 촬영에 적당한 망원경이라고 할 수 있다.

③ 막스토프-카세그레인식 - 주경은 구면경을 사용하며 보정판에는 메니커스 렌즈(한쪽 면은 오목렌즈, 다른 쪽 면은 볼록렌즈 형태)를 사용하여 구면수차를 제거한다. 주경, 부경, 보정판을 사용한다는 점에서 슈미트-카세그레인식 망원경과 유사하지만 슈미트-카세그레인 망원경에 비해서 보정판의 보정렌즈가 오목한 구면렌즈이고 렌즈 자체가 더 두껍고 무겁다. 카세그레인식과 마찬가지로 초점비가 커서 달, 태양, 행성, 이중성 등 밝은 천체를 제외하고는 어두운 천체 사진 촬영에는 부적합한 편이고 보정판이 두꺼워서 경통 내부 온도가 밖의 온도와 평형을 이루는데 시간이 많이 걸리는 단점이 있다

④ 슈미트 카메라 - 주경은 구면경을 사용하며 구면수차를 제거하기 위한 보정렌즈가 보정판에 부착되어 있다. 부경 위치에 카메라를 장착하여 사진을 촬영하기 때문에 안시관측은 불가능하고 사진 촬영용으로만 사용한다. 보정판에 카메라를 장착할 수 있는 장치가 개발되어 판매되고 있어 최근에는 단초점 사진 촬영용으로 사용하지만 흔한 편은 아니다.

위에서 설명한 방식의 굴절-반사식 망원경은 초점거리에 비해서 경통 길이가 짧아서 이동용으로 사용하기 편한다. 하지만 주경을 움직여 초점을 맞추는 방식이기 때문에 초점을 맞추기가 쉽지 않고 한 대상을 촬영한 후 다음 대상으로 망원경이 옮겨가는 도중에 주경이 고정되지 않은 구조로 인해서 주경의 미세한 흔들림이 발생할 수 있는 단점이 있다.

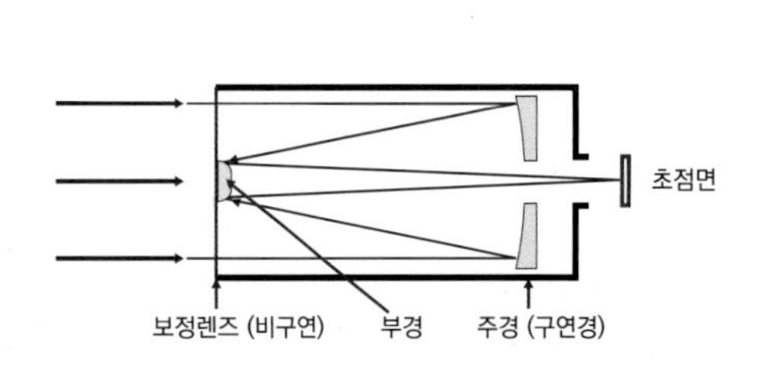

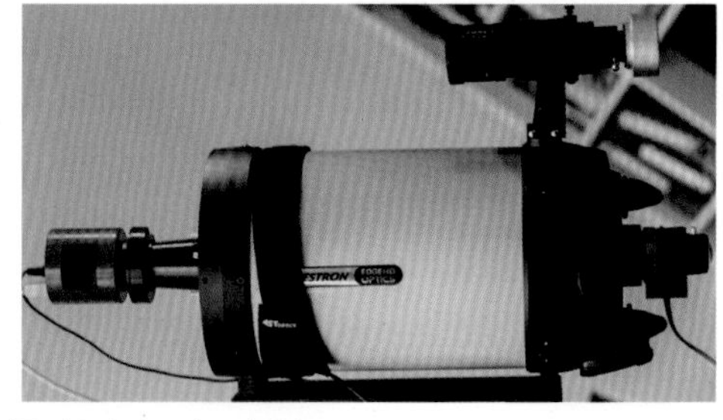

▲ 슈미트-카세그레인식 망원경의 구조와 광로(좌) 그리고 추가 장비를 사용하여 슈미트 카메라로 사용하는 슈미트-카세그레인식 망원경

모든 망원경이 달을 담지는 못한다

▲ 6인치 뉴턴식 반사망원경에 동영상 카메라를 연결하여 달 사진을 촬영 중인 모습

천체 사진을 촬영하려는 사람들이 망원경을 이용하여 처음으로 도전하는 천체는 달일 확률이 가장 클 것이다. 달 사진 촬영은 광해와 장소에 크게 영향받지 않고 하늘에 구름이 있더라도 잠시 구름이 빈 틈을 이용하여 짧은 시간에 촬영할 수 있기 때문에 천체 사진 중 가장 부담이 적은 촬영 중 하나이다.

앞서 카메라 렌즈를 이용하여 달 사진을 촬영해 보았지만 초점거리가 짧은 렌즈로는 달 표면의 구조를 섬세하게 표현하기 어려웠다. 카메라와 렌즈를 이용하여 달을 촬영할 경우에는 달과 지상의 풍경을 조화롭게 표현할 수 있는 사진에 적합하다는 것을 언급하였다. 카메라 줌렌즈와는 다르게 천체망원경은 구조적으로 초점거리를 조정할 수 없다. 앞서 설명한 것과 같이 천체망원경의 배율을 조절하는 것은 접안렌즈의 초점거리이다.

처음 망원경으로 달을 관측할 때 당황스러운 일이 발생할 수도 있는데 이는 달이 한 시야에 들어오지 않고 달의 일부가 잘려서 보일 때이다. 이런 경우에는 접안렌즈의 초점거리가 긴 것을 사용하여 배율을 낮추어야 하지만 접안렌즈의 초점거리가 가장 긴 것을 사용해도 망원경의 초점거리가 길 경우에는 달을 한 시야에 볼 수 없는 경우도 발생한다. 직초점 사진 촬영의 경우에는 접안렌즈를 제거하고 카메라를 연결하기 때문에 배율은 정해진 값인 50mm 카메라 렌즈의 초점거리로 환산해야 한다. DSLR 카메라로 촬영할 경우 복합식(카다옵트릭)망원경처럼 초점거리가 아주 긴 망원경을 제외하면 대부분 한 장에 달 이미지를 담을 수 있다.

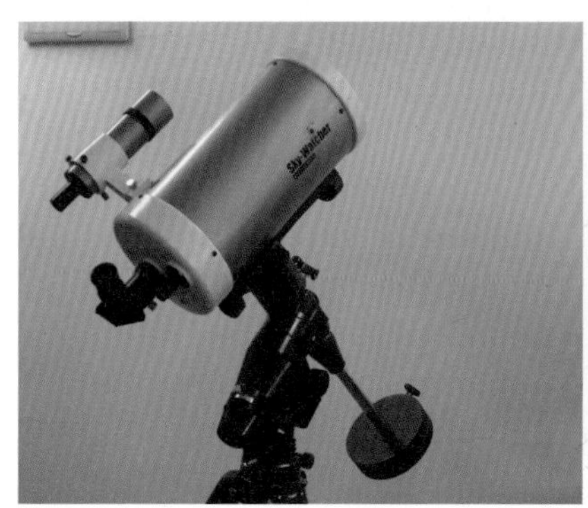

▲ 초점거리 1800mm, 구경 150mm로 f/12인 장초점 막스토프-카세그레인식 망원경(좌)과 이 망원경에 캐논 30D카메라를 연결하여 촬영한 달 사진(우)

그러나 대부분의 반사-굴절식 망원경은 초점거리가 2000mm 이상이 되는 경우가 많기 때문에 한 장의 사진에 달을 담을 수 없다. 이런 경우 여러 장의 사진을 촬영하여 모자이크 합성하여 한 장의 사진으로 만들어야 한다. 이런 이유로 천체망원경을 구입하는 데에는 촬영 대상과 초점거리를 고려해야 한다.

▲ 10인치 뉴턴식 반사망원경(우)으로 촬영한 달 사진(좌)으로 광량을 줄이기 위해서 H-알파(Hα) 필터를 사용하여 캐논 30D로 1/500초로 촬영하였다.

아쉬움에서 얻은 교훈

▲ 구경 6인치, 초점거리 750mm, f/5.0의 반사망원경과 캐논 30D 카메라를 사용하여 촬영한 달 사진. 노출시간 : 1/600초(ISO 800)

DSLR 카메라를 천체망원경에 연결하여 촬영한 달 사진은 색감을 살리기가 쉽지 않다. 달 자체가 색 정보가 부족하고 밝기가 밝아서 달 표면이 거의 흑백으로 인식된다. 또한 달이 밝아 노출시간을 짧게 설정하여 촬영하기 때문에 색상 정보가 충분히 카메라에 담기지 않는다. 그러나 색상 정보가 부족한 흑백 이미지로도 멋진 풍경과 감성의 이미지를 만들 수 있는데 위의 사진도 나뭇가지 사이로 떠오르는 보름달을 촬영한 것으로 나무의 실루엣이 보름달을 배경으로 서늘한 느낌과 쓸쓸한 느낌을 동시에 주는 분위기 있는 사진이다.

달이 떠오르거나 질 때 주변 풍경과 멋지게 어우러지는 곳을 찾아보고 멋진 순간을 포착하여 망원경과 카메라로 그 장면을 담아보는 것은 만족스러운 달 사진을 얻는 방법의 하나이다. 달 사진은 보름달보다는 초승달과 그믐달 모양이 주변과 더욱 멋지게 어울린다는 것을 알아두면 더 좋은 사진을 촬영하는 데 도움 될 수 있다.

또한 달과 나무 또는 건물들과 어울리게 촬영하기 위해서는 망원경의 초점거리에 따른 달의 크기가 어떻게 촬영되는지를 미리 알아두어야 구도를 잡는데 편리하다. DSLR 카메라를 사용할 경우 600~800mm 정도의 초점거리를 갖는 망원경을 사용하면 한 화면에 달 크기가 적절한 비율로 촬영된다.

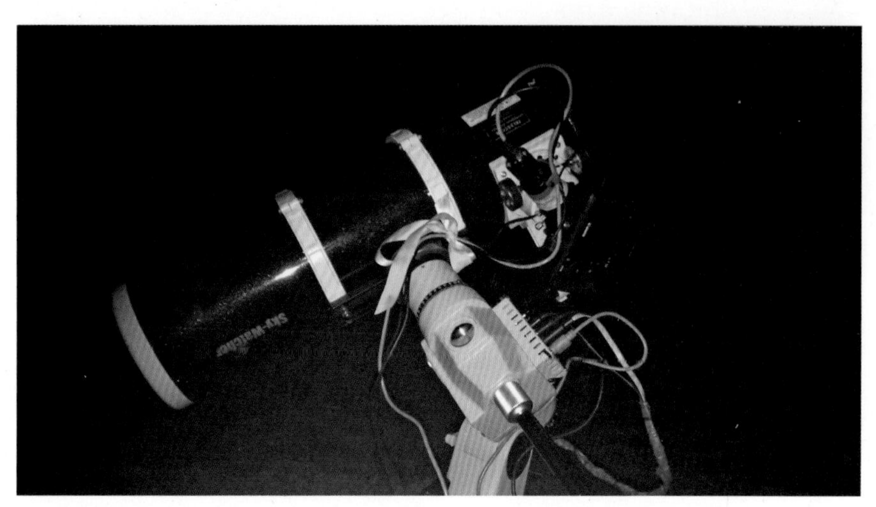

▲ 구경 6인치, 초점거리 750mm, f/5.0의 뉴턴식 반사망원경과 연결한 캐논 30D 카메라

DSLR 카메라를 사용하여 달 촬영할 경우 배율은 망원경의 초점거리를 50mm로 나누기 때문에 고배율이 나오지 않는다. 따라서 고배율로 달의 세부 구조를 촬영하려면 망원경의 초점거리가 최소한 5000mm 정도는 되어야 하는데 이런 망원경은 아마추어 천체 사진가들이 갖기에는 부담이 크다. 그렇다면 카메라의 초점거리가 짧은 것을 사용하면 가능하지 않을까?라고 생각할 수 있다. 큰 부담 없이 많이 사용하는 8인치 슈미트-카세그레인식 망원경(SCT)의 초점거리는 2030mm로 10mm의 초점거리를 갖는 카메라를 사용한다면 확대율은 200배 정도 되기 때문에 고배율로 정밀한 사진을 촬영할 수 있다. 실제로 정교한 달 사진을 얻기 위해서 초점거리가 10mm보다 짧은 동영상 카메라를 이용하여 달 사진을 촬영하는 경우가 많다.

이런 경우 높은 추적의 정밀도가 요구되고 노트북 PC를 이용해야 하는 등 촬영 방법도 복잡해지므로 다음에 알아보기로 하자. 다행히 고가의 망원경을 구입하지 않고 초점거리가 짧고 광소자의 크기가 작은 동영상 카메라만 구입하면 고배율 달 사진을 찍을 수 있다.

▲ 위 사진
망원경 : 윌리암옵틱스 72mm, f/6.0
카메라 : 캐논 30D
노출 정보 : 1/3200초, ISO 400

◀ 왼쪽 사진
망원경 : 윌리암옵틱스 72mm, f/6.0
카메라 : 캐논 30D
노출 정보 : 0.25초, ISO 400

이 사진들을 구경 72mm 아포크로매틱 굴절망원경과 캐논 30D 카메라로 같은 시간에 촬영한 것으로 지상의 풍경을 살리려면 노출시간을 길게 설정해야하고 달 표면의 분포를 촬영하기 위해선 노출시간을 짧게 설정해야하는 시간 기준을 보여준다.

위의 노출시간은 정해진 값이 아니고 달의 위상과 지상의 광해정도에 따라 노출시간은 달라져야 한다. 초점이 달 표면에 맞춰졌기 때문에 나뭇가지의 상이 선명하지 않게 촬영되었다.

02 적도의로 초보 딱지를 떼자

삼각대와 카메라 그리고 적도의에 망원경을 챙겨서 경기도 양평군 청운면에 위치한 별지기들이 자주 방문하는 벗고개에 올랐다. 이곳은 새로 포장된 도로변으로 밤에는 차가 거의 다니지 않기 때문에 길가에 주차하고 별을 관측할 수 있는 적당한 관측지였다. 그러나 사람들에게 많이 알려지면서 금요일 밤과 주말 밤에는 너무 많은 사람이 몰려서 천체 사진 촬영하기는 어려워진 상태이다. 어떤 날에는 사진동호회의 대형 버스가 오는 경우도 있었다. 이런 경우 손전등과 차량 불빛으로 어두운 관측지는 인공조명으로 넘쳐나는 공간으로 변해버린다. 이런 날은 사람들이 빠져나가기를 기다렸다가 자정 이후에 사진을 촬영해야 했는데 이런 날이 점점 늘어나고 있다.

관측지에 텐트를 쳐놓고 관측을 마친 후에 맞이한 아침은 전날의 소란스러웠던 분위기 대신 고요하고 평온한 분위기로 다가온다. 야외 관측으로 밤을 지새울 경우 동트기 2시간 전에 잠시라도 눈을 붙인다. 그리고 맞이하는 아침 정취는 밤 동안 쌓인 눈꺼풀의 뻑뻑함을 풀어줄 만큼 상쾌하다. 눈이 내린 다음 날은 다른 날보다 바람도 적고 춥지 않아서 관측하기가 좋은 편이지만 눈이 쌓인 산길을 운전해야 하는 어려움이 있다. 천체 사진이나 관측을 자주 하는 사람들의 차량은 대부분 사륜구동 방식이다.

적도의가 삐딱한 이유

▲ 매년 늦가을에 열리는 스타파티(Star party Korea)에 참여한 천문인들의 장비. 다양한 장비들을 볼 수 있고 관측 및 촬영 정보를 얻을 수 있는 좋은 기회이다.

아마추어 천체 사진가와 천체 관측자들이 1년에 한 번씩 모이는 스타파티라는 별 축제가 있다. 이 축제의 참맛은 축제에 모인 사람들이 사용하는 관측 및 촬영 장비들을 돌아보고 이들이 촬영한 작품을 감상하고 촬영기법과 장비사용법에 대해서 서로 토의할 수 있는 시간이 있다는 점이다.

그동안 온라인을 통해서 서로의 촬영 사진만 봐오던 이들이 얼굴을 맞대고 따뜻한 어묵과 삼겹살을 구워 먹으며 편안하게 얘기하다 보면 나이와 직업, 성별에 관계없이 공통 주제로 하나가 되는 의미가 있는 축제이다. 밤을 새워 얘기하는 사람들, 짬 내어 천체 사진을 촬영하는 사람들, 처음 망원경을 접하는 사람들에게 천체를 보여주며 설명하는 사람들, 이런 사람들이 모여서 늦가을의 싸늘한 밤을 뜨겁게 달구는 모습에서 천체에 대한 관심이 점점 늘고 있음을 느끼게 한다.

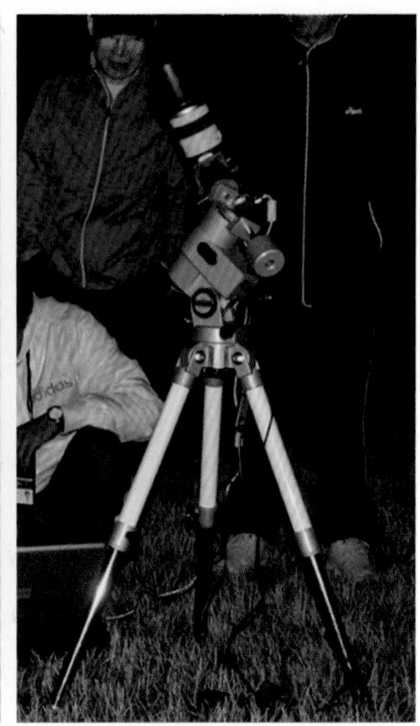

▲ 다양한 방법의 천체 사진 촬영

위의 세 사진은 천체 사진 촬영의 진화단계를 설명하기 위해 준비한 것이다. 왼쪽부터 삼각대에 카메라를 연결한 사진이고, 중앙은 경위대에 망원경을 연결한 사진, 그리고 맨우측은 추적 장치가 내장된 적도의에 망원렌즈를 부착한 카메라를 연결한 사진이다.

삼각대에 연결한 카메라와 망원경을 연결한 경위대는 방위각(수평)과 고도(수직) 방향으로 움직이는 방식으로 조작 방법이 동일하다. 하지만 적도의는 이들과는 다르게 중심축 방향이 삐딱해서 사용하기에도 불편하게 생겼다. 실제로 적도의에 망원경을 연결하여 지상의 사물을 관측하려면 원하는 방향으로 조작되지 않아 다리 부분인 삼각대 방향을 움직여야 하는 경우가 발생한다. 이렇게 불편하고 특이하게 생긴 이유는 적도의라는 장비는 하늘의 천체를 관측하는 데 적합하게 만들어졌기 때문이다.

적도의는 북반구에서는 북극성 방향에 있는 극축을 중심으로 움직이는 천체를 관측하기 쉽도록 적도의의 한 축을 극축에 맞춰 조정할 수 있게 되어있다. 삐딱하게 기울어진 축을 적경축이라고 하고 이 축의 방향을 관측 지방에서의 북극성 위치에 맞춰 설정하는데 북극성 고도는 관측 지방의 위치와도 같기 때문에 관측 지방의 위도를 북극성의 고도 각으로 하여 조정하면 된다.

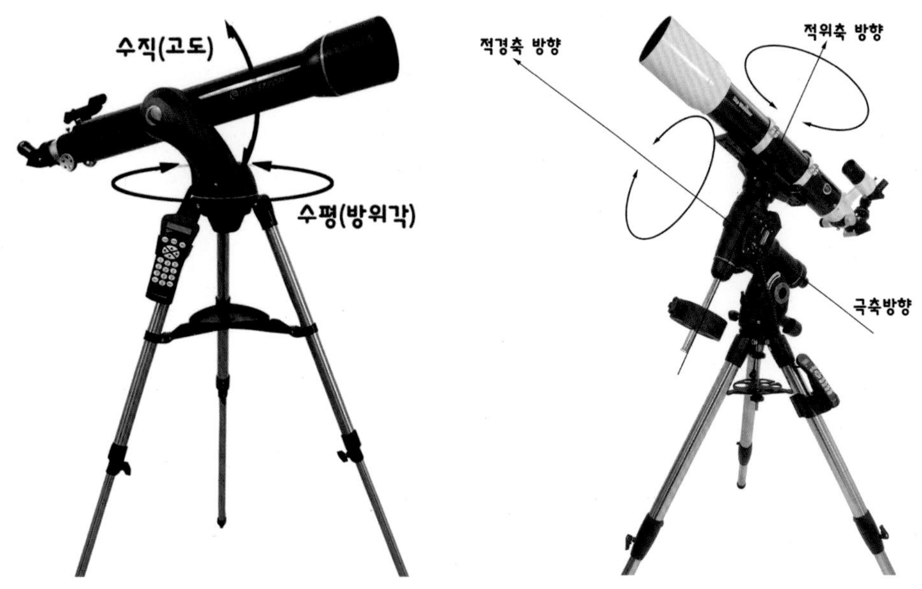

▲ 경위대식 장치대(좌)와 적도의식 장치대(우)로 축의 방향이 서로 다르게 배치되어 있고 지상관측에는 경위대식이, 천체 관측에는 적도의식이 더 효율적이다.

천체 관측이나 천체 사진을 촬영하기 위해서 세팅해 놓은 망원경 세트를 보면 적도의의 방향이 모두 한곳, 즉 북극성 방향을 향하고 있음을 알 수 있다. 추적 기능을 가진 적도의는 적경축에 모터를 내장하고 있어 지구의 자전 속도와 같은 속도로 반시계 방향(일주운동의 방향)으로 회전하면서 관측하고자 하는 별을 시야에서 벗어나지 않게 관측을 편하게 해준다. 이런 적도의는 긴 시간 동안 추적 촬영하는 천체 사진에서는 필수 장비이다.

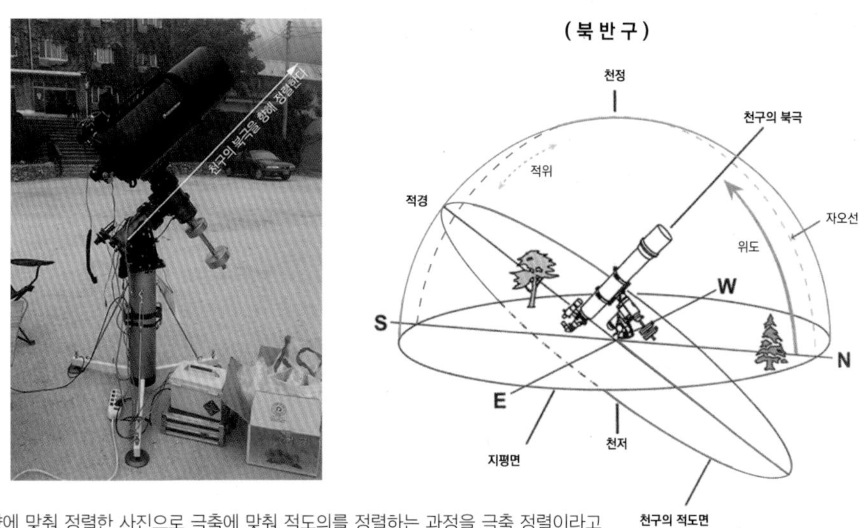

▲ 적도의를 극축 방향에 맞춰 정렬한 사진으로 극축에 맞춰 적도의를 정렬하는 과정을 극축 정렬이라고 한다(좌). 일주운동 중심에는 북극성이 위치하는데 북극성은 천구의 북극에서 1도 정도 떨어져 있고 북극성의 고도와 그 지점의 위도는 같은 값이다(우).

Tip

짧은 노출 촬영을 위한 극축 정렬

천체 관측 및 천체 사진 촬영에서 극축 또는 천구의 북극에 대한 이해는 필수이다. 지구 자전 때문에 하늘에 있는 모든 천체는 지구의 자전 반대 방향으로 움직이는 것처럼 보여야 한다. 그러나 우리가 실제로 관측해 보면 모든 천체는 지구의 자전 방향과 같은 반시계 방향, 즉 동에서 서쪽으로 관측된다. 특정한 대상을 추적하며 관측 또는 촬영하기 위해서는 망원경도 천체의 이동 방향과 같은 속도로 움직여야만 관측 및 촬영을 안정적으로 수행할 수 있다. 지구 자선축의 북쪽과 나란한 방향을 천구의 북극이라 하고, 그 반대 방향에 천구의 남극이 위치한다.

지구가 자전축을 중심으로 회전하기 때문에 지구 대기권 밖에 있는 천체들 즉 달, 행성, 별들은 동에서 떠서 하늘을 가로질러 서쪽으로 지는 것으로 보인다. 태양계의 모든 천체뿐만 아니라 성운, 성단, 우리은하 안의 천체, 우리은하 밖의 천체 모두가 지구의 자전에 의해서 이런 방향으로 이동한다.

이와 같은 천체들의 일정한 방향성과 운동 속도를 보정하기 위한 장치가 적도의이다. 적도의의 원리는 장치의 중심축(적경축)을 천구의 북극에 일치하게 하면 천체 운동을 쉽게 추적할 수 있도록 한 것이다.

적도의의 적경축을 천구의 북극 또는 남극에 방향을 일치시키는 것을 극축 정렬이라고 한다.

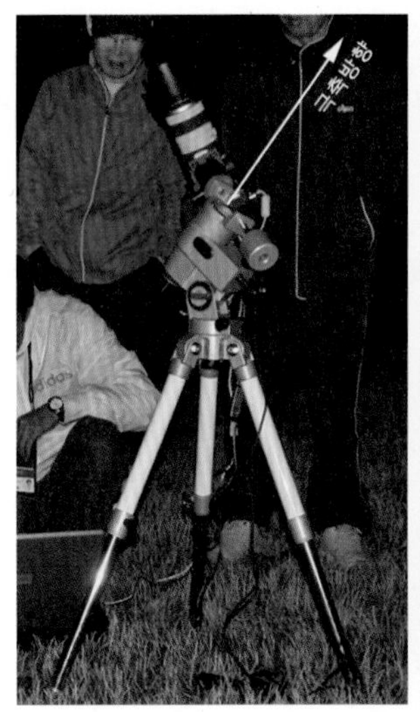

▲ 극축망원경이 없는 적도의는 적경축의 구멍중심에 북극성을 넣는 것만으로도 대략적인 극축 정렬이 가능하다.

• 극축망원경이 없는 적도의의 극축 정렬 방법

극축망원경이 없는 적도의의 경우 대략적으로 적경축을 북극성 방향으로 정렬하는 방법으로 노출시간이 긴 천체 사진에는 부적합하지만 노출시간이 짧은 밝은 대상의 천체 사진 촬영은 가능하다.

① 망원경 설치 후 탐색경 정렬을 완료하고 경통을 적경축과 평행하도록 조정한 후 적경, 적위 잠금 나사를 조여 고정시킨다. 이후 적경, 적위축은 절대 움직이지 않는다.

② 망원경 경통을 적도의의 적경축을 평행하게 고정시킨 상태에서 망원경 다리를 움직여 경통이 북극성을 향하도록 한다(탐색경의 시야에 들어올 정도로 조정한다). 삼각대의 수평을 유지한다.

③ 고도조절나사를 이용하여 고도 눈금이 관측지의 위도 값에 맞게 조정한다.(36.5N일 경우 눈금 36.5를 포인터에 맞게 조정하면 된다.)

④ 북극성이 탐색경의 중앙 시야에 오도록 방위각(수평) 조절나사를 사용하여 조정한다. 이때 적경, 적위 조절나사를 사용하지 않도록 주의해야 한다.

⑤ 북극성이 십자선 중앙에 오면 극축 정렬이 끝난 상태이다. 이제부터는 망원경의 삼각다리

부분을 건드리지 않고 적경, 적위축 조절나사만을 사용하여 대상 천체를 찾고 추적 장치가 있으면 전원을 연결하여 추적을 시작하고 없을 때는 적경, 적위축 조정나사만을 사용하여 수동으로 대상 천체를 추적한다.

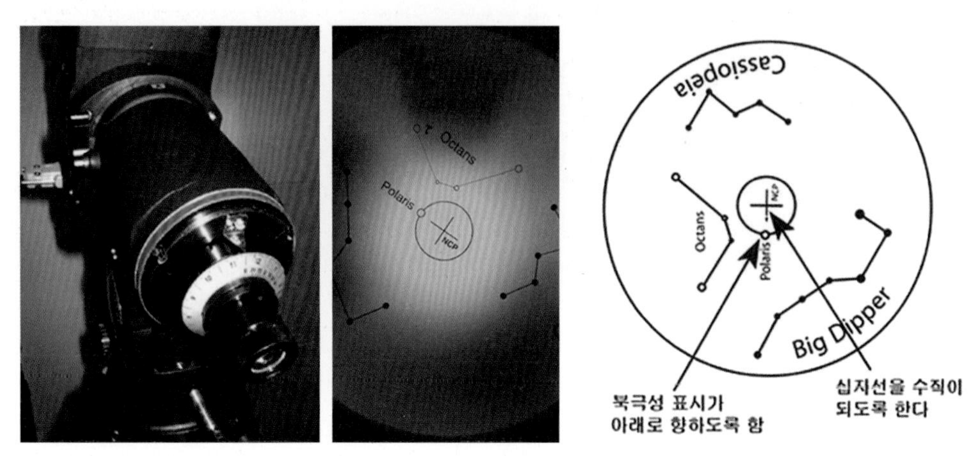

▲ 일반적인 극축망원경의 모양(좌)과 극축망원경 내부 극망 사진(가운데) 그리고 극축망원경을 초기화하는 방법(우)

• 일반적인 극축망원경을 사용한 극축 정렬

요즘 적도의에는 극축망원경이 내장된 경우가 많다. 가능하면 극축망원경이 있는 적도의를 구하는 편이 정교한 관측과 사진 촬영에 도움이 된다. 극축망원경으로 극축을 맞추는 원리는 극축망원경이 적도의 적경축에 내장이 되어있기 때문에 북극성 위치가 표시된 극축망원경 극망의 작은 원 안에 북극성을 정렬하여 망원경의 적경축이 북극성을 향하게 하는 것이다. 북극성의 위치가 천구의 북극에서 약 1도 각 정도 떨어져 있기 때문에 시간에 따라서 북극성 위치도 회전에 따라 변한다. 이런 북극성의 움직임을 북극성 주변 별자리의 위치를 기준으로 실시간으로 표시하고 이곳에 북극성이 위치하도록 적경축을 움직이는 것이 극축 정렬 방법이다. 극축 정렬은 시간에 따른 북극성의 위치를 알고 그 위치에 적도의의 축을 나란하게 일치시키는 과정으로 다음과 같이 수행한다.

① 적도의를 수준기를 이용하여 수평이 되도록 설치하고 적경축이 북극성을 향하도록 방향을 정한다.

② 고도 조절나사를 이용하여 관측지의 위도에 맞게 고도를 조정한다. 눈금 포인터에 위도에

해당하는 수치 눈금을 일치시키면 된다.

③ 극축망원경을 통해 북극성이 극축망원경 안에 들어오도록 다리를 움직여 조정한다. 이 경우 극축망원경의 시야가 적위축에 가려서 보이지 않을 때는 적위축을 돌리면서 극축망원경의 광로를 위한 구멍이 적경축과 평행되도록 조정하면 극축망원경의 시야가 열린다.

④ 전원 장치가 있는 경우 전원을 넣으면 극축망원경 내의 조명 장치에 의해 북극성 정렬을 위한 극망이 보인다. 이제부터는 방위각과 고도 조절나사만을 이용하여 북극성을 극축망원경 안의 북극성 표시 위치에 들어가도록 조정한다. 극축망원경 내에 카시오페이아와 북두칠성이 표시된 경우는 적경축을 회전시켜 관측 시간의 북두칠성과 카시오페이아자리의 방향과 일치하게 한다. 극축망원경의 상이 반대로 보이는 도립상이지만 별자리 방향과 북극성 위치를 도립상에 맞춰서 만들었기 때문에 극축망원경 상의 별자리 방향과 실제 보이는 별자리 방향을 같게 되도록 조정해야 한다.

⑤ 북극성 정렬이 끝나면 극축이 정렬된 상태이므로 적경, 적위축을 회전시켜 대상 천체를 찾고 추적 장치가 있는 경우 추적 장치를 가동시키면 된다.

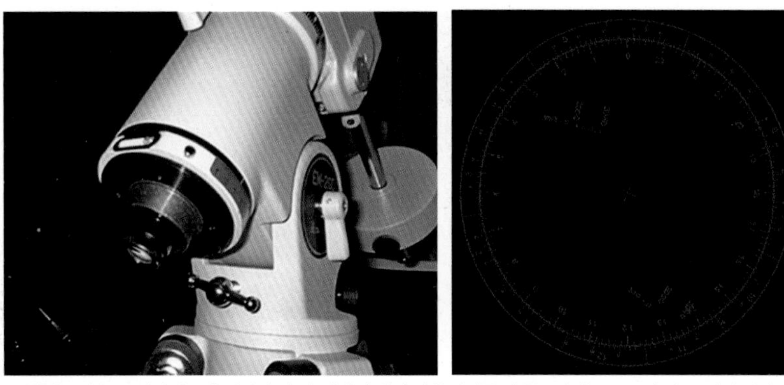

▲ 정밀도가 높은 방식의 극축망원경(좌)과 별자리 대신 관측일시를 맞추는 방식으로 표시 된 극망의 사진(우)

• 관측일시가 표시된 조견판을 사용한 극축 정렬

① 북극성 방향에 맞춰 삼각대를 설치한 후 수준기를 사용하여 수평되도록 조정한다.

② 망원경의 균형을 맞춘 후 적경축의 수준기로 적경축의 수평을 맞춘 후 고정나사로 축을 고정한다.

③ 조견판의 바깥쪽 날짜 눈금에 안쪽 관측시간이 일치하도록 극축망원을 회전시킨다.

④ 조견판의 북극성 표시에 북극성이 위치할 수 있도록 방위각과 고도 조절나사를 조정한다.

이 단계가 완료되면 극축 정렬은 끝난 상태이다.

⑤ 적경, 적위축을 풀어서 원하는 천체로 이동하고 추적 모터 스위치를 켜고 추적을 시작한다.

• 극축 정렬 전용 카메라와 프로그램을 이용한 극축 정렬

최근에는 북극성 주변 별의 위치를 소형 CCD 카메라로 촬영한 뒤 이를 바탕으로 북극성의 위치를 계산으로 찾아내는 프로그램을 이용한 극축 정렬 방법이 사용된다. 정밀한 극축 정렬은 천체 사진에 필수적이기 때문에 천체 사진 촬영기들 사이에서는 적지 않게 사용되고 있으나 컴퓨터를 이용해야 하는 단점이 있다. 자세한 설명은 제작사 매뉴얼을 참조하면 되며 아래에 Pole master이라는 극축 정렬 제품을 예로 제시하였다.

▲ Pole master용 카메라를 설치한 적도의(좌)와 극축 정렬용 프로그램 실행 화면(우)

꼭 알아야 할 적경, 극축 정렬에 관한 이론, 적도의 구조

천체 사진을 시작하면서 가장 이해하기 어렵고 이런 것을 알아야 천체 사진을 촬영할 수 있는가? 하는 것 중의 하나가 극축과 적경에 관련한 것들이다. 하늘을 읽고 촬영 대상을 찾아가기 위해서는 하늘의 지도인 성도를 이해해야 하고 성도를 읽고 대상의 위치를 찾기 위해서는 적경, 적위라는 낯선 단어들에 익숙해져야 한다. 어렵다고 해서 이 과정을 넘어간다 하더라도 천체 사진 공부를 계속한다면 언젠가는 다시 만나서 해결해야 할 것들이다. 어렵지 않게 안내하고자 하니 천천히 부딪혀 보자.

▲ 소백산 연화봉에서 본 일주운동으로 별의 궤적은 반시계 방향으로 나타난다.
렌즈 : 시그마 17-35mm (27mm), f/5.6, 카메라 : 캐논 6D, 노출 정보 : 30초(ISO800), 120장

위의 일주운동 사진은 북극성 주위의 별들이 반시계 방향으로 움직이는 모습을 30초씩 노출 촬영하여 궤적이 나타나도록 한 것이다. 북극성을 바라보니 북극성을 기준으로 오른쪽이 동쪽이고 왼쪽이 서쪽이 되고 별은 동에서 떠서 서로 지는 방향, 즉 반시계 방향으로 운동한다. 그러나 이미 알고 있듯이 별이 반시계 방향으로 움직이는 것이 아니라 지구가 반시계 방향으로 자전하기 때문에 나타나는 겉보기 현상이다.

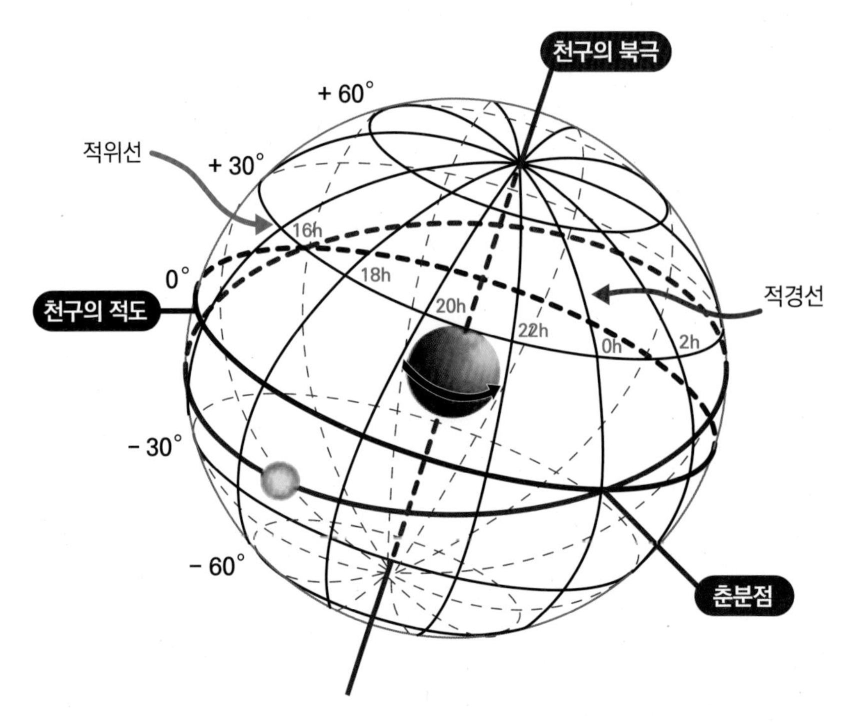

▲ 지구 모양을 지름이 무한대의 크기로 확대한 가상적인 구를 천구라 하고 지구의 자전축 방향에는 천구의 북극과 남극이 위치한다. 지구의 위도와 같은 개념의 천구의 적위와 경도와 같은 개념의 천구의 적경이 좌표축의 기준이 된다. 관측자는 지구에 있고 천구가 시계 방향으로 회전한다면 지구에서 바라본 천구의 회전 방향은 반시계 방향으로 보일 것이다.

그런데 지구가 반시계 방향으로 자전하는데 별들이 반시계 방향으로 움직이는 것처럼 보인다는 것이 이상하지 않은가? 위 그림에서 관측자가 지구 밖 천구 상에 있다면 천구 안에 위치한 지구는 반시계 방향으로 공전하기 때문에 마치 천구상의 천체가 시계 방향으로 움직이는 것처럼 느낄 것이다. 이것이 대부분의 사람이 갖는 생각일 것이다. 지구가 반시계 방향으로 자전하니까 별들이 시계 방향으로 일주운동을 할 것으로 생각할 수 있다. 이 경우는 지구 밖 천구에서 본 경우이고 실제로 관측자는 지구 표면 위에서 보고 있다. 지구 표면에 서서 천구가 시계 방향으로 돌아가는 것을 관측한다고 가정하고 하늘을 올려다보면 관측자 기준으로는 천구의 회전은 반시계 방향으로 보이게 된다. 즉 관측자가 지구 표면에서 보기 때문에 천구상에 있는 별들은 자전 방향과 같은 반시계 방향으로 일주운동 하는 것으로 관측된다.

이제는 성도에 별의 위치를 표시하는 기준이 되는 적경과 적위에 대해서 이해해야 할 차례이다. 적경은 지구의 경도와 같은 개념이고, 적위는 위도의 개념이다. 지구를 연장한 무한하게 큰 가상적인 구를 천구라고 하고, 천구는 적경과 적위를 좌표축의 기준으로 삼는다. 적위는 천구의 적도에서부터 천구의 북극까지는 0~+90도로, 천구의 남극까지는 0~-90도로 구분한다. 적경은 춘분점이 위치한 적경축을 0시(h)로 하고 반시계 방향으로 증가하여 24h까지로 축을 나누었다. 앞쪽의 천구의 그림을 보면 쉽게 알 수 있다.

컴퓨터 성도인 아래 그림을 보면 적경이 시계 방향으로 증가하는 것으로 표현된다. 그 이유는 지구 자전에 따른 천구의 겉보기 운동을 지구 밖의 천구에서 보는지 지구 표면에서 보는지에 따라 다르게 보인다는 것과 마찬가지이다. 앞쪽 천구 그림에서 적경은 반시계 방향으로 증가하는 것으로 표시되어 있는데 이를 지구 표면에서 올려다 보면 적경값은 시계 방향으로 증가하는 것처럼 보인다. 즉, 일주운동 방향을 이해하는 과정과 마찬가지로 생각하면 이해할 수 있다. 이것은 성도를 이해하는데 아주 중요한 요소이다. 적위 값은 천구의 북극(북극성의 위치와는 완전하게 일치하지 않음)으로 갈수록 증가하고 천구의 적도는 0도이다.

▲ 천구의 북극 주변을 나타낸 컴퓨터용 성도 스텔라리움 화면. 천구의 북극에 가깝게 북극성이 위치하고 천구의 북극에 가까울수록 적위값이 증가한다. 적경값은 시간 단위(h)로 0h에서 24h까지 시계 방향으로 증가하는 것을 알 수 있다. 북두칠성은 적경 12h에서 14h사이, 적위는 약 50도에서 60도 사이에 위치한다.

천구를 이해하려면 공간지각 능력이 다소 필요하다. 관측자 위치가 기준이 될 때와 다른 곳에서 우리가 사는 지구를 바라볼 때의 공간과 방향 변화에 대해서 빠르게 이해할 필요성이 있다. 어차피 천체 관측은 밤하늘이라는 무한 공간에 놓여있는 천체 위치를 찾아보려는 과정이기 때문에 찾아가는 길과 방법을 알아두어야 처음엔 힘들어도 시간이 지남에 따라서 천체의 위치를 파악하고 찾아가는 데도 수월하다.

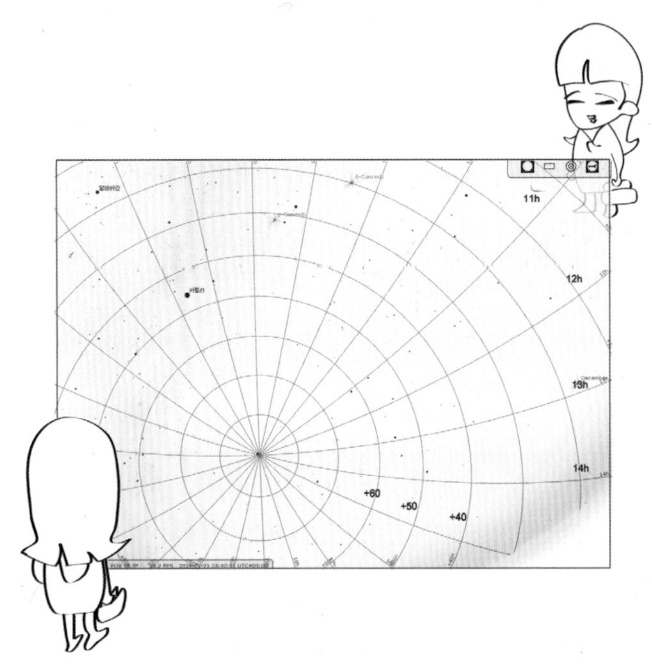

◀ 천구상의 천체를 바라보는 시각 차이를 알기 쉽게 나타낸 그림. 천구 밖에서 내려다볼 때(위쪽 사람)와 지구 표면에서 올려다 볼 때(아래쪽 사람) 같은 성도지만 적경의 증가 방향은 서로 반대로 인식한다.

이제 천구를 이해하기 위한 도구인 적경과 적위가 어떤 것인지 이해할 것이다. 하늘의 지도가 적경과 적위를 기준으로 만들어졌다면 하늘의 천체를 관측하는 망원경에도 적경과 적위가 포함되어 있다. 그중에 천체 관측에서 중요한 역할을 하는 것은 적경이다. 지구가 반시계 방향으로 자전하기 때문에 태양과 별의 위치가 시간에 따라 달라지는 현상이 발생하지만 천구상의 천체 좌표인 적경과 적위는 변하지 않는다. 그렇기 때문에 관측하고자 하는 천체의 적경과 적위를 알면 그 천체를 찾아갈 수 있다. 적도의에 연결된 천체망원경으로 원하는 천체를 찾으려면 극축 정렬이 완료된 상태에서 적도의의 적경·적위 눈금이 해당 천체의 좌표값과 일치하도록 적도의의 적경·적위축을 회전시키면 된다 .

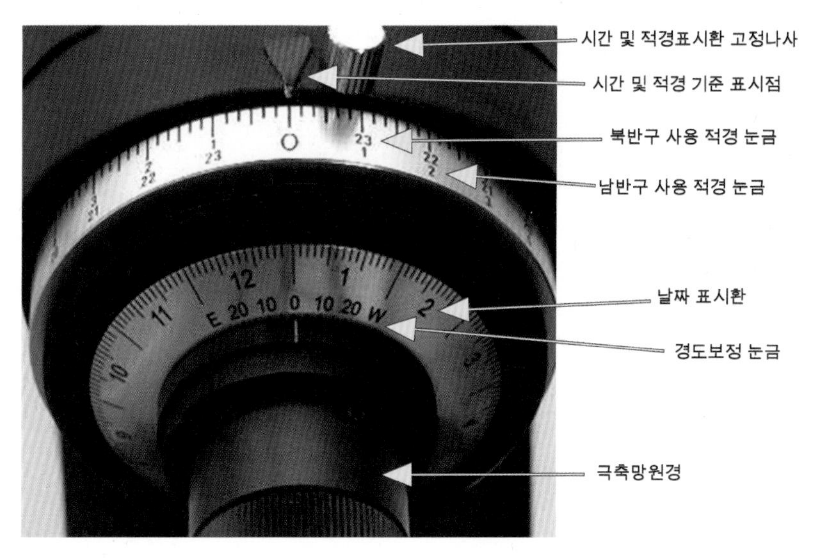

▲ 대표적인 극축망원경의 주변부 사진으로 적경눈금과 시간눈금은 같은 눈금판을 사용하는 것이고 아래쪽에 있는 날짜 표시판은 관측지의 경도에 따른 시간 차를 보정하는 눈금과 같이 표시되어 있다. 적경과 시간눈금이 북반구와 남반구에서 사용하는 것이 다름에 유의해야 한다.

천체망원경을 설치할 때 가장 중요한 것은 적도의를 수평으로 설치하는 것과 망원경의 적경축이 천구의 북극을 향하게 하는 것이다. 적도의의 수평 유지 및 설치는 적도의에 부착된 수준기를 사용하면 쉽지만 정확한 극축 정렬을 위해서는 몇 가지 알아두어야 할 사항이 있다.

적도의 적경축의 한쪽 끝에는 극축 정렬에 사용하는 극축망원경이 부착되어 있고 그 주변에는 눈금과 숫자가 표시된 원형 눈금자를 여러 개 볼 수 있다. 위 사진은 극축 정렬할 때 사용하는 대표적인 형태의 극축망원경 주변부의 모습이다.

정교한 극축 정렬 방법의 이해

극축망원경을 들여다보면 모양이 다소 차이가 있을 수도 있지만 크게 두 가지 형태이다. 하나는 극축 주변의 별자리를 실시간으로 표현하여 북극성의 위치를 안내하는 것이고 다른 하나는 관측일시에 해당하는 북극성의 위치를 알려주는 방식이다.

먼저 별자리를 이용하여 북극성을 정렬하는 방식은 그날의 하늘을 보고 별자리 위치에 맞게 적경축을 회전시켜 북극성을 도입하는 것이다.

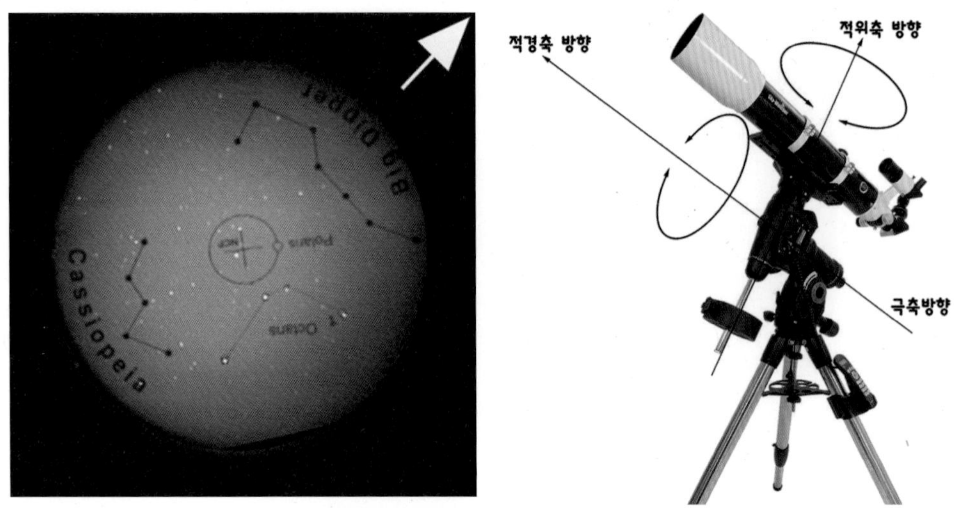

▲ 관측일시에 화살표 방향으로 북두칠성이 떠있을 경우 극축망원경에 표시된 북두칠성의 표시가 실제의 북두칠성을 향하도록 적도의의 적경축을 회전시킨다.

앞에서도 설명했지만 위 그림과 같이 극축망원경의 표시와 실제 하늘의 별자리 방향이 일치하도록 적도의의 적경축을 회전한 다음 적도의의 고도조절 나사와 방위각 조설 나사를 이용하여 중앙에서 약간 떨어져 표시된 북극성 위치의 원 안으로 북극성을 넣으면 극축 정렬이 완료된다. 이것은 정교한 극축 정렬은 아니지만 5분 이하의 노터치 가이드를 할 경우에는 빠르게 극축 정렬을 마무리할 수 있다.

그러나 딥스카이 천체 촬영을 위해서는 2시간 이상의 노출이 필요하기 때문에 긴 시간 동안 정교한 추적이 가능하려면 극축 정렬 또한 정확해야 한다. 다음은 더욱 정교한 극축 정렬을 위한 이론적인 내용이다. 다소 어려운 내용일 수 있지만 망원경과 적경을 이해하는 데 큰 도움이 될 것이고 앞으로 정교한 천체 사진을 촬영하는 데에도 이론적인 지식이 되므로 숙지하는 것이 좋다.

처음 적도의를 구입하거나 극축망원경을 새로 설치할 경우 또는 해외로 원정 관측을 계획한다면 극축망원경을 관측 지방에 맞게 초기화하는 방법을 알아두자. 극축망원경을 관측지와 관측일시에 맞게 초기화는 순서와 관련 내용을 정리하면 다음과 같다.

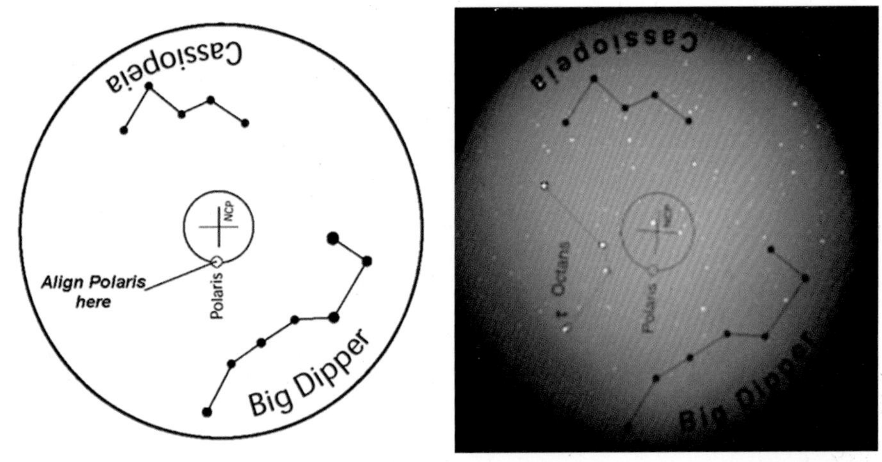

▲ 북극성의 고도가 최대일 때로 극축망원경의 극망을 조정한 사진으로 북극성을 표시하는 작은 원이 가장 아래에 위치하고 있다. 극축망원경은 도립상이기 때문에 가장 아래쪽에 있을 때가 고도가 가장 높은 때에 해당한다.

① 가장 먼저 해야 할 것은 극축망원경의 극망을 보면서 위의 그림과 같이 북극성의 표시위치가 가장 아래쪽에 위치하도록 적경축을 회전시키는 것이다. 이것은 북극성의 고도가 최대인 때로 극축망원경을 설정하는 것이다. 북극성이 천구의 북극을 기준으로 위쪽에 수직으로 놓여있는 상태를 극축망원경에 설정한 것으로 이때의 일시는 자료에 따라서 조금씩 차이가 있는 것으로 조사되었는데 서울지방을 기준으로 최대 고도일 때의 시간을 산출해보니 11월 1일 0시 50분이었다.

이것을 알아보는 방법은 컴퓨터 성도에 11월 1일 0시 50분을 입력하고 북극성 주변을 확대해보면 북극성의 고도가 가장 높을 때라는 것을 확인할 수 있다.

② 북극성 고도가 최대인 11월 1일 0시 50분에 해당하는 일시를 적도의의 극축망원경에 설정을 하는 것이 다음 단계이다. 북극성 고도가 최대인 상태를 유지하도록 적경축을 잠가서 고정시킨 다음 시간눈금판을 회전시켜 적경 및 시간눈금의 0시가 시간 및 적경 기준 표시점에 위치하도록 하고 시간 고정나사를 조여 눈금반을 고정시킨다. 이 상태에서도 적경축은 고정된 상태이다. 그리고 날짜 눈금판 고정나사를 풀고 11월 1일 0시 50분이 되도록 날짜 눈금판을 회전시킨다. 이 상태가 11월 1일 0시 50분의 북극성의 위치에 맞도록 적경축을 조정한 것이다.

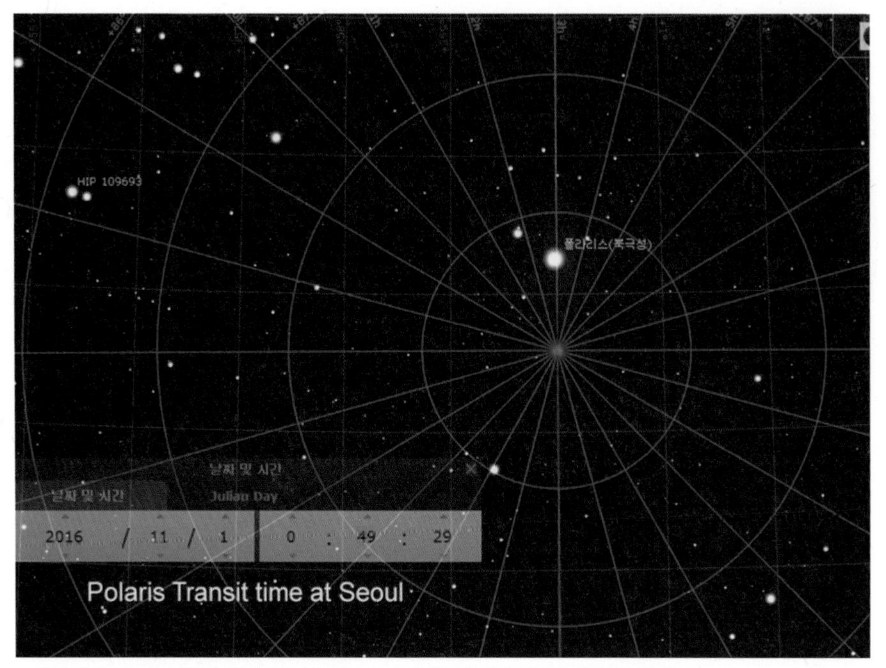

▲ 컴퓨터 성도 프로그램인 스텔라리움. 북극성 고도가 가장 높을 때의 일시를 확인하는 화면

▲ 극축망원경의 보든 눈금판의 0을 기준선에 정렬한 모습(좌) 그리고 날짜판을 회전시켜 11월 1일 0시 50분에 맞도록 설정한 모습(우)

③ 북극성의 최대 고도 일시에 맞춰서 극축망원경의 초기화를 완료한 상태이지만 관측지의 위치에 다른 경도 보정단계가 남아있는데 이것은 우리나라에서 관측할 경우 날짜판에 표시된 경도 보정 눈금을 경도기준 표시점을 기준으로 서쪽으로 8도에 맞게 돌려놓으면 된다. 이것은 우리나라가 시간 기준선인 135°E에서 서쪽으로 8도 위치해 있는데 이를 보정하기 위함이다.

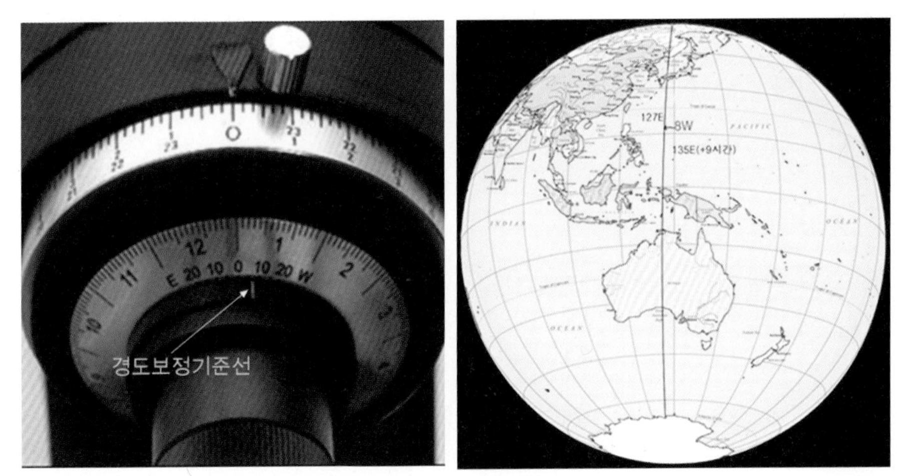

▲ 경도 눈금판을 8°W에 맞도록 돌려놓은 상태(좌)와 우리나라 경도선인 127°E와 시간기준선인 135°E의 위치 안내(우)

관측 위치에 따른 경도 보정은 위의 ②번 단계에서 모든 눈금판의 0을 기준선에 정렬한 다음 서쪽으로 8도 움직여도 되고 실제 관측지에서 극축 정렬할 때 마지막 단계에서 날짜판을 8도를 서쪽으로 움직여도 조정한 후 극축 정렬해도 상관 없다.

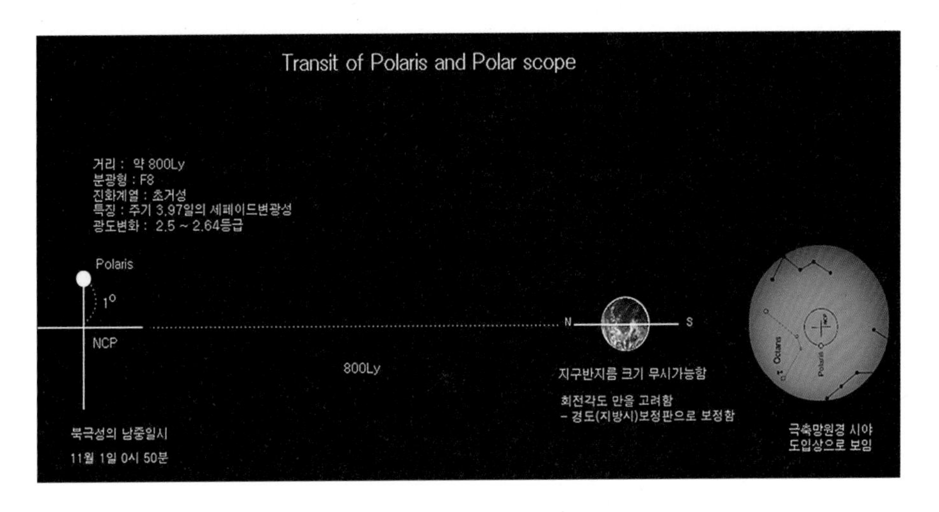

위 그림은 북극성을 이용하여 극축망원경을 초기화하는 과정의 이해를 돕기 위한 것이다. 지구 어느 곳에서 관측하든지 북극성의 고도가 최대인 일시는 같다. 북극성과의 거리가 지구의 반지름에 비해서 너무 멀기 때문에 지구에서의 관측자의 위치는 한 점에서 북극성을 관측하는 것과 마찬가지로 여겨진다. 단지 지구에서의 관측지에 따라서 시간이 다르기 때문에 적도의에 자신의 관측지에서의 시간을 입력하면 된다. 극축망원경의 초기화가 완료됐으면 실제 관측일시에 맞는 극축 정렬 방법에 대해서 알아보자.

① 관측지에서 망원경 세트를 설치하고 적도의의 수평을 맞춰 극축망원경에 북극성이 들어오도록 적도의의 위치를 조정한다.

② 적경 및 시간 눈금판의 고정나사를 조여서 시간눈금판을 고정시킨다. 적경축을 돌려서 관측일시에 눈금이 일치하도록 조정하고 적경축 잠금나사를 조여 적경축을 고정시킨다.

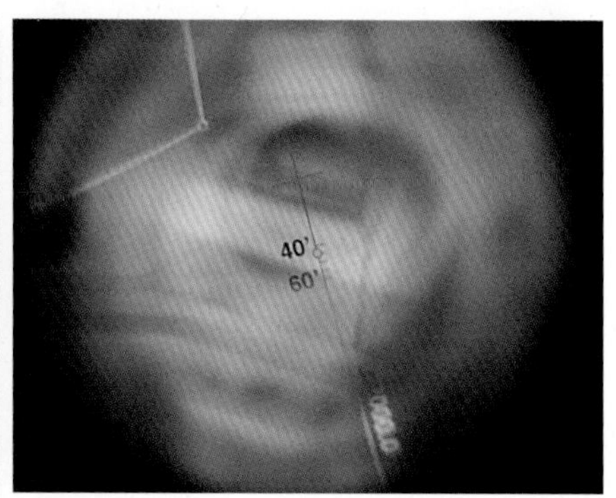

▲ 1월 6일 21시의 관측일시의 북극성 도입을 극축망원경에 도입하기 위해서 적경축이 조정된 상태(좌)이고 이 상태의 극망을 사진으로 촬영한 모습(우). 극망 중심의 십자선이 극축에 해당되며 작은 원 안에 북극성을 위치시키면 극축 정렬이 완료된다.

③ 적경축이 고정된 상태에서 극축망원경을 들여다보고 북극성을 위치시켜야 하는 작은 원 안에 북극성이 들어오게 고도 조절나사와 방위각 조절나사를 이용하여 조정한다.

④ 북극성이 북극성 위치 표시 원에 도입되면 적경축을 풀고 원하는 천체를 찾아 관측하면 된다.

적도의의 종류에 따라서 극축망원경 내부 극망의 형태도 다양하지만 중심에 십자선으로 극축 위치가 표시되어 있고 1도 각 떨어져 북극성 위치를 표시하는 형태의 기본적인 구도는 모두 같다. 따라서 한 종류의 극축망원경을 완전하게 이해한다면 다른 종류에도 쉽게 적응하여 사용할 수 있다.

또한 최근에는 스마트폰 어플리케이션이나 컴퓨터용 극축 정렬용 극망이 보급되어 복잡한 극축 정렬 과정을 쉽게 할 수 있다. 그러나 극축 정렬 방법을 이해한다는 것은 적도의와 북극성의 위치에 대한 이해와 직결되기 때문에 어렵더라도 알아두면 결정적인 순간에 필요한 지식으로 사용할 수 있다. 실제로 해외 원정 관측을 계획할 때는 꼭 필요한 지식이라고 할 수 있다.

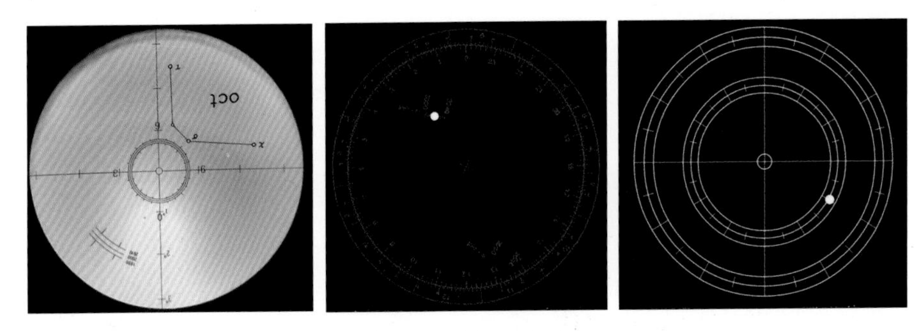

▲ 극축망원경의 다양한 극망의 모습

위 사진은 다양한 형태의 극축망원경 내부의 극망을 보여준다. 공통적인 요소는 북극성의 위치를 넣을 곳이 정해져 있으며 천구를 표시하는 원은 0시부터 24시까지 시간 단위로 나뉘어져 있다는 것이다. 그리고 적경의 증가 방향은 반시계 방향이다. 이는 극축망원경이 도립상으로 이미지를 보여주기 때문이다.

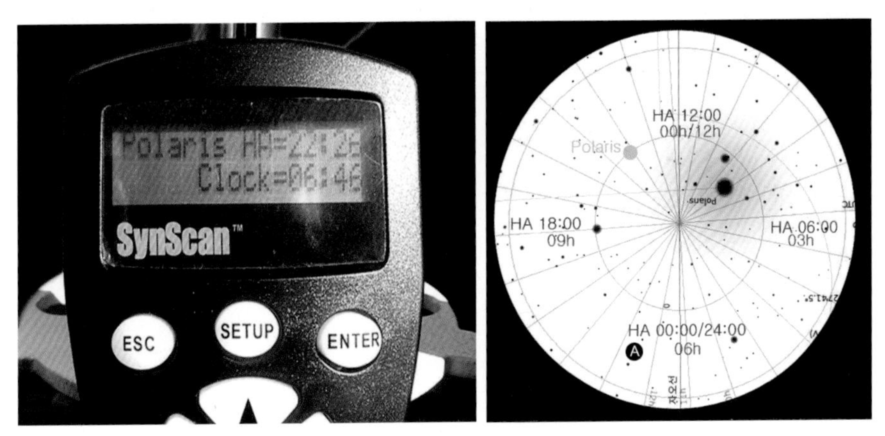

▲ 적도의 핸드 컨트롤러에 북극성의 위치를 표시하는 두 가지 형태의 예를 보여준다(좌). 이에 해당하는 북극성 위치를 적경과 시간으로 극축망원경상에 Ⓐ로 나타내었다. 시간과 적경(HA)은 표현방법만 다르고 같은 위치를 나타내는 것이다.

북극성 위치가 시간각과 적경으로 표시되는 적도의의 핸드 컨트롤러가 있는 경우 극축 정렬은 더욱 쉽다. 위 사진은 북극성 위치를 적경(Right Ascension, HA)과 시간(Clock)으로 나타낸 것인데 적경 22시 26분에 해당하는 북극성 위치를 시간으로 표시하면 6시 46분이이다.

적경(HA)은 시간각으로 6시의 위치에 있을 때가 0시에 해당하며 시간각은 시계 방향으로 12시까지 표시하고 적경(HA)은 0시부터 반시계 방향으로 24시까지 표시한다. 위 그림의 A별의 위치가 시간각으로 6시 46분이고 적경으로는 22시 26분에 해당하는 위치이다.

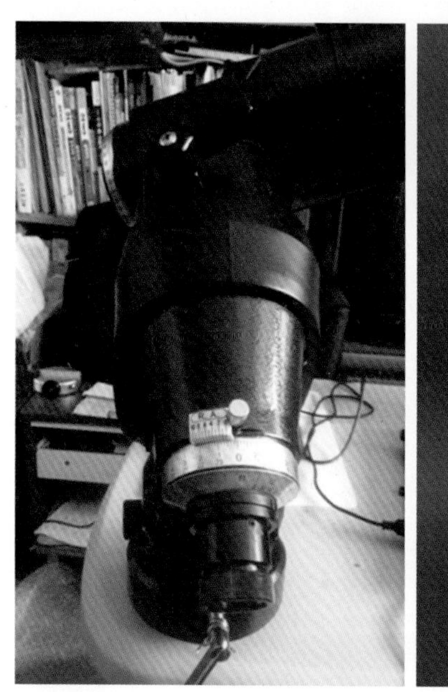

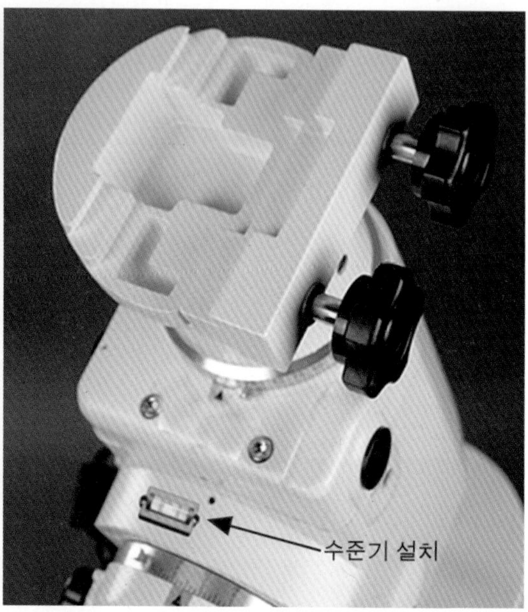

▲ 적경축을 11월 1일 0시 50분에 맞게 회전시킨 상태(좌)에서 수준기를 수평이 되도록 추가로 부착하여 극축을 편리하게 조정할 수 있게 한 적도의(우)

머리를 조금 써서 적경축을 11월 1일 0시 50분에 해당하도록 기울여 놓은 상태에서 수준기를 구해서 적경축에 수평되도록 설치하면 매번 극축망원경의 눈금을 사용하지 않고도 수준기로 적경축이 수평이 되게 조정하면 11월 1일 0시 50분에 적경축이 맞춰지기 때문에 훨씬 편리하다. 이런 원리를 적용한 적도의들이 이미 판매 중이지만 이 원리를 알면 간단히 만들 수 있다.

다음 사진은 스마트폰으로 2016년 5월 10일 22시 4분에 해당하는 북극성 위치를 확인한 것과 극축망원경을 초기화한 적도의를 해당일시에 맞게 조정한 후 극축망원경의 극망을 촬영한 것이다. 북극성 위치가 서로 일치하는 것을 확인할 수 있다. 극축망원경을 초기화한 다음에는 이런 과정을 통해서 극축망원경이 정확하게 설정이 됐는지 확인해야 한다.

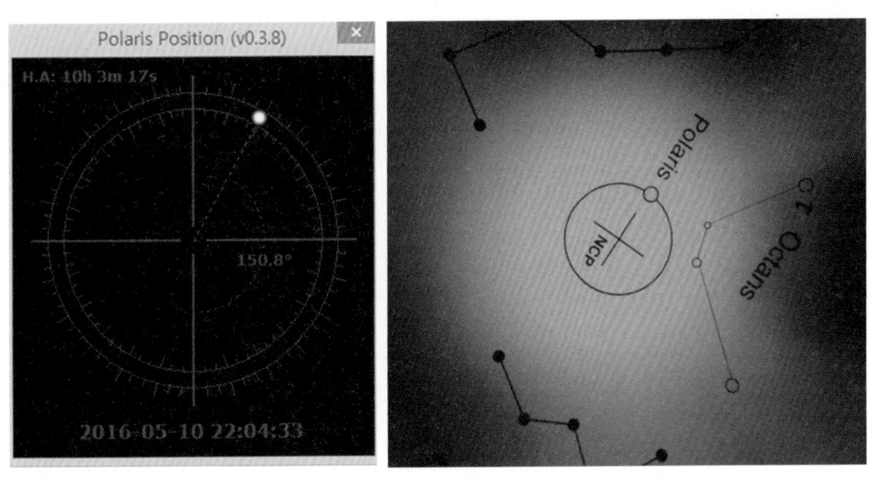

▲ 북극성의 위치를 보여주는 스마트폰 어플(좌)과 이에 맞춰 극축을 조정한 극축망원경의 모습

별자리 사진으로 사계절 밤하늘을 읽자

▲ 카메라 : 캐논 6D 렌즈 : 시그마 50mm, f/5.6 필터 : 켄코 소프튼, 적도의 : 가이드 팩 노출 정보 : 10초(ISO 25600)
카시오페이아 별자리 부근을 노출시간 10초로 고정 촬영한 사진이다. 점선으로 표시한 곳의 천체는 페르세우스자리의 이중 성단으로 사진 촬영의 처음 단계에서 많이 찾아가는 산개성단이다. 이후부터는 촬영 정보를 상세하게 적을 것인데 이 정보는 천체 사진에서 매우 중요한 것으로 실제 비슷한 조건에서 사진을 촬영할 경우 큰 도움이 된다.

국제천문연맹에서 등록한 밤하늘 별자리 수는 88개이며 북반구에서 볼 수 있는 것을 절반 정도로 생각해도 계절별로 10여 개를 볼 수 있는 계산이 나온다. 밤하늘 천체에 대해서 관심을 갖고 관측하는 순간 가장 먼저 부딪히는 것이 하늘의 별자리이다. 광해가 심한 도심에서는 계절에 따라서 별자리 별 중 밝은 것 서너 개가 겨우 보일 뿐인데 별자리를 익히는 것은 쉽지 않다. 또한 몇 개의 별자리를 제외하고는 별자리 이름과 그 모양이 일치하지 않고 낯선 단어로 되어있어 별자리 접근이 좀 어렵다.

이렇듯 밤하늘의 아름다움을 보고 사진에 담으려는데 다소 걸림돌이 있다. 그러나 걱정할 필요는 없다. 적당히 피해 가도 문제없기 때문이다. 천체 사진을 찍는데 별자리를 익히는 것은 필수가 아니다. 별자리는 하늘의 좌표 정도로 생각하면 쉬운데 이를 꼭 외워서 알아둘 필요는 없다. 최근에는 스마트폰에도 별자리 위치를 실시간으로 알려주는 기능이 있기 때문에 별자리로 인한 밤하늘 관측의 부담은 불필요하다. 별자리는 천체를 관측하다 보면 저절로 알게 된다. 실제로 별자리 사진을 촬영하여 여기서 제시하는 것처럼 자기가 별자리를 완성하면 별자리는 저절로 익히게 된다.

▲ 카메라 : 캐논 30D 렌즈 : 삼양 14mmm, f/2.8, 필터 : 코킨 디퓨저, 적도의 : 가이드 팩, 노출 정보 : 30초(ISO 3200)
노출시간 30초로 노터치 추적 촬영한 사진. 북두칠성 뒤쪽으로 보이는 별 무리는 코마성단이다. 면적이 넓어 쌍안경으로 보면 영롱한 별의 집단인 산개성단을 쉽게 관측할 수 있다.

별자리 중에서 가장 먼저 접하는 것이 북극성 위치를 알아내는 데 이용하는 큰곰자리의 북두칠성과는 맞은편에 있는 카시오페이아자리이다.

앞서 제시한 카시오페이아자리 사진과 큰곰자리 북두칠성 사진을 분석해 볼 필요가 있다. 카시오페이아 사진은 상대적으로 배경이 어둡고 별색이 잘 표현되었다. 이는 ISO 감도를 높이고 노출시간을 짧게 하여 별색의 광량이 초과되지 않도록 하였고, 50mm 렌즈를 사용하여 14mm 렌즈를 사용한 북두칠성 사진보다 별상이 크게 촬영되었다. 반면에 북두칠성 사진은 바탕의 노이즈 발생을 줄이기 위해서 ISO 값을 작게 하고 대신 노출을 30초로 다소 길게 설정하였기 때문에 추적 촬영을 하였다.

렌즈의 초점거리가 짧으면 넓은 면적의 하늘을 촬영할 수는 있지만 별상이 작게 나오기 때문에 이런 경우 디퓨저 필터를 사용하여 별자리를 구성하는 별을 강조할 필요가 있다.

▲ 카메라 : 캐논 EOS 6D 렌즈 : 시그마 17-35mm (21mm), f/3.2 노출 정보 : 9초, ISO 20000,
노출시간 9초로 고정 촬영한 오리온자리 부근의 사진이다. 디퓨저 필터를 사용하지 않아 별상이 강조되지 않아서 별자리를 구분하는데 어려움이 있다.

앞쪽 사진에서 보이는 오리온자리는 겨울철에 남중하는 대표적인 별자리로 늦가을엔 초저녁 동쪽 하늘에서, 초봄에는 새벽의 서쪽 하늘에서도 볼 수 있다. 이 사진은 디퓨져 필터를 사용하지 않고 노출시간이 짧아 별이 강조되지 않아서 별자리를 구성하는 별만 보일 정도이다. 이 사진 위에 오리온자리와 그 주변 별자리를 그려보는 연습을 해보자.

반면에 여름철에 남중하는 대표적인 별자리는 백조자리이다. 은하수 상에 위치한 별자리로 주변에는 천체 사진의 대상이 되는 많은 천체들이 분포하고 있다. 이 별자리는 은하수를 배경으로 하고 있기 때문에 별자리 사진도 멋지게 나오는 지역에 위치한다.

▲ 여름철 초저녁 동쪽하늘의 별자리

위 별자리 사진은 캐논 6D 카메라에 ISO 8000, 노출시간 30초를 설정고 새로 구입한 14mm 광시야 렌즈를 f/5.6으로 설정하여 촬영한 것이다. 이 사진을 촬영하고 느낀 점은 고급형 최신 렌즈의 성능에 대한 것이다. 그동안 사용했던 14mm 렌즈보다 주변부의 왜곡수차를 많이 감소시킨 것으로 그동안 맘고생 해왔던 광시야 촬영 시에 나타나는 주변부 별상 왜곡현상으로부터 해방되는 개운함을 느낄 수 있었다. 디퓨저 필터를 사용했음에도 불구하고 주변부의 별상이 동그랗게 촬영된 것은 렌즈 제작 과정에서 왜곡수차를 해결하기 위해서 노력했음을 알 수 있게 한다.

렌즈를 구입할 때 그에 상응하는 비용을 지불하지만 사진으로 나타나는 결과가 흡족하면 렌즈를 만든 제작사에게 마음으로나마 감사 표시를 하게 되는 것은 그동안 쌓여왔던 불편함이 해소된 기쁨 탓일 것이다. 앞서 제시한 별자리 사진들과 이 사진을 비교해 보면 이런 느낌을 적은 이유를 알 수 있다. 천체 사진가들이 좋아하는 여름철 별자리인 백조자리와 독수리자리가 봄철 별자리를 밀어 올리면서 떠오른다.

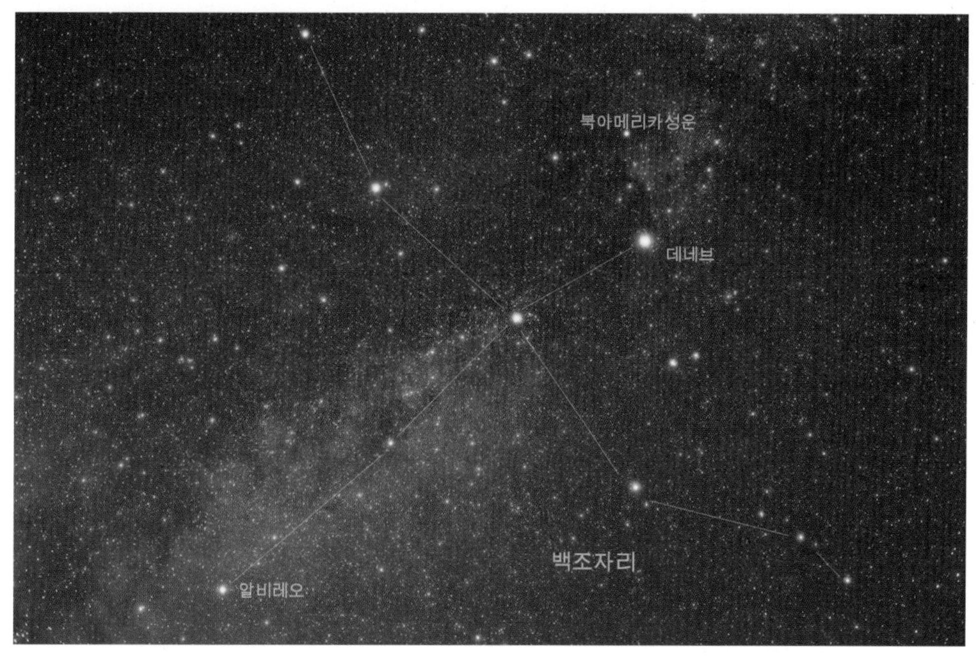

▲ 카메라 : 캐논 6D 렌즈 : 시그마 50mm, f/2.8, 필터 : 켄코 소프트, 적도의 : 가이드 팩, 노출 정보 : 190초, ISO 1600 노터치 추적 촬영한 사진. 여름철 대표적인 별자리인 백조자리 주변에는 천체 사진을 촬영할 대상들이 많이 분포한다. 알비레오는 색이 다른 두 별이 아름답게 보이는 쌍성이다.

밤하늘에서 가장 아름다운 별자리를 꼽으라면 주저 없이 전갈자리를 선택할 것이다. 우리나라에서 전갈자리는 여름철 남쪽 지평선 부근에 걸려서 동에서 서로 이동하기 때문에 지평선 부근의 광해 때문에 지평선에 의해서 별자리가 잘리지 않은 까만 배경의 완전한 형태로 보기가 어려운 편이다.

▲ 카메라 : 캐논 6D 렌즈 : 시그마 50mm, 필터 : 켄코 소프튼, 노출 정보 : 32초, ISO 16000 삼각대 고정 촬영

서호주 관측 여행 중에 만난 전갈자리는 위압감을 줄 정도로 장관이었다. 우리나라에서 보일 듯 말 듯 애태우던 전갈은 호주의 화려한 은하수를 가로지르며 머리 위에서 우리를 내려다보고 있었다. 그동안 오리온자리가 가장 멋진 별자리라고 생각했던 것이 한순간에 뒤바뀌었다. 오리온자리의 형태가 다소 추상적이라면 전갈자리는 전갈 독침을 품은 꼬리가 휘감긴 모습이 살아있는 듯 역동적이었다. 우리은하 중심부 주변 궁수자리와 방패자리 사이 은하수에는 크고 멋진 성운과 성단이 많아 천체 사진가들이 즐겨 찾는 곳이다.

서호주 밤하늘에서 얻은 전갈자리 사진을 잠깐 감상해 보자. 아름다운 은하수와 얽히고설킨 암흑성운 그리고 이를 가로지르는 멋진 전갈자리와 검붉은 연기를 피우며 불타오르는 전갈의 심장 안타레스를 보면 천체 사진에 몰입할 수밖에 없는 이유와 멀고 먼 서호주 사막을 찾아가는 열정을 이해할 수 있으리라.

카메라라는 도구가 없었다면 이 아름다운 풍경을 어찌 담을 수 있을까. 간단한 촬영 장비와 노력만으로도 천체 사진에 몰입한 보상을 받았다는 느낌이 든다. 이런 우주의 아름다운 예술작품을 기록하고 즐길 수 있는 사람은 또 얼마나 될까. 황홀한 풍광을 제공해 주는 우주에 경외감과 감사의 마음을 표한다.

▲ 카메라 : 캐논 30D 렌즈 : 삼양 14mm, f/2.8, 필터 : 코킨 디퓨저, 적도의 : 가이드 팩, 노출 정보 : 30초, ISO 3200
강원도 지역에서 노터치 추적 촬영한 사진. 우리은하 중심부에 해당하는 영역으로 전갈자리는 우리나라에서 남쪽 지평선 부근이 트인 남쪽지방에서 관측하기 쉽다.

추적 촬영에 대해서 본격적으로 다루는 뒷부분에서 궁수자리와 전갈자리, 방패자리 부근의 멋진 대상을 촬영하는 방법과 함께 이들을 찾아가는 방법에 대해서 알아볼 것이다.

우리나라 사람들이 가장 많이 알고 있는 별자리는 아마도 오리온자리가 아닐까. 겨울의 시작을 알리는 대표적인 별자리이자 밝고 힘 있는 별로 구성되고 모양도 뚜렷하여 완전한 오리온자리를 그리지는 못해도 사다리꼴 형태에 삼태성이 중심부에 위치한 모양을 기억할 것이다. 우리나라 겨울철 밤하늘이 가장 깨끗하고 어둡기 때문에 도심에서도 비교적 쉽게 볼 수 있는 오리온자리는 우리나라 사람들에게 친숙하고 대표적인 별자리이다.

▲ 카메라 : 캐논 30D 렌즈: 삼양 14mm, f/2.8 필터 : 코킨 디퓨저, 노출 정보 : 30초, ISO 3200 적도의 : 가이드 팩
노출시간 30초로 노터치 추적 촬영한 사진이다.

여름철의 백조자리와 궁수자리, 전갈자리 지역만큼 볼 것이 많은 곳은 겨울철 오리온자리 부근이다. 오리온자리, 큰개자리, 작은개자리, 쌍둥이자리, 황소자리, 마차부자리는 겨울철 6각형을 이루는 대표 별이 포함된 별자리로 사진 촬영 대상이 많아서 천체 사진가들이 겨울철에 방문하는 단골 지역이다.

오리온자리의 리겔을 시작으로 큰개자리 시리우스, 작은개자리 프로키온, 쌍둥이자리 플룩스, 마차부자리 카펠라, 황소자리 알데바란의 6개의 별이 구성하는 6각형은 겨울철 별자리를 파악하는데 필수이다. 이들 6개의 대표 별의 위치를 알면 6개의 별자리 위치도 대략적으로 알게 된다.

겨울철 6각형 사진을 통해서 주변부의 플레이아데스성단과 히아데스성단을 볼 수 있고 오리온자리의 상대적인 크기도 알 수 있다. 작고 희미하지만 외뿔소자리의 장미성운도 파악할 수 있다. 겨울철 6각형에 속한 별자리는 봄철까지 볼 수 있으며 큰곰자리 북두칠성과 목동자

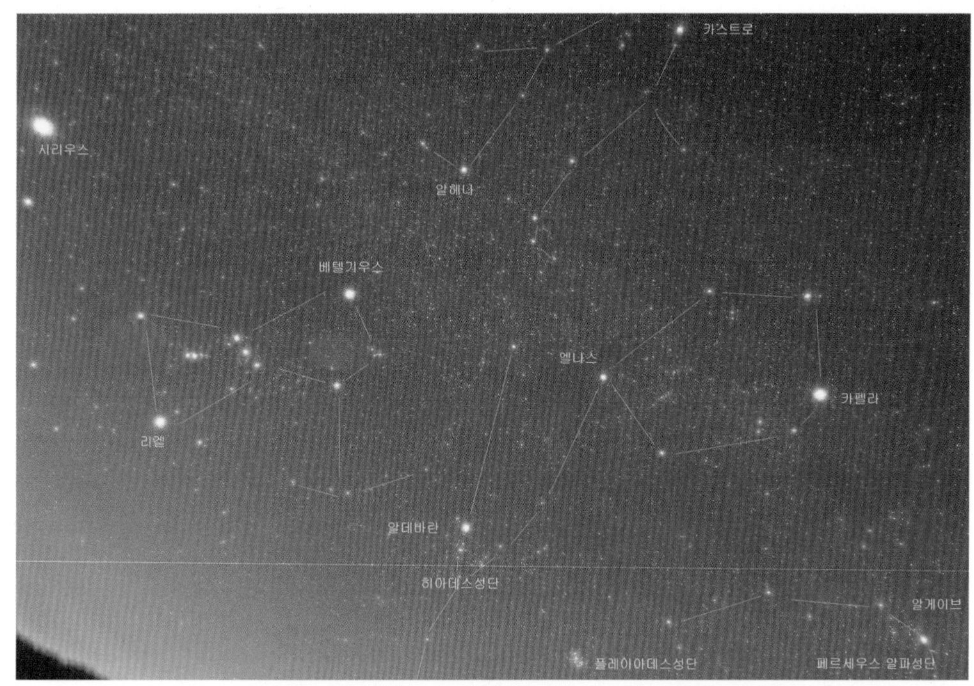

▲ 캐논 EOS 30D 삼양 14mm 렌즈, ISO 3200, f/1.4, 켄코 소프튼 필터, Vixen GP guide pack
노출시간 30초로 노터치 추적 촬영한 사진이다.

▲ 카메라 : 캐논 6D 렌즈 : 시그마 17-35mm, 21mm, f/4.0, 적도의 : 가이트 팩 노출 정보 : 40초, 5장, ISO 16000
노출시간 40초 노터치 추적 촬영한 사진 5장을 합성하여 노이즈를 감소시켰다. 디퓨져 필터를 사용하지 않아서 별상이 작게 촬영되었고 광해로 인해서 하늘색이 제대로 표현되지 않았다.

▲ 사자자리 쌍성계 알기에바(Algeiba)

리 아크투루스 그리고 레굴루스와 데네볼라가 주축을 이루는 사자자리가 떠오르기 시작하면 봄에서 여름으로 가는 촬영 준비를 해야 한다. 사자자리를 다음에 제시하였는데 별자리 모양이 이름과 맞는 몇 개 안되는 별자리이다. 사자자리의 감마별인 알기에바는 망원경으로 보면 두 개의 별로 보이는 쌍성계이다.

가을부터 봄까지 즐기는 산개성단 관측 릴레이

▲ 카메라 : 캐논 30D 렌즈 : 삼양 14mm, f/2.8 적도의 : 가이트 팩 노출 정보 : 30초, ISO 16000
봄철에 남중하는 사자자리로 사자가 엎드린 모습과 비슷하여 찾기 쉬운 별자리이다. 사자자리 꼬리주변으로 코마성단을 볼 수 있다.

밤하늘의 다양한 천체 중 밝은 별과 달을 제외하고는 가장 쉽게 접근할 수 있는 것이 산개성단이다. 별들이 모여서 무리를 이루는 것으로 별의 개수가 적고 밀집도가 작은 성단을 산개성단이라 하고 별 개수의 밀집도가 크고 별들이 빽빽하게 모여 구형을 이루는 성단을 구상성단이라고 한다. 별들이 분포하는 모양으로 이름을 정한 것이다. 그러나 생각과 달리 별들의 밀도가 커서 잘 보일 것 같은 구상성단은 구경이 큰 망원경을 사용해야 관측할 수 있는 반면에 별 개수가 적은 산개성단은 맨눈이나 쌍안경으로도 관측할 수 있는 것들이 적지 않다.

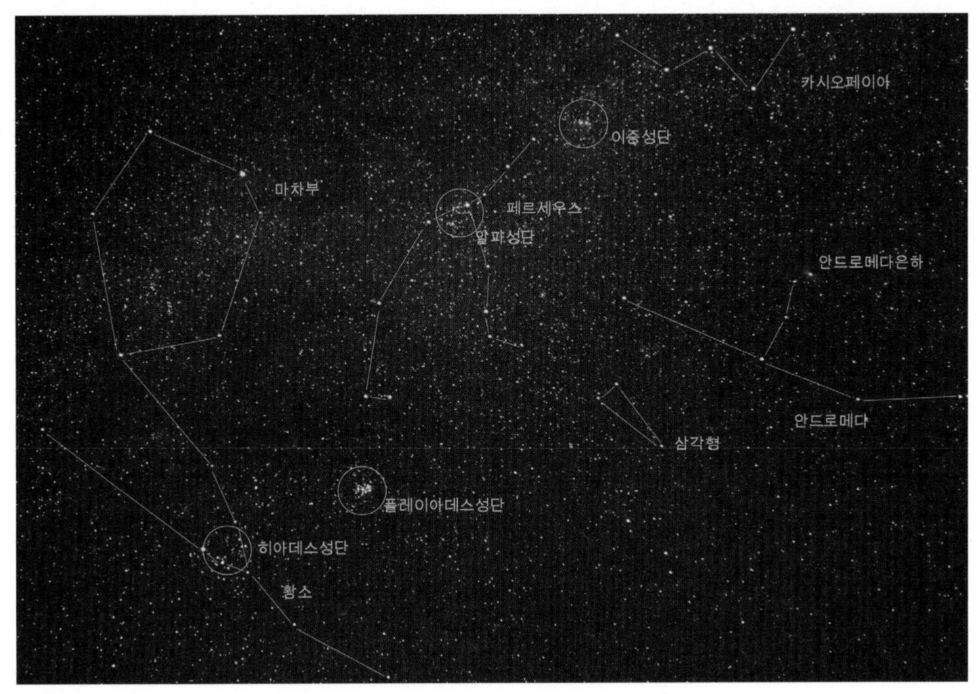

▲ 가을철 북쪽하늘에서 볼수 있는 산개성단들의 위치

카시오페이아자리가 보이기 시작하는 초가을부터 북두칠성과 자리를 교대하여 보이지 않게 되는 봄철까지는 초보자도 쉽게 찾아볼 수 있는 산개성단이 밤하늘에 일렬로 늘어서 분포하고 있다. 페르세우스자리 이중성단, 페르세우스자리 알파별인 미르팍 주변 페르세우스자리 알파성단, 마차부자리 플레이아데스성단, 황소자리 알파별 알데바란 주변 히아데스성단으로 이루어진 산개성단 열은 망원경보다도 쌍안경에 어울리는 산개성단들이다. 이들은 일정한 간격으로 늘어서 있기 때문에 관측과 촬영이 쉽다. 이 성단들은 한번 관측하면 잊혀지지 않는 유명한 것들이고 호핑의 기초(174쪽 참조)를 배울 수 있는 기회이므로 꼭 찾아보기를 권하며 다른 이들에게도 알려주면 좋겠다. 어떤 것을 잊지 않고 기억할 수 있는 방법은 다른 이에게 가르쳐주는 것이다. 그래야 그 내용을 선명하게 인식할 수 있기 때문이다.

▲ 페르세우스자리 이중성단(NGC884, 869)
캐논 EOS 6D 캐논 70-200mm 렌즈를 200mm로 설정. ISO 1600, f/1.4 Vixen GP guide pack 노출시간 300초로 노터치 추적 촬영한 사진. 성단 부분을 보기 쉽게 사진 주변부를 잘랐다. 위쪽 성단이 869이고 아래가 884이다.

▲ 페르세우스자리 알파성단
캐논 EOS 6D 캐논 70-200mm 렌즈를 200mm로 설정. ISO 1600, f/1.4 Vixen GP guide pack 노출시간 300초 노터치 추적 촬영한 사진. 성단부분을 보기 쉽게 사진 주변부를 잘라냈다. 페르세우스자리의 알파별 미르팍(Mirfak) 또는 알게니브(Algenib)로 불리는 별 주변에 밝은 별들이 V자 모양의 배열을 보인다.

▲ 황소자리의 플레이아데스성단
캐논 EOS 6D 캐논 70-200mm 렌즈를 200mm로 설정. ISO 1600, f/1.4 Vixen GP guide pack
노출시간 300초로 노터치 추적 촬영한 사진. 성단부분을 보기 쉽게 사진 주변부를 잘라냈다. 성단을 구성하는 밝은 별에 의해서 반사되어 보이는 가스인 반사성운이 약하게 보인다.

▲ 황소자리의 히아데스성단
캐논 EOS 6D 캐논 70-200mm 렌즈를 200mm로 설정. ISO 1600, f/1.4 Vixen GP guide pack
노출시간 300초로 노터치 추적 촬영한 사진. 성단부분을 보기 쉽게 사진 주변부를 잘라냈다. 아래 주황색별이 황소자리의 알파별 알데바란이다.

앞쪽 4개의 산개성단 사진은 모두 같은 조건에서 촬영하였다. 풀프레임 카메라인 캐논 6D와 망원 줌렌즈인 캐논 70-200mm 렌즈를 200mm에 설정하고 노터치 가이드 방식으로 300초 노출 촬영하였다. 초점거리가 너무 짧아서 촬영한 사진을 그대로 제시할 경우 성단이 너무 작게 보이기 때문에 성단을 포함해 적당한 크기로 잘라낸 사진을 제시한 것이다. 200mm 초점거리 렌즈를 사용한 풀프레임 화각으로 이해를 돕기 위해서 실제 화각 사진 한 장을 다음에 제시하였다.

그리고 망원경을 연결하여 촬영한 이 산개성단들의 좀 더 정교한 이미지를 망원경을 이용한 천체 사진 촬영 영역에 제시하였으니 렌즈를 이용한 사진들과 비교해 볼 수 있다.

다음 쪽의 사진은 앞서 제시한 이중성단의 사진을 자르지 않고 제시한 풀프레임 이미지이다. 화각이 넓어 이중성단의 왼쪽 상단으로 하트성운(IC 1805)과 그에 속한 발광성운(NGC 896) 그리고 오른쪽 위쪽으로는 산개성단(M103)이 작게 볼 수 있을 정도로 촬영하였다. 이들 사진도 뒤에서 보게 될 것이다.

IC896
IC1805
M103
NGC 869
NGC 884

Tip

스타호핑(Star hopping)

스타호핑에서 호핑(hopping)이란 징검다리를 건너듯이 깡총깡총 일정한 간격으로 뛰는 모습을 일컫는다. 밤하늘의 천체를 찾을 경우 대부분의 밝은 별은 별자리를 참조하거나 별자리에 포함되어 있기 때문에 쉽게 찾을 수 있지만 어두운 천체는 맨눈으로는 잘 보이지 않기 때문에 주변의 별을 참조로 해서 어림잡아 천체의 위치를 결정해야 하는데 이럴 때 밝은 별을 기준으로 방향과 거리를 예측하여 천체를 찾는 방법을 스타호핑이라고 한다.

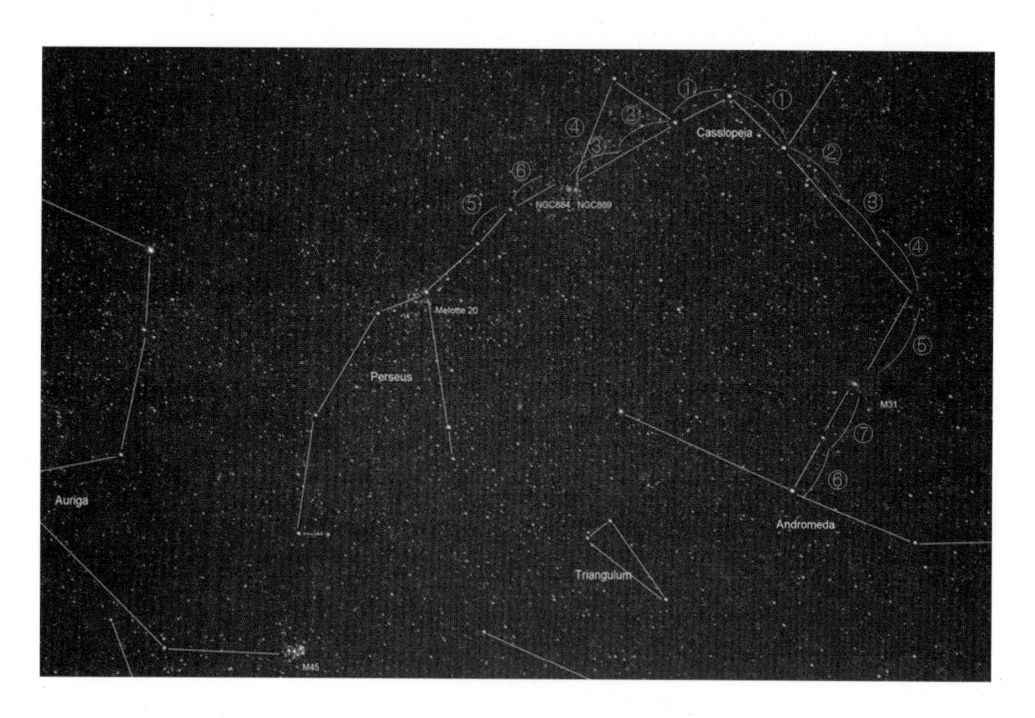

페르세우스자리의 이중성단(NGC 884, NGC 869)과 안드로메다자리의 안드로메다은하(M31)을 찾는 과정을 스타호핑 방법을 적용하여 알아보자.

• 이중성단 호핑 방법

가. 카시오페이아자리를 W자로 보았을 때 첫째 별(Segin, 세긴)과 두 번째 별(Ruchbah, 루크바) 그리고 세 번째 별(Tshi, 트시)을 찾는다.

나. 두 번째 별과 세 번째 별을 연장한 방향을 따라 두 별 사이의 간격 2배를 이동한다. 위 사진에서는 ① ② ③을 따라간다. 이 과정만으로도 이중선단을 찾을 수 있지만 첫 번째 별과 두 번째 별로 이등변 삼각형을 그려서 꼭짓점을 찾아도 된다.

다. 추가로 페르세우스자리의 끝별 두 개를 찾아서 두 별 사이의 간격만큼 연장하면 이중선단의 위치를 확정할 수 있다. 위 사진에서 ⑤ ⑥을 따라간다.

• 안드로메다은하 호핑 방법

가. 페가수스 별자리와 연결된 안드로메다자리의 두 번째로 밝은 별인 미라크(Mirach)를 찾는다.

나. 미라크 옆에 있는 안드로메다자리의 입실론 별 방향으로 두 사이의 거리만큼 이동한다. 옆쪽 사진에서 ⑥ ⑦을 따라간다.

다. 위 방법으로도 찾을 수 있지만 일반적으로 더 많이 알려진 별자리인 카시오페이아를 이용하여 찾아볼 수도 있다. 카시오페이아자리의 가장 밝은 별(알파별)인 쉐다르(Schedar)와 트시(Tshi)의 연장선 방향으로 두 별 사이 간격의 3배 정도 이동한다. 위 사진에서 안드로메다자리 방향의 ① ② ③ ④ 참조.

라. 다 번의 위치에서 미라크(Mirach) 방향으로 한 번 더 이동한다. 위 그림의 ⑤ 참조.

스타 호핑에는 쌍안경도 많이 이용하며 촬영을 위해서는 망원경의 탐색경도 많이 사용한다. 쌍안경과 다르게 대부분의 탐색경은 상하좌우가 반대인 도립상으로 보이기 때문에 처음에는 적응하는데 어려움이 있을 수 있다. 이 경우 정립 탐색경을 사용하는 것도 방법이다.

광해와 밤하늘의 색상 변화

이 책에서 제시한 별자리 사진을 보면 사진 바탕색이 각각 다르게 촬영된 것을 알 수 있다. 일반적인 상식으로 밤하늘 색은 어두운 검정색이어야만 할 것 같은데 색상이 제각각 서로 다르게 나타나는 이유는 무엇일까? 여러 가지 이유가 있을 수 있겠지만 가장 큰 요인은 밤하늘의 광해 때문이다. 특히 지평선 부근의 밤하늘 색은 붉은 빛이거나 핑크빛을 보이는 경우가 많은데 이는 지면에서 방출하는 인공조명에 의한 광해 때문이다. 많고 적음의 차이가 있을 뿐 우리나라 어느 곳을 가든지 광해는 항상 존재한다.

산능선과 하늘이 맞닿은 곳의 광해가 눈으로도 느껴질 정도라면 노출시간과 감도를 크게 설정하는 천체 사진 촬영에서는 광해가 더 크게 증폭되어 기록된다.

천체 사진을 촬영하기 위해서 광해가 적은 곳이나 외국의 오지를 찾아서 떠나는 이유는 광해의 영향에서 벗어나 실제적인 밤하늘의 모습을 담기 위한 천체 사진가들의 간절한 심정과 욕구가 반영된 것이다.

▲ 소백산 천문대가 있는 연화봉에서 바라본 남쪽 지평선 부근 풍경. 오른쪽 전갈자리의 꼬리부분이 광해에 묻혀서 보이지 않는다. 달빛보다 도시 불빛이 더 큰 광해로 영향을 미치는 것을 알 수 있다.

▲ 광해 속을 달리는 별
서울 도심에서 촬영한 짧은 일주운동 사진. 한강 주변의 밝은 조명으로 짧은 노출시간으로 설정하여 30여장 촬영하여 합성한 것이다. 광해로 인해 밝은 달과 겨우 몇 개의 별만 보일 뿐이다. 지면에 가까울수록 광해의 영향으로 하늘 색이 점차적으로 변하는 것을 알 수 있다.

계절 별자리

북반구에서 관측할 수 있는 계절별 별자리판을 다음 쪽에 제시하였다. 기존 별자리판과는 다르게 별 이름이 많지 않은 것은 1등성에 해당하는 가장 밝은 별들만 표시했기 때문이다. 밤하늘의 별 이름을 외우려면 많은 시간과 노력이 필요하기 때문에 천체 사진을 시작하는 단계에서 꼭 알아야 할 별의 이름만 표시하였다. 이 정도 별들의 이름과 위치는 꼭 알아둬야만 하고 2등성 이후의 흐린 별들은 나중에 천천히 알아도 된다.

별자리판을 대할 때 궁금해하는 것 중 하나는 동서 방향이 바뀌어서 표시된 것이다. 북쪽을 기준으로 했을 때 오른쪽이 동쪽인데 아래의 별자리판은 동서가 반대로 표시되어 있다. 이는 별자리판을 야외에서 들고 사용하기 편하게 하기 위해서이다. 별자리판을 머리 위로 들고 별자리판의 북극성 위치를 실제 북극성 방향으로 향하면 별자리판을 바닥에 놓고 볼 때의 방향과 180도 회전한 상태가 된다. 이 상태가 밤하늘 별자리 배치와 같은 방향이 되고 방위도 오른쪽이 동쪽이 됨을 알 수 있다. 즉 별자리판 방향의 기준인 북쪽이 위쪽이 아니라 아래쪽에 위치하게 된다.

▲ 별자리판을 실제 하늘에 투영한 것을 나타내는 사진으로 학생이 바라보는 쪽이 북쪽, 학생의 뒷쪽 방향이 남쪽이다. 또한 학생의 오른쪽이 동쪽으로 천체는 오른쪽에서 떠서 서쪽인 왼쪽으로 진다.

위 그림은 별자리판을 이용하여 별자리 위치를 찾아 관측하는 방법을 사진과 그림을 합성하여 나타낸 것이다. 위에서 설명처럼 별자리판을 머리 위로 들어 별자리판과 하늘의 북극성의 위치를 일치시키고 하늘의 북두칠성 또는 카시오페이아의 위치와 별자리판의 두 별자리 방향이 같도록 별자리판을 회전시키면 별자리판 별자리와 밤하늘 별자리의 방향이 일치하여 하늘의 별자리를 읽을 수 있다.

그림에서 보듯이 별자리판을 하늘로 향하면 북쪽을 기준으로 동서 방향이 맞게 배열되는 것을 알 수 있다. 책상이나 바닥에 놓고 볼 때 동서 방향이 반대로 되어 있던 것이 실제 하늘 방향으로 방향을 맞추면 정상적인 동서 방향이 된다. 즉 별자리판은 하늘을 향해서 작성한 것이라고 생각하면 동서 방향을 이해하는 데 도움 될 것이다.

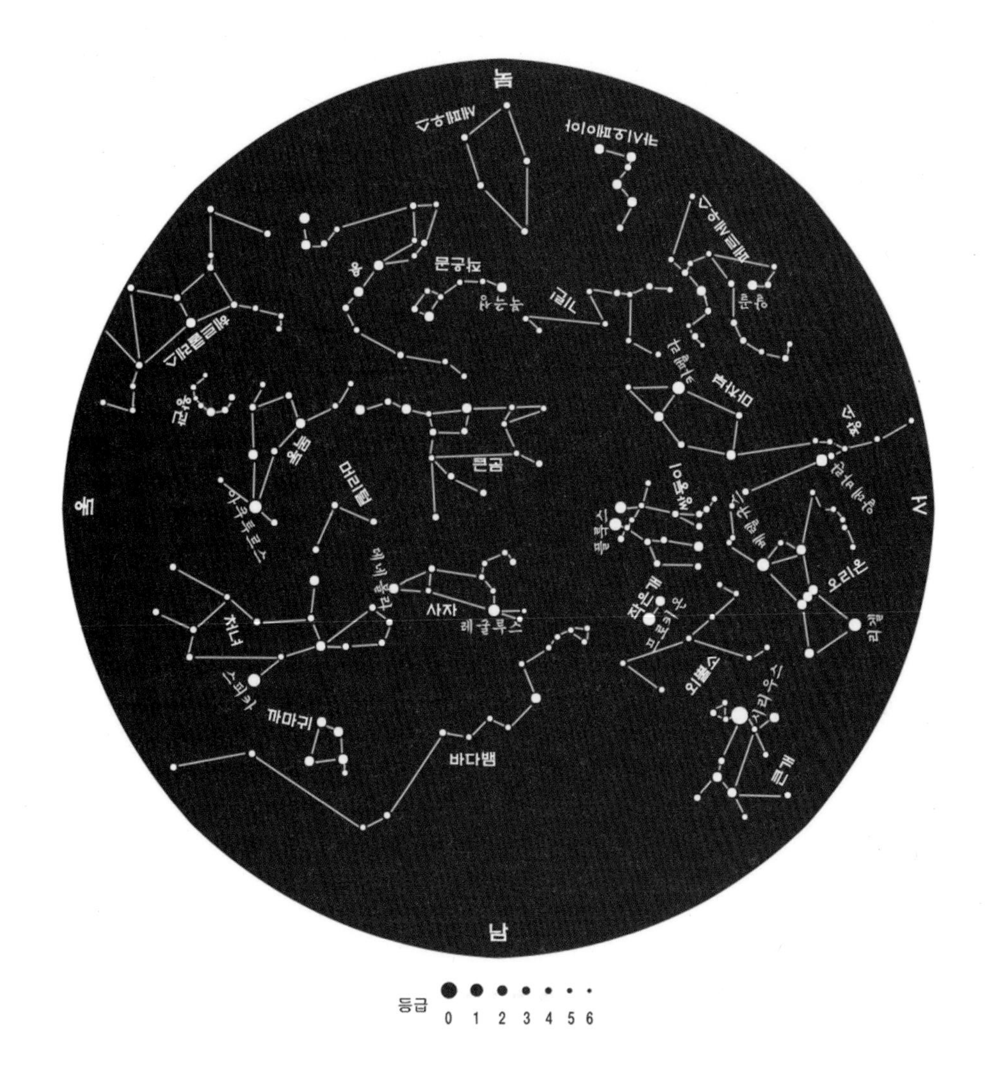

봄철 별자리

이 별자리판은 해당 계절 가운데 해당하는 일자의 자정에 관측한 것을 기준으로 만들었다. 관측 시간에 따라서 별자리가 조금씩 움직여 간다고 생각할 필요가 있다. 다음은 자정에 별자리가 뜨고 지는 방향의 지평선에 있는 별자리를 제시한 것이다.

관측자가 보는 방향	보이는 별자리
동쪽 지평선 부근	헤라클레스자리
남중	사자자리
서쪽 지평선 부근	오리온자리

여름철 별자리

관측자가 보는 방향	보이는 별자리
동쪽 지평선 부근	백조자리
남중	헤라클레스자리
서쪽 지평선 부근	사자자리

가을철 별자리

관측자가 보는 방향	보이는 별자리
동쪽 지평선 부근	황소자리
남중	페가수스자리 / 백조자리
서쪽 지평선 부근	헤라클레스자리

겨울철 별자리

관측자가 보는 방향	보이는 별자리
동쪽 지평선 부근	사자자리
남중	황소자리
서쪽 지평선 부근	페가수스자리

천체 사진의 꽃, 추적 촬영

▲ 캐논 EOS 30D 삼양 14mm 렌즈 ISO 640, f/5.6
노출시간 90초, 은하수를 배경으로 고정 촬영한 사진. 카메라가 삼각대에 고정되어 있는 상태이기 때문에 자전에 의한 별의 상대적인 움직임이 별의 궤적으로 촬영되었다.

▲ 캐논 EOS 5D 시그마 17-35(17mm) ISO 1600, f/5
노출시간 185초, 추적 장치 가이드 팩을 이용하여 노터치 추적 촬영한 은하수이다.

앞의 두 사진은 서호주에서 은하수를 촬영한 것으로 촬영 방식에 따라 두 이미지가 주는 느낌이 서로 다름을 알 수 있다. 그중 위쪽 사진은 호주의 배꼽이라고 불리는 울루루 부근에서 촬영한 것으로 서호주 관측 여행에 참여한 사람들의 차량과 대형 쌍안경 그리고 돕슨식 망원경을 은하수와 어울리는 구도로 설정하여 촬영했다. 이 사진은 구도 설정은 좋았지만 노출에 실패하였다. 사진 중심에서 왼쪽으로 방향으로 남극 축이 위치하기 때문에 이곳에서 멀어질수록 별의 궤적이 증가하여 오른쪽 하단부의 별상이 가장 길게 늘어나 보인다. 감도를 높게 하고 노출시간을 짧게 하여 점상의 별상이 유지되도록 노출시간을 설정했어야 했다. 결과적으로 일주운동 사진도 아니고 별자리의 점상 촬영도 아닌 어정쩡한 결과가 나온 것이다.

반면에 아래쪽 사진은 은하수 중심부만을 50mm 렌즈를 사용하여 촬영한 것으로 별상의 궤적이 나타나지 않도록 추적 촬영하였다. 노출시간이 185초였음에도 별상이 점상으로 촬영된 것은 추적이 정밀하게 됐음을 의미한다. 은하수 사진은 지상 풍경과 어울릴 때 아름다움이 더욱 살아나는데 하늘의 은하수만 촬영할 경우에는 이 사진처럼 단조로운 구도를 가질 수밖에 없다. 그러나 185초 정도의 노출을 설정하여 지상 풍경과 함께 추적 촬영하게 되면 지상 풍경이 움직이는 효과가 나타나서 깨끗한 지상 풍경을 얻을 수 없다.

앞쪽 두 사진은 추적 촬영과 고정 촬영의 예를 보여준 것으로 별상 왜곡이 없이 정교한 이미지를 얻기 위해서는 추적 촬영이 필요하다는 것을 알 수 있게 한다.

천체 사진 촬영에 대한 힘든 기억을 물었을 때 수동가이드를 언급하는 사람이라면 천체 사진 촬영 분야의 원로급에 해당할 것이다. 필름 카메라를 이용하여 천체 사진을 촬영하던 초창기에 몇 번 시도한 적이 있었던 수동가이드는 천체 사진 촬영이라기보다는 측량기사 같다는 생각이 들었다. 겨울철에는 추위로 엄두도 내지 못하고 여름철에 몇 번하다가 모기와 흐르는 땀과의 싸움에 지쳐 포기했던 적이 있었고 약 5분 정도의 수동가이드는 몇 차례 성공했던 기억이 있다.

수동가이드는 십자선이 그려진 접안렌즈가 부착된 가이드 망원경을 촬영용 망원경과 나란하게 부착하고 가이드 망원경 시야에 있는 십자선 중앙에 밝은 별을 넣고 이 별이 중앙에서 이탈하지 않게 적도의 적경, 적위 조절나사를 사용하여 적도의가 그 별을 추적할 수 있도록 조정하는 방식이다. 적도의에 모터가 달려있지 않기 때문에 촬영하는 동안 가이드 별을 눈으로 계속 보면서 추적해야 하므로 무척 어려운 방법이다.

최근에는 눈을 대신하여 감도가 좋은 동영상 카메라를 사용하고 가이드 별의 이탈 정도를 보정하는 프로그램을 사용하는 오토가이드 방식으로 대치되었다. 그러나 오토가이드 시스템의 고장이라든지 다른 불가피한 경우로 수동가이드를 사용해야 할 때도 있다. 먼 곳까지 촬영을 위해서 장비를 꾸려서 이동했는데 그냥 올 수는 없지 않은가? 이런 경우 탐색경의 십자선을 이용하여 수동가이드를 선택할 수도 있다. 그러나 요즘 천체 사진가들은 대부분 수동가이드를 포기하고 촬영하지 않는 쪽을 선택한다. 그만큼 힘들고 좋은 결과물을 얻기도 어려운 작업이다. 이처럼 수동가이드로 천체 사진 촬영을 했던 분들을 만나면 존경의 표시를 해줄 필요가 있다.

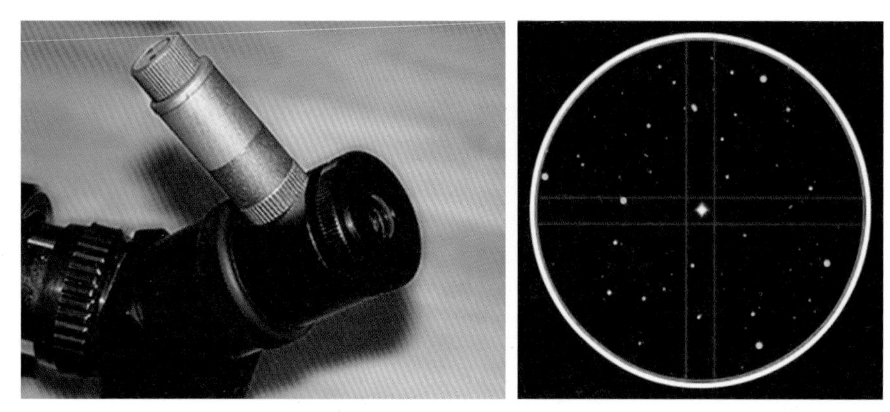

▲ 수동가이드에 사용된 가이드 아이피스(좌)와 가이드 망원경 내부 십자선과 중심의 가이드 별

적도의에 엔진을 달자

수동가이드 방법을 적용하여 천체를 추적하는 것이 얼마나 어려운 지를 앞에서 언급하였다. 수동가이드의 고민을 해결한 것은 작은 모터 하나였다.

망원경이나 렌즈의 초점거리에 따라 다르기는 하지만 500mm 정도의 초점거리를 갖는 망원경으로 15초 이상의 노출이 필요한 천체 사진 촬영을 하려면 고정 촬영법보다는 추적 촬영을 해야만 한다.

추적 촬영은 지구의 자전 방향과 속도에 맞게 회전하는 모터를 내장한 적경축이 천구의 북극을 중심으로 회전할 수 있게 만든 적도의를 이용하는 방식이다. 이런 원리에 따라 적경축에만 모터를 달아서 추적하는 방식의 장비가 스타 트랙커, 가이드 팩 등과 같이 다양한 이름으로 시판되고 있다. 이 장비들은 카메라와 렌즈를 사용하여 저배율로 촬영하는 방식을 지원하는 것들로 장비가 작고 간단하여 해외 원정 관측에 많이 사용한다.

이처럼 적도의 축에 부착된 모터만으로 별을 추적하여 촬영하는 방식을 천체 사진 촬영가들은 '노터치(No touch)가이드 촬영법'이라고 한다. 그러나 이 경우 300초 이상의 긴 노출로 촬영하거나 500mm 이상의 초점거리로 100초 이상 촬영하는 데는 한계가 있다.

노터치 가이드 촬영 방법은 노출시간이 비교적 짧은 태양이나 달 사진을 고배율로 확대하여 촬영하는 데에도 사용한다. 추적 정밀도는 렌즈나 망원경의 초점거리와 관련 있기 때문에 초점거리 300mm 이하의 렌즈나 400mm 이하의 단초점 망원경의 경우 노터치 가이드 방식으로 촬영하여도 좋은 사진을 얻을 수 있지만 800mm 이상의 초점거리를 갖는 망원경을 이용한 촬영에서는 가이드 카메라를 이용한 가이드 촬영을 해야만 300초 이상의 노출 촬영이 가능하다.

▲ 추적 모터가 부착되지 않은 적도의와 망원경 세트(좌)와 적경축 모터가 부착된 적도의식 추적 장치인 가이드 팩(우)

추적 모터가 없는 적도의를 사용하여 천체 사진 촬영을 할 경우에는 수동가이드를 하지 않으면 일반 삼각대를 사용하는 경우와 차이가 없다.

적도의란 극축을 기준으로 회전운동하는 천체를 효과적으로 관측하고 촬영할 수 있도록 돕는 장치로서 극축 정렬이 정확하다면 이론적으로는 긴 시간 동안 추적 가능한 장치이다. 앞쪽 하단의 두 사진은 모터를 부착하기 전의 적도의와 적경축 모터가 달린 적도의의 사진으로 모터 없는 적도의는 사진 촬영보다는 안시관측에 사용하였고 추적 가능한 적도의는 사진 촬영에 사용하였다.

▲ 추적 모터를 추가로 부착한 적도의를 이용하여 태양 사진을 촬영하는 모습(좌)과 천체 사진 촬영용으로 개발된 적도의를 노트북 PC와 연결하여 딥스카이를 촬영하기 위해 설치해 놓은 모습(우)

위 사진의 두 적도의는 천체 사진 촬영에 사용하는 소형 장비로서 회전모터가 없는 적도의에 추가로 적경, 적위축 모터를 부착한 적도의와 양축 모터가 내장되어 있고 컴퓨터와 연결가능한 천체 사진 촬영용 적도의를 보여준다. 적도의에 장착한 양축 모터는 같은 기능을 하지만 추적 정밀도에 따라서 적도의 가격은 큰 차이를 보인다.

추적 정밀도가 다소 떨어지는 적도의는 달이나 행성, 태양 등과 같이 노출시간이 비교적 짧은 천체를 저배율로 추적 촬영할 때 사용하고 긴 시간의 노출 촬영에도 정밀도가 유지되는 적도의는 딥스카이 촬영과 고배율 촬영에 사용하였다.

처음에 안시관측용으로 구입한 적경축에 모터 없는 적도의도 추가로 양축에 모터를 부착하여 사진 촬영용으로 사용할 수 있으므로 추적 모터를 구입하여 직접 부착하거나 천문 장비 판매업체를 통해서 모터를 부착하는 방법도 생각해 볼 수 있다.

초보 생활을 마치고 추적 촬영의 세계로

맨눈으로 또는 쌍안경이나 망원경을 이용해서 눈으로 관측하는 안시관측은 생생한 현장감이 있지만 어두운 천체를 관측하는 데는 한계가 있다. 이런 딥스카이 천체를 관측하는 방법이 사진관측법이다. 카메라를 연결한 망원경이 관측하고자 하는 천체를 따라가며 긴 시간 동안 그 천체에서 오는 빛 신호를 카메라에 담아서 아주 미약한 빛조차 표현하는 촬영법이 가이드 촬영법이다. 추적의 정밀함은 촬영한 이미지 결과물에 그대로 반영되므로 가이드 촬영에서 가장 중요한 것은 추적의 정확성이다. 가이드 추적 촬영이 천체 사진 최고의 단계로 불리는 이유는 수많은 촬영 기법, 최적의 촬영 도구, 촬영 당시의 환경과 촬영자의 경험이 조화롭게 이루어져야 하는 종합적인 단계이기 때문이다.

▲ 촬영대상 : M31 안드로메다은하
경통 : 구경 120mm, 초점거리 600mm 굴절망원경, 카메라 : 캐논 30D, 광해필터(LPS-p2) 사용
적도의 : EQ-5 노출 정보 : 360초(ISO800), 2매 360초ISO 650), 2매

▲ 촬영대상 : M31 안드로메다은하
경통 : 구경 105mm, 초점거리 700mm의 펜탁스 굴절망원경
카메라 : 캐논 30D 적도의 : 다카하시 EM-200 temma 2 노출 정보 : 500초(ISO1000), 10매

앞의 두 사진은 같은 대상을 같은 조건에서 망원경만 다른 것을 사용해서 촬영한 것으로 망원경 품질 차이에 따른 이미지 정교함의 차이를 보여준다. 천체 사진을 시작하는 사람들에게는 가슴 아프게 다가오는 사진일 것이다.

사람들과 어울려 함께 천체 사진을 촬영, 관측하는 것은 책이나 인터넷을 통해 얻을 수 없는 살아있는 경험과 지식을 얻는 최고의 방법이다. 같은 대상을 바라보면서 관측 기술과 촬영 방법에 대해서 논의하고 이를 촬영해서 결과물을 확인하고 피드백하는 과정은 천체 사진을 촬영하는 사람들이 꼭 겪어야 할 과정이다.

천체 관측하는 이들이 모이는 곳에는 다양한 천체 관측 장비를 볼 수 있다. 촬영 장비 한 세트에 수천만 원이 넘는 고가의 장비부터 백만 원 이하의 저렴한 장비까지 다양하게 볼 수 있고 장비에 따라서 촬영하고 있는 대상도 각각 다르다는 것을 알 수 있다. 이런 장비 세트에는 적도의, 망원경 그리고 카메라 외 많은 부속 장비가 복잡하게 연결된 것을 볼 수 있다. 또한 고가 장비는 복잡한 만큼 사용법도 어렵고 전기도 많이 필요하여 발전기나 대용량 배터리를 써야 할 경우가 많다. 이런 장비들은 가이드 별을 이용하여 긴 시간 노출 촬영해야 하는 딥스카이 천체를 촬영하는 데 적합하다.

천체 사진 촬영은 인공조명이 적고 바람이 거의 없으며 사람의 이동이 적은 곳에서 이루어진다. 이런 곳을 찾다 보니 경기도 벽제 시립묘지 근처 후미진 곳을 찾아가 사진 촬영을 한 적도 있었다. 관측지에 도착하여 차에서 장비를 내려 설치하고 촬영 준비를 하는 데는 길게는 1시간 이상, 빨리한다고 해도 30분 정도 걸린다. 이후로는 초점 맞추고 가이드 상황을 확인하고 촬영 대상을 찾아 카메라에 촬영 신호를 보내기까지 추가 시간이 필요하다. 컴퓨터를 이용한 촬영이 시작되면 다소 여유가 생기지만 촬영이 제대로 이루어지는지 모니터링을 해야 하기 때문에 다른 곳에 신경 쓸 겨를이 없다. 무섭다는 느낌도 마음의 여유가 있어야 생길 것인데 그럴만한 시간이 없는 것이다.

이렇게 후미진 관측지에서 혼자 관측하고 있을 때 다른 관측자가 한 명이라도 찾아오면 반가운 마음으로 서로 마음을 열고 쉽게 친구가 되기도 한다. 밤하늘 아래에서 만나 친구가 됐기 때문에 낮에 만나면 얼굴을 잘 몰라서 어색함이 생기는 경우도 적지 않다. 낯선 관측지에서 서로 친구가 되어 밤하늘을 매개체로 공감한다는 것은 따스한 느낌을 갖게 한다.

▲ 눈 내린 관측지에서 두 사람이 천체 관측을 하고 있다. 고즈넉하고 낭만적인 분위기가 물씬 풍긴다.

렌즈를 사용한 광시야 추적 촬영

▲ 렌즈 : 시그마 17-35mm, 18mm, f5.6, 카메라 : 캐논 6D, 노출 정보 : 30초(ISO 25600) 적도의 : Vixen 가이드 팩
궁수자리와 전갈자리가 보이는 여름철 은하수를 노터치 추적 촬영하였다. 사진 외곽부에 렌즈에 의한 수차가 보인다.

천체 사진에서 렌즈와 망원경의 차이는 초점거리와 가격이다. 렌즈는 망원경에 비해서 초점거리가 짧지만 가격은 상대적으로 더 비싸다. 렌즈와 망원경의 선택은 촬영 대상에 의해서 결정되는데 렌즈는 초점거리가 짧기 때문에 광시야 촬영에 많이 사용하며 망원경에 비해서 구경이 작은 편이므로 사진 해상도를 결정하는 분해능이 떨어지는 경향을 보인다. 위 사진은 17-35mm 범위를 갖는 줌렌즈를 초점거리를 18mm로 설정하여 여름철 은하수를 망원경과 함께 담았다. 렌즈에 비해 초점거리가 긴 망원경으로는 이런 풍경사진을 담을 수가 없다.

다음 쪽 사진은 캐논 줌렌즈 70-200mm 렌즈를 200mm로 초점거리를 설정하고 촬영한 오리온자리 중심부이다. 이 사진의 촬영 정보에는 그동안 설명하지 않았던 천체 사진 촬영용 CCD 카메라를 사용한 것을 알 수 있다. 뒤에서 설명하겠지만 천체 사진 전용 CCD 카메라는 DSLR과는 다르게 감도가 크고 냉각 기능이 있어 긴 시간 노출 촬영에도 노이즈가 적게 나타난다. 또한 다양한 필터를 사용할 수 있어 DSLR 카메라보다 화려하고 멋진 천체 사진을 얻을 수 있다. 단초점 렌즈를 사용한 촬영이지만 노출시간이 300초 이상이므로 정확한 추적을 위해서 가이드 촬영을 사용한다.

▲ 렌즈 : 캐논 70-200 mm(200 mm) 줌렌즈
카메라 : QSI583 CCD 적도의 : 다카하시 EM200 temma2 노출 정보 Ha 600초 7장, R,G,B 300초 2장씩
천체 사진 전용 CCD 카메라를 사용, Ha 영역의 빛을 촬영하여 성운의 특징을 살린 사진으로 오리온자리 삼태성이 사진 중앙에 보인다.

겨울철 밤하늘 중 가장 화려하고 볼거리 많은 오리온자리 주변이다. 이곳은 어느 정도 광해가 있는 하늘에서도 쉽게 찾을 수 있다. 좋은 하늘에서는 맨눈으로도 성운의 존재가 확인될 정도로 밝은 오리온성운은 천체 사진을 처음 촬영하는 이들이 단골로 찾는 딥스카이 중 하나이다. 겨울밤 하얀 눈밭을 배경으로 떠 있는 오리온자리는 한참을 바라봐도 지루하지 않은 신비한 대상이다. 별자리를 모르던 고등학교 1학년 겨울방학. 논산의 한 시골 친구 집에 놀러 가 닭서리를 하다가 개들이 심하게 짖어 닭서리에 실패하고 돌아오던 길, 하얀 눈밭에서 만난 오리온자리와 그 성운이 여전히 기억 속에 생생하다. 찬 기운이 몸속으로 파고들었지만 감나무 뒤편에 걸린 오리온자리는 크리스마스트리만큼이나 아름다웠다.

▲ 눈밭으로 지고 있는 오리온자리
렌즈 :시그마 17-35mm, 20mm, f/5.6 카메라 : 캐논 6D 적도의 : 가이드 팩, 노출 정보 : 60초, ISO 5000

▲ 오리온자리 삼태성을 노터치 추적 촬영 한 사진에 별 이름과 오리온자리의 대표적인 딥스카이 천체의 이름을 붙였다.
렌즈 : 캐논 70-200 mm, 70mm 카메라 : QHY 8 CCD 적도의 : EQ5 Synscan, 노출 정보 : 300초 2장, 500초 1장

위 사진은 니콘 D70s와 같은 광소자를 부착하여 만든 냉각 CCD 카메라로 촬영하였다. 따라서 긴 노출의 촬영임에도 불구하고 카메라의 열화 노이즈는 보이지 않는다. 다만 지면의 광해로 인해서 산 능선과 맞닿은 하늘이 붉게 표현되었다. 긴 노출 촬영 덕분에 눈으로는 보이지 않는 말머리성운을 볼 수 있고 오른쪽으로는 밝은 오리온성운도 보인다. 산 능선이 이중으로 나타난 것은 촬영 시간 사이의 간격(300초 촬영 후 500초로 설정을 위한 시간) 때문이다.

남반구로 천체 사진 촬영 여행을 떠날 경우 가장 걱정되는 것은 남극 축을 찾아서 적도의를 정렬시켜야 한다는 점이다. 북반구와 다르게 남극 축 상에 존재하는 밝은 별이 없기 때문에 남극 축 주변 별자리와 밝은 별을 참조하여 남극 축을 찾아야만 한다. 이때 가장 많이 사용하는 것이 남십자성이다. 남십자성의 긴축을 따라 5배 정도 이동하면 그 부근에 남극 축이 위치한다.

아래 사진은 남반구 은하수 끝단에 있는 암흑성운인 석탄자루성운(Coalsack Dark nebula)과 남십자성(Southern Cross)을 줌렌즈 100mm로 설정하여 촬영한 것이다. 짧은 시간 노출 촬영이기 때문에 가이드 별을 이용한 가이드 추적은 하지 않고 적도의의 모터에만 의존하는 노터치 추적 촬영을 수행하였다.

▲ 남십자성과 암흑성운
렌즈 : 시그마 70-300 (100mm) 카메라 : 캐논 6D 적도의 : 빅센 가이드팩 노출 정보 : ISO 25600,f/4.0, 노출시간 30초.
적도의의 적경축만 .회전하는 노터치 가이드 방식으로 촬영하였다.

망원경을 사용한 추적 촬영

천체망원경은 대물렌즈나 반사경의 초점거리가 길기 때문에 확대율도 커진다. 그러나 확대율이 커진다는 것은 그만큼 천체 사진 촬영 방법이 어렵고 정교한 장비를 써야함을 의미한다.

▲ 경통 : 6인치 뉴턴식 반사망원경 (f/7.1)
카메라 : 캐논 30D, LPS P2 광해필터 사용, 적도의 : 다카하시 EM200 temma 2 노출 정보 : ISO 1600 1200초, 3장, 800초, 2장, 300초 ,2장, 장노출로 인한 DSLR 카메라의 열화 노이즈가 보이고 사진의 바탕에도 노이즈가 많이 보이는 편임

말머리성운 주변을 촬영한 두 사진으로 촬영 장비의 특성과 촬영의 정교함 등을 파악할 수 있다. 두 사진 모두 밝은 별에 십자선 모양의 빛줄기가 촬영된 것은 부경을 지지하는 십자 모양의 부경지지대를 가진 반사망원경을 사용했다는 것이고 위쪽 사진에서 십자선이 갈라져 보이는 것은 십자 모양 지지대가 반듯하지 않고 휘어져 있기 때문이다. 망원경 구조에 대해서는 다음에 자세히 다루기로 하자. 위 사진의 별상이 다음 쪽 사진보다 크고 완전한 원형을 보이지 않는 것은 초점 정렬이 제대로 되지 않았기 때문이거나 추적이 정교하지 못했음을 의미한다. 카메라 성능에서도 큰 차이를 보이는데 DSLR을 사용한 위쪽 사진에 비해서 천체 사진 전용 냉각 CCD 카메라와 특수 필터를 사용한 다음 쪽 사진이 훨씬 풍성한 이미지를 보여주며 별상도 작

고 둥근 형태로 촬영된 것으로 보아 초점과 추적에 문제가 없었음을 보여준다.

구경 크기가 같은 6인치 망원경이지만 f값이 서로 다르기 때문에 확대율에서 차이를 보인다. 천체망원경을 사용할 경우에는 배율이 크기 때문에 추적 정밀도가 높아야 하기 때문에 주로 가이드 추적을 하게 되는데 이는 뒤에서 자세히 다룰 것이다.

▲ 경통 : 6인치 뉴턴식 반사망원경(f/5.0), comma corrector 사용
카메라 : QSI 583 CCD, 적도의: 다카하시 EM11 temma2 노출 정보 : Ha 500sec, 5장 L 500sec, 1장 R,G,B 각 200초, 3장씩 냉각 CCD 카메라와 필터 사용으로 풍부한 성운 표현이 가능해졌다,

Tip

천체망원경의 f수 그리고 확대율

▲ 접안렌즈의 초점거리는 10mm(좌) 경통 대물렌즈의 지름은 120mm, 초점거리는 600mm로 표시된 굴절망원경

카메라 렌즈에서는 f수가 조리개가 개방된 정도에 의해서 결정되는 것임을 앞에서 설명했다. 렌즈는 조리개를 조정하여 f값을 조정할 수 있었으나 이미 크기가 고정된 망원경은 망원경 대물렌즈 또는 주경의 지름과 초점거리에 의해서 고정된 f값을 갖게 된다. 즉

망원경의 f값 = 초점거리 / 구경의 크기로 결정된다.

위 사진에 제시한 망원경의 f값은 600mm / 120mm로 5.0이며 f/5.0의 경통이라고 표시한다.

카메라 렌즈의 조리개와 마찬가지로 망원경도 f값이 작을수록 초점거리에 비해서 구경이 크기 때문에 빛을 받아들이는 양이 많아지며 f값이 작은 경통을 빠른 경통이라고도 하는데 이는 빛을 많이 받아들여

상대적으로 그렇지 못한 경통에 비해서 빠르게 사진을 만들 수 있기 때문이기도 하고 초점거리가 짧아져서 빛이 카메라에 빨리 도착한다는 의미이기도 하다.

위 사진에서 접안렌즈의 초점거리가 10mm로 표시되어 있는데 이를 이용해서 망원경의 배율을 구하면 대물렌즈 초점거리 / 접안렌즈 초점거리로 계산하여 60배의 배율을 갖는 것을 알아낼 수 있다.

위의 관계에 의하면 대물렌즈의 초점거리가 길면 배율이 커지고 광량이 작아지게 되어 상이 어두워지고 상대적으로 긴 노출시간이 필요하게 된다. 망원경의 확대율은 접안렌즈를 바꾸면 달라지지만 조정할 수 없는 구경과 초점거리 때문에 망원경의 f값은 고정적이다. 이런 이유로 처음 망원경을 구입할 때 고려할 사항 중 망원경의 f값은 가장 중요하다.

03 태양계를 벗어나 보자

밝고 찾기도 쉬운 달을 DSLR 카메라로 촬영하는 것에 대해서 알아보았다. 이는 천체 사진 촬영을 위한 기초적인 활동을 시작한 것이며, 카메라와 렌즈 사용법, 삼각대와 적도의 사용법 등을 익혀 본 것들이다. 그러나 천체 사진을 촬영하기 시작하면서 촬영하고 싶었던 대상은 대부분 천체의 딥스카이 일 것이다.

밤하늘 천체 중에서 가장 화려한 모습을 보이는 것은 성운이다. 성운은 우주 공간의 가스가 스스로 빛을 내거나 주변의 밝은 별빛이 가스에 반사되어 그 모습을 보여주는 것이다. 대부분의 멋진 성운들은 다양하고 화려한 색과 멋진 모습을 뽐내고 있어 천체 사진가들의 주요 타깃이 된다. 천체 사진 촬영은 오리온성운이나 말머리성운, 장미성운 등은 화려한 색상과 신비스러운 모습으로 사람들을 유혹한다. 우리가 망원경을 통해서 관측하거나 사진으로 촬영할 수 있는 이러한 성운들은 모두 우리은하에 속한 것들이며 그 외 외부은하에 속한 성운들을 아마추어 관측 장비로는 관측과 촬영이 어렵다.

▲ 오리온자리의 반사성운 NGC 1977
경통 : 6인치 뉴턴식 반사망원경 (f/7.1) 적도의 : 다카하시 EM-200
카메라 : 캐논 30D 필터 : LPS P2 노출 정보 : 350초(ISO 1600), 3장 450초(ISO 1600), 3장 550초(ISO 1600), 3장

위 사진은 오리온성운에 가까이 붙어있는 딥스카이 천체인 NGC 1977로 사람이 달려가는 것 같은 모양에서 런닝맨성운이라고도 불리는 대상이다. 성운을 둘러싸고 있는 밝은 4개의 별빛에 의해서 반사되어 푸른빛을 띠는 반사성운에 해당한다.

사진 아래쪽으로 오리온성운의 가스가 일부 보이고 오른쪽 하단 둥근 모양은 카메라의 열화 노이즈에 해당한다. 별상에 십자선 모양이 나타나는 것은 뉴턴식 반사망원경 십자 모양의 사경 지지대에 의한 별빛의 회절현상 때문이다. 뉴턴식 반사망원경의 회절상은 천체 사진의 또 다른 멋을 보여주는 작용을 한다. 그동안 촬영해 온 달 사진이나 별자리 사진 그리고 밤 풍경 사진은 노출시간이 그다지 길지 않기 때문에 카메라 열화 노이즈에 대한 걱정을 크게 할 필요가 없었으나 태양계를 벗어나 빛이 부족하여 어둡게 보이는 천체를 촬영하기 위해서는 노출시간을 길게 설정해야만 한다.

이 단계에서 무언가 불길한 느낌이 올라오는 것은 왜일까. 느낌대로 한차례 장비 업그레이드가 필요한 것이다. 이런 순간들이 몇 차례 지나가야만 천체 사진 촬영의 중심에 들어가게 된다. 불가피한 과정이다. 감도 좋은 카메라와 수차 발생이 없는 망원경, 그리고 정밀한 추적이 가능한 적도의가 필요한 순간이 눈앞에 있다.

Tip

딥스카이 천체(DSO)란?

딥스카이 천체란 단어가 의미하는 것처럼 밤하늘 깊은 곳에 있고 어둡고 희미해서 맨눈이나 망원경을 사용해도 관측하기 어려운 천체들을 말한다. 즉 성운, 성단, 은하, 초신성 폭발의 잔해와 같은 것이 이에 해당한다. 우리 말로 표현한 심원 천체라는 용어가 있으나 자주 사용하지는 않고 영어식 표현인 딥스카이를 더 흔히 사용한다. 딥스카이 천체라는 용어를 처음으로 사용한 것은 릴런드 코플런드(Leland S, Copeland)가 「Sky and Telescope」라는 천문지에 'Deep-sky wonders'라는 칼럼을 싣기 시작하면서 아마추어 천문인 사이에 딥스카이라는 용어를 자주 사용하게 되었고 지금과 같은 의미로 정착되었다. 현재는 『Deep-sky Wonders』라는 단행본이 발매된 상태이다. 영어로 축약하여 DSO(Deep sky objects)라고 표현하는 것이 일반적이다.

태양계 행성 촬영이 어려운 이유

▲ 목성
경통 : 슈미트카세그레인식 망원경(SCT f/10) 보조광학계 : 2.5배 powermate
카메라 : Flea 3 (Color) 적도의 : Synscan EQ5 노출 정보 : 500프레임(130ms) 5장 합성

▲ 토성
경통 : 슈미트카세그레인식 망원경(SCT f/10) 보조광학계 : 2.5배 powermate
카메라 : Flea 3 (Color) 적도의 : Synscan EQ5 노출 정보 : 500프레임(130ms) 10장 합성

밤하늘에서 가장 밝은 대상은 태양계 천체일 확률이 높다. 달이 있을 경우는 당연히 달이 가장 밝은 대상이 되고 금성, 목성, 토성, 화성은 밤하늘에서 가장 밝은 별인 1등성보다도 더 밝게 보인다. 밝은 천체는 찾기 쉽기 때문에 촬영하기 쉬울 것 같지만 행성의 경우는 정반대이다. 천체 사진 촬영 초기에는 토성의 고리만 카메라에 찍혀도 만족하고 우쭐했던 기억이 있다. 처음 DSLR 카메라를 이용하여 토성을 촬영했을 때를 생각하면 절로 웃음이 난다. 깨알 같은 토성과 이를 둘러싼 고리 모습이 전부였음에도 망원경으로 보이는 것이 촬영되었다는 것만으로도 만족스러웠고 이 사진을 주변 사람들에게 자랑스럽게 보여주었다. 주변 사람들의 반응도 놀랍다는 표정으로 칭찬해 주었다. 그때 사진을 본 대부분의 사람은 토성 고리를 실제로 본 적이 없던 분들이었기 때문에 그런 반응을 보였을 것이다.

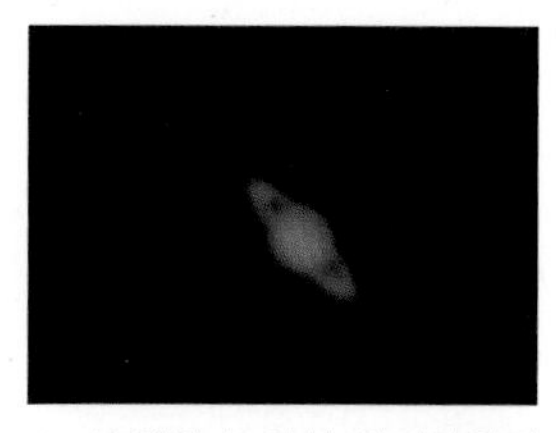

▲ 10인치 뉴턴식 반사망원경(F/4.4)에 니콘 D70s로 직초점 촬영한 토성으로 1100mm의 비교적 긴 초점거리에도 불구하고 고리의 형태만을 확인할 수 있다.

태양계의 달과 행성의 표면구조를 촬영하기 위해서는 초점이 긴 망원경과 천체 사진 촬영용 동영상 카메라가 필요하며 촬영한 이미지를 처리하는 방법도 복잡하다.

그동안 천체 사진을 촬영해 온 과정을 뒤돌아볼 때 천체 사진의 난이도가 가장 높은 것이 행성 촬영이다. 부수적인 촬영 장비도 많이 필요하고 이미지 처리시간도 많이 걸리지만 가장 고려해야 할 것은 행성 촬영 순간의 대기의 상태이다.

대기 상태는 대기의 투명도와 안정도로 표현한다. 행성 촬영에서는 투명도보다 안정도가 더 큰 변수로 작용한다. 고배율로 행성을 관측하면 마치 행성이 물속에 있는 것처럼 일렁이며 보이는데 이는 대기의 흐름 때문이다. 이는 마치 물고기가 어항의 산소 공급기 물방울로 인해서 물이 일렁이고 있는 어항 속에서 거실 전등을 바라보는 것과 같은 것이다. 대기 안정도를 천체 사진가들은 흔히 '씨잉(seeing)'이라고도 부른다.

난이도가 높은 태양계 가족의 사진 촬영은 잠시 뒤로 미루고 DSLR 카메라를 이용한 딥스카이 천체 촬영 단계로 넘어가 보자.

우리은하의 심연으로 안내하는 천체망원경

▲ 서호주 얀나리 캠핑장에서 본 밤하늘
캐논 30D 카메라에 시그마 17-35mm 렌즈를 24mm로 설정하고 10초 노출하여 촬영하였다.

광해가 없는 서호주 아웃백의 한 캠핑장에서 바라본 밤하늘은 자연이 주는 예술작품이었다. 어떤 사람도 이런 거대하고 감동적인 작품을 만들어낼 수 없을 것이다. 살아 숨 쉬는 듯한 자연의 작품은 실시간으로 생동감 있게 다가오며 어두운 밤하늘을 배경으로 반짝이는 별들은 보석처럼 영롱하고 지상으로 흘러내리는 은하수 줄기는 은빛으로 찬란하다. 은하수 사이 송송이 박힌 천체에 망원경을 향하면 아련한 우주 속으로 느릿느릿 빠져드는 황홀함을 느끼게 된다. 천체망원경은 밤하늘을 즐기려는 사람에게 감동의 수렁으로 깊이 빠지도록 부채질하는 매력적인 도구이다.

렌즈로 담아보는 낭만적인 밤하늘이 있다면 이제는 그 속에 알알이 박혀있는 신비로운 천체들을 감정하듯이 확대하여 볼 수 있는 망원경이 기다리고 있다.

2~3년에 한 번 정도는 촬영 장비를 메고 광해가 없고 사람들의 흔적이 적은 오지로 훌쩍

떠나보는 것도 세상을 다르게 살아가는 방법이며, 스물네시간 인공조명에 오염되어 팍팍해진 머릿속을 우주에서 날아오는 신선한 별빛으로 상쾌하게 청소해 보는 것도 좋은 경험 중 하나이다.

▲ 캐논 6D 카메라에 삼양 14mm 렌즈를 사용하여 10초 노출하여 촬영하였다. 소마젤란성운과 대마젤란성운이 타고 간 탐사차량 위에 떠올라 있다.

별빛과 은하수가 쏟아져 내리는 광활한 대지에 텐트 치고 누워 눈을 열고 우주를 바라보자. 별이 없는 곳이 없을 정도로 빽빽한 별들은 각양각색 영롱한 빛을 보내 인공조명으로 막눈이 된 눈을 시원하고 투명하게 만들어준다. 밤하늘의 신선함을 호흡하고 시간이 있으면 하늘을 카메라에 담아보자. 이런 계획을 하고 있다면 삶의 질은 업그레이드되고 있는 것이다.

DSLR 카메라, 추적할 수 있는 적도의, 천체망원경, 직초점 촬영 어댑터, 카메라용 전자식 릴리즈 그리고 약간의 부수 장비들. 이 장비들을 활용하여 태양계 밖의 천체들을 촬영해 보자. 태양계 밖의 천체들, 즉 딥스카이 천체(DSO)를 촬영하기 위해서는 지금보다 활동 폭이 넓어지고 추가 장비의 선택도 필요하지만 현재 가지고 있는 장비로 촬영할 수 있는 대상의 범위를 알아보고 촬영법을 따라가 보자. DSLR 카메라를 가지고 있다면 이 카메라를 이용하여 천체 사진을 찍기 위해 그다음으로 고려해야 할 것은 천체망원경이다.

▲ 구경 80mm, 초점거리 480mm, f/6, 트리플렛 아포크로매틱 굴절망원경에 천체 사진 촬영용 냉각 CCD가 연결되어 있다.

물론 DSLR 카메라가 천체 사진용으로 제작된 것이 아니기 때문에 천체 사진을 촬영할 수는 있지만 기능과 조작에서 천체 사진 촬영에 최적화된 것은 아니다. 그리고 천체 사진 촬영에 카메라 렌즈를 이용할 수도 있지만 정교한 이미지를 얻기 위해서는 전용 망원경이 필요하고 이를 선택하는 데는 고려해야 할 몇 가지 사항이 있다.

첫째는 천체에 대한 관심 분야이다. 달, 태양, 행성 등의 밝은 천체를 대상으로 한다면 초점거리가 길어서 고배율이 가능하고 구경이 커서 해상도가 높은 망원경이 적당하다. 그러나 성단, 성운, 은하 등의 어두운 천체를 촬영 대상으로 한다면 초점거리가 짧아 시야가 넓고 구경이 커서 집광력이 큰 망원경이 사진을 찍는 데 효과적이다.

둘째는 휴대성이다. 차량을 소유하고 있는 경우 소형차인지 중형차인지 또는 적재 조건이 큰 SUV인지가 망원경과 부대장비의 규모를 결정한다. 딥스카이 천체를 주로 촬영하는 경우는 부대장비가 많고 적도의도 커진다. 오지를 찾아 비포장도로나 산길을 자주 운행해야 하는 경우 이런 상황에 맞는 차량 선택도 필요하다.

마지막으로 필요한 사항은 망원경을 구입할 수 있는 경제적인 여유이다. 사실 이것이 망원경을 결정하는데 가장 부담되는 항목이다. 물론 장비가 좋을수록 좋은 사진을 얻을 수 있지만 장비 구입비용 지출에는 한계가 있기 마련이다.

안드로메다로 가는 망원경 고르기

달 사진 촬영용 망원경과는 다르게 태양계 밖의 딥스카이 천체를 촬영하기 위해서는 가능하면 초점거리가 짧은 단초점 망원경을 선택하는 것이 좋다.

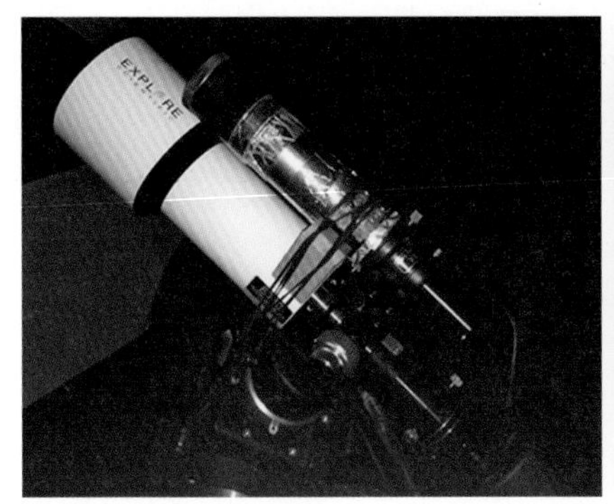

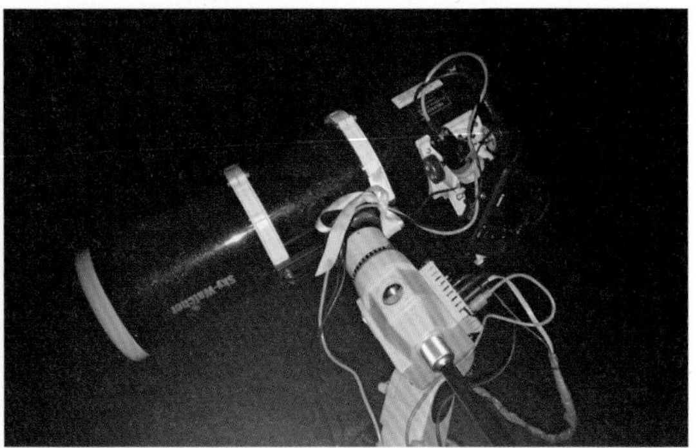

▲ 구경 80mm 굴절망원경(좌)과 구경 150mm 뉴턴식 반사망원경(우)으로 처음 구입하는데 부담 없는 경통들이다.

구경이 크면 어두운 천체를 촬영하기에는 더욱 좋지만 구경에 비례해서 가격이 비싸기 때문에 처음부터 큰 망원경을 구입하는 것은 부담스럽다. 작은 망원경으로도 촬영할 수 있는 천체들은 많기 때문에 서둘러 큰 망원경을 구입할 필요는 없다. 구경이 80mm 정도 되는 굴절망원경은 소형망원경으로 휴대하기도 편하고 초점거리도 짧아서 밝은 성운 촬영에 많이 활용하는 종류이다. 그러나 가격이 저렴한 아크로매틱 굴절망원경은 색수차뿐만 아니라 다른 수차들도 심해서 사진 촬영을 하면 별의 색과 별상이 왜곡되어 나타난다. 따라서 비용이 들더라도 아포크로매틱 굴절망원경을 구입하는 것이 좋다. 3장의 렌즈를 겹친 3군 1매의 아포크로매틱 망원경이 가장 저렴할 것으로 예상한다. 렌즈 매수가 증가하면 촬영한 이미지는 정교해지지만 비용 또한 증가한다.

▲ 안드로메다은하(M31)
경통 : 구경 80mm, 초점거리 480mm, f/6 굴절망원경 카메라 : 캐논 6D, 적도의 : 다카하시 EM-11
노출 정보 : 30초(ISO16000)

80mm 소형 트리플렛 아포크로매틱 굴절망원경과 DSLR 카메라를 연결하여 직초점으로 촬영한 안드로메다은하(M31) 사진이다. 이 사진에서 주목할 것은 안드로메다은하의 크기이다.

80mm 망원경에 크롭바디 카메라를 사용한 경우

이 망원경의 초점거리는 480mm이고 풀프레임 카메라를 사용하였다. 만일 초점거리가 800mm 이상 되는 망원경을 사용하거나 크롭바디 카메라를 사용한다면 안드로메다은하를 한 화면에 담지 못할 수도 있다. 촬영 대상의 크기와 망원경의 초점거리를 잘 파악하여 촬영 대상이 너무 작게 찍히거나 너무 커서 잘려서 촬영되지 않도록 미리 신경 써야 한다.

오른쪽의 안드로메다은하 사진은 같은 80mm 망원경으로 촬영한 것이다. 크롭바디 카메라를 사용하였기 때문에 상대적인 배율이 커져서 은하 주변부가 잘려서 촬영되었다.

다음 사진은 200mm 렌즈와 크롭바디 카메라를 사용한 것이다.

▲ 안드로메다은하(M31)
렌즈 : 70-200mm로 200mm 설정 카메라 : 캐논 30D, 적도의 : 빅센 가이드 팩
노출 정보 : 180초(ISO 16000)

▲ 베일성운 영역
경통 : 구경 80mm, 초점거리 480mm, f/6 굴절망원경 0.8배 리듀서겸 플래트너
카메라 : QSI 583WSG 적도의 : 다카하시 EM-11 노출 정보 : Hα 600초, 5장 L,R,G,B 300초, 3장

굴절망원경의 단점인 색수차 걱정에서 벗어나고 가격 대비 구경이 큰 망원경을 원한다면 뉴턴식 반사망원경을 선택하는 것이 좋다. 반사망원경은 굴절망원경에 비하여 가격이 저렴하여 상대적으로 큰 구경의 망원경을 구입할 수 있지만 반사망원경의 단점인 광축을 수시로 점검해야 하는 어려움이 있다. 그렇지만 광축조정이 어려운 것은 아니기 때문에 큰 부담을 가질 필요는 없다. 또한 뉴턴식 반사망원경의 사경 지지대에 의한 십자 모양의 회절상은 천체 사진에서 굴절망원경과는 다른 매력을 준다. 위의 성운 사진은 초점거리가 1200mm이고 구경이 250mm인 대구경 뉴턴식 반사망원경을 사용하여 촬영한 것으로 성운이 크게 확대되어 보이고 밝은 별에서는 십자선 모양의 회절상을 볼 수도 있다.

▲ 베일성운(NGC6960)
경통 : 10인치 뉴턴식 반사망원경 (f/4.7)
카메라 : QSI 8300 CCD, 적도의 : 다카하시 NJP 노출 정보 : Hα 600초 5장 L,R,G,B 300초 3장

앞쪽 아래 사진은 베일성운 영역을 80mm, f/6의 굴절망원경과 화각이 작은 카메라로 촬영하였다. 10인치, 1200mm 초점거리 반사망원경으로 촬영한 위쪽 사진에 비해 화각은 넓고 대상은 작게 나왔다. 그리고 다음 쪽 위의 베일성운 영역(풀프레임) 사진은 초점거리가 406mm며 카메라 센서도 풀프레임을 사용해 베일성운의 넓은 영역을 모두 촬영하고도 여백이 있다.

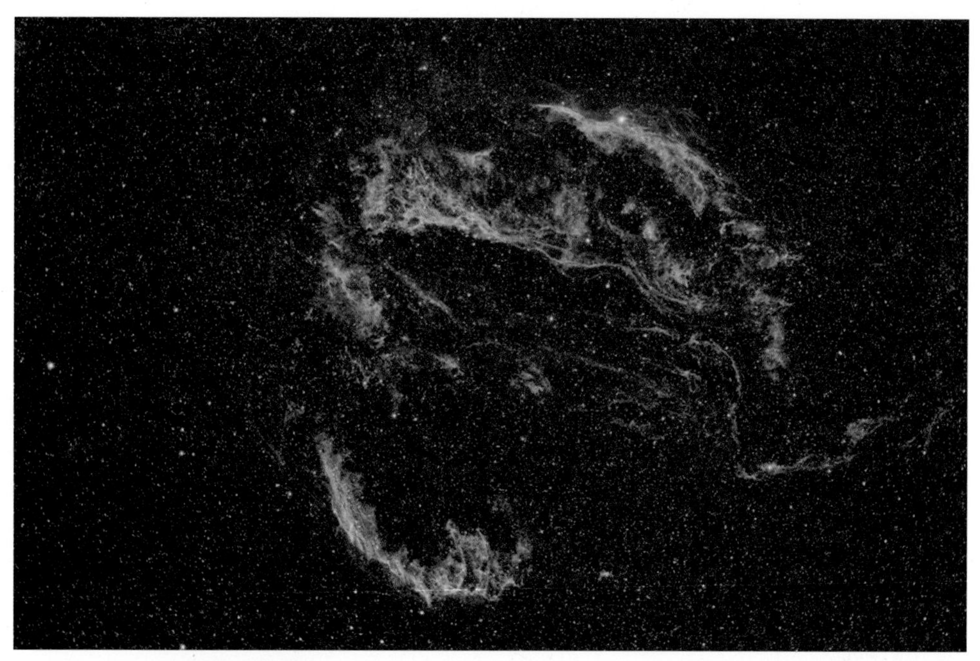

▲ 베일성운 전체 영역
경통 : 구경 90mm로 초점거리 406mm(0.8배 리듀서사용)
카메라 : SBIG11000M 적도의 : 다카하시 EM-200 노출 정보 : Hα 600초 8장 L 600초 3장 RGB 300초 각 3장

초점거리가 짧은 망원경은 대상이 넓은 천체 촬영에 적합하지만 대구경 장초점 망원경에 비해서 세부 묘사는 떨어지는 것을 보여준다. 망원경의 f값(구경비)은 촬영하려는 대상에 어떤 망원경을 사용하는 것이 적합한지를 생각하게 하는 중요한 요소이다.

▲ 어둡고 작은 대상을 크게 확대하여 정교한 촬영을 하는데 사용하는 대구경 장초점 뉴턴식 반사망원경으로 구경 10인치(254mm), 초점거리 1200mm이다. 크고 무거워서 적도의도 중형 적도의를 사용해야만하고 부수적인 장비가 많아서 SUV 정도의 차가 있어야 딥스카이 촬영을 위한 운용이 가능하다.

▲ 망원경 : 셀레스트론 SCT 8 (f/10)
카메라 : QSI 583WSG 적도의 : 다카하시 EM-200 노출 정보 : Hα 600초 6장 L 600초 3장 RGB 300초 3장

감도 좋은 천체 사진 전용 CCD 카메라를 사용하여 슈미트-카세그레인 망원경으로 촬영한 아령성운(M27).
인제 운이덕의 광해 없는 밤하늘에서 촬영하였다.

오른쪽 사진에서 볼 수 있는 슈미트-카세그레인식 망원경(SCT)은 대부분 f/10이 넘는 장초점의 느린 광학계에 해당하기 때문에 어두운 천체를 촬영하기에는 다소 부족하다. 그러나 최근에는 감도가 높은 천체 사진 전용 CCD 카메라를 사용하여 노출시간을 길게 설정하고 추적의 정밀도를 높혀 장초점 SCT로도 좋은 천체 사진을 얻는 경우도 늘고 있다. 그러나 이런 반사-굴절식 망원경은 여전히 태양계 행성과 같은 밝은 천체를 고배율로 확대하여 정교하게 촬영하는 데 많이 사용한다.

04 적도의, 컴퓨터를 만나다

천체 사진 촬영에 컴퓨터를 사용하는 단계에 도달한 것은 천체 사진의 또 다른 영역의 다리를 건너는 것이다. 그동안 디지털 카메라를 제외하고는 아날로그 장비를 사용해 왔다. 망원경, 삼각대, 모터로 구동하는 적도의 그리고 종이 성도 등 전자적인 회로가 별로 포함되지 않았고 전원도 필요하지 않았다. 물론 추적용 적도의에 12V 전원이 필요했지만 12V 배터리 하나면 이틀밤 동안 사용할 수 있을 정도로 전원에 의존하는 부분은 미약하다.

디지털 장비의 대표주자인 컴퓨터를 천체 사진 촬영에 도입하는 것은 몇 가지 변화와 의미가 있다. 먼저 전원의 필요성이다. 추운 겨울밤에 촬영한다면 노트북 전원은 2시간을 넘기기 어렵기 때문에 안정적인 전원 공급 환경이 필요하다. 컴퓨터에 의존하여 촬영하는데 컴퓨터가 작동하지 않는다면 촬영을 계속할 수도 없고 복귀하거나 안시관측을 해야 한다.

긍정의 요소로는 촬영의 편리함과 촬영 대상을 찾는데 정확성과 신속함을 들 수가 있다. 실제로 이런 이유가 천체 사진 촬영에서 컴퓨터를 활용하는 쪽으로 변화가 빠르게 진행된다. 그리고 딥스카이 촬영에서 천체 사진용 CCD 카메라를 사용하기 시작하면 노트북 PC는 필수 장비가 된다.

▲ 가이드 팩을 이용하여 안드로메다은하를 촬영하기 위해서 노트북 컴퓨터로 촬영 대상의 위치를 확인하고 있다. 위치 확인 후 노트북 전원을 꺼서 전원을 아껴야 한다.

천체 관측 지원용 프로그램

천체 관측 지원 프로그램은 종류도 다양하지만 대부분 유료 구입해야 한다. 최근 스마트폰용 애플리케이션도 많이 제작되어 보급되고 있다. 우측 상단에 화면으로 소개한 것은 스텔라리움이라는 프로그램으로 제작사 홈페이지에서 무료로 내려받아 사용할 수 있다. 성능 좋고 기능이 알찬 프로그램을 무료로 제공받을 수 있는 것에 제작사에 감사를 표한다.

천문 관련 프로그램을 구동하는 순서는 거의 동일한 과정을 거친다. 먼저 관측 장소를 입력하거나 선택하고 관측일시를 입력하면 그 시간에 해당하는 하늘을 보여주는 것이 기본이다. 프로그램 종류에 따라서 천체 목록 데이터베이스는 다소 차이 있지만 아마추어 천체 사진가들이 사용하기에는 그다지 차이가 없다. 간편하기로는 스마트폰의 애플리케이션으로 제공하는 것이 최고일 수 있지만 작은 화면과 겨울에 장갑 끼고 조작할 때의 어려움 등과 같은 불편을 감수해야 한다.

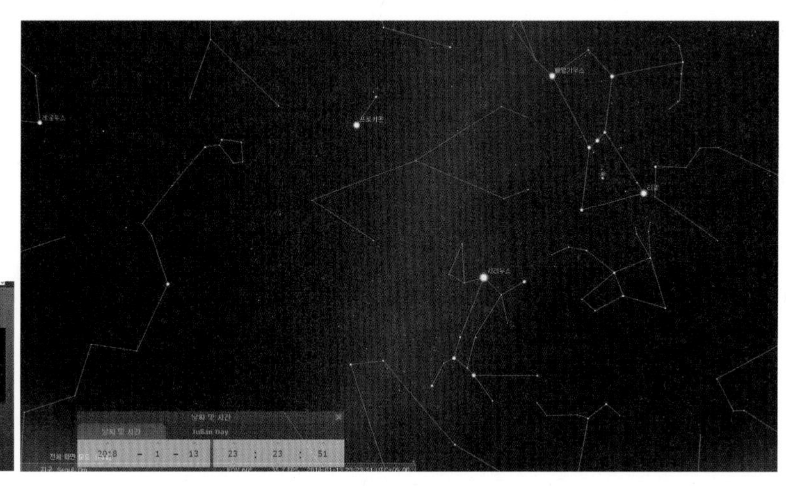

▲ 스텔라리움 소프트웨어는 http://www.stellarium.org/에서 무료로 내려받을 수 있다.

이들 프로그램은 적도의를 연동시켜 유무선으로 적도의를 조정하는 기능을 가지고 있어 컴퓨터 성도에 관측 대상을 지정하면 적도의가 움직여서 대상을 찾아가는 기능도 가지고 있는 것이 많다. 이 기능을 사용하면 하늘의 별자리나 별을 잘 알지 못해도 자신이 원하는 대상을 관측하고 사진을 촬영하는 데 큰 어려움이 없다.

▲ 적도의와 연동되어 관측 대상 천체를 찾아가는데 많이 사용하는 Starry night Pro 관측지원 프로그램(우)과 이를 이용하여 촬영 대상을 찾아 촬영하고 있는 노트북 컴퓨터(좌) https://starrynight.com/ProPlus7/index.html

노트북 PC를 이용한 적도의와 스태리나잇 프로 연동과정 따라하기

컴퓨터 연결이 가능한 적도의가 컴퓨터를 인식하는 순간 그것의 능력은 폭발적으로 증가한다. 컴퓨터에 설치한 프로그램을 이용하여 적도의를 조정하고 망원경이 원하는 천체를 찾아갈 수 있도록 하고 천체 사진 촬영에서는 망원경의 미세한 오차조차도 허락하지 않는 추적 촬영이 가능하게 된다. 최근 천체 사진 촬영에는 많은 경우 노트북 PC를 사용하여 적도의를 조정하는 방식을 이용한다.

컴퓨터를 이용하여 적도의를 운용하는 방식은 사용하는 프로그램에 따라서 약간 차이가 있으나 기본적인 방법은 서로 비슷하다. 적도의를 조정하는 프로그램으로는 스태리나잇 프로(Starry night Pro), 더 스카이(The Sky), 스텔라리윰(Stellarium)이 가장 대표적인 것들이다.

천구 투영 프로그램(플래닛타리움 소프트웨어)의 대표 격인 스태리나잇 프로를 적도의에 연동하는 방법을 다음에 제시하였으니 순서대로 따라해보자.

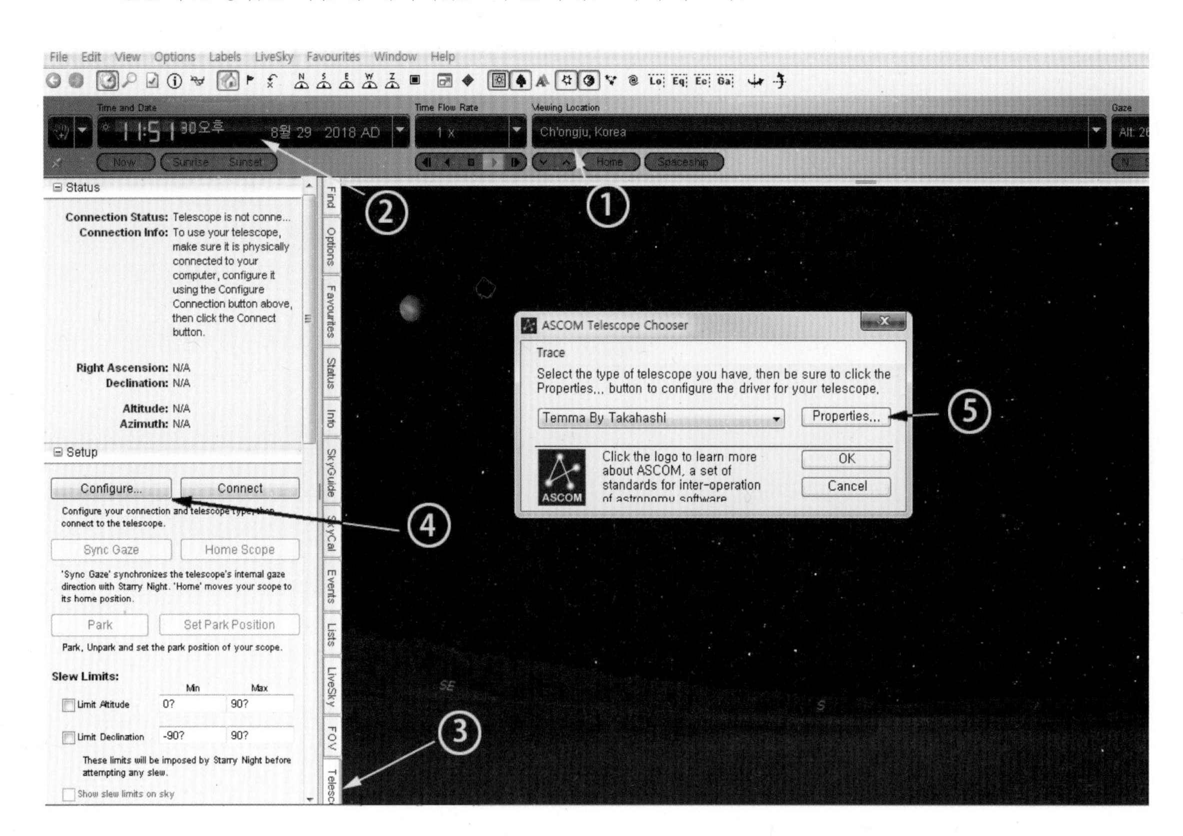

스테리나잇 프로 프로그램을 구동하면 위와 같은 화면을 볼 수가 있다. 가정 먼저 해야할 것은 관측지와 관측일시를 프로그램에 입력하여 하늘의 모습과 프로그램 이미지가 일치하도록 연동시키는 것이다.

① 관측지 위치를 입력하는데 지명, 위도, 경도 또는 지도에서 특정 장소를 입력할 수 있다.

② 관측일시를 입력한다.

위의 과정을 완료하면 관측지에서 보는 하늘이 프로그램상에 실시간으로 나타난다. 밤하늘의 천체와 프로그램상 성도와 일치하는 것을 확인하고 밝은 천체의 이름을 기억해 둔다.

③ 스테리나잇 프로를 적도의와 연동시키기 위해서 하단부에 있는 Telescope 탭을 연다.

이 작업을 하기 전에 노트북 컴퓨터와 적도의의 컴퓨터 연결 포트가 서로 연결되어야 하고 해당 적도의의 인식을 위한 적도의 인식용 드라이버가 노트북 컴퓨터에 미리 설치되어 있어야 한다.

④ Configure 탭을 열면 망원경을 연동시킬 수 있는 ⑤과 같은 창이 열린다.

⑤ ASCOM Telescoe Chooser 창이 열리면 Properties 탭을 클리하여 자신의 적도의에 해당하는 연동 장치를 클릭하고 OK 버튼을 누른다.

이 경우 프로그램에 내장된 여러 종류의 적도의 장치 이름이 보이게 된다. 자신이 사용하는 적도의와 같은 이름일지라도 선택하면 인식되지 않는 경우가 많다. 이런 경우에는 적도의 제작사에서 제공하는 드라이버를 설치하고 이를 선택하면 프로그램에서 해당 적도의를 인식하게 된다.

물리적인 장치인 적도의와 소프트웨어인 플래닛타리움 프로그램을 연동시키는 것은 초보자에게 어려운 작업일 수도 있지만 적도의 제작사에서 제공하는 프로그램들을 빠짐없이 설치하고 ASCOM 드라이버를 해당 홈페이지에서 내려받아 설치하면 생각보다 쉽게 적도의를 인식시킬 수 있으므로 걱정할 필요가 없다. 또한 한번 설치해두면 매번 같은 작업을 할 필요가 없기 때문에 처음 한번만 신경쓰자.

적도의가 인식이 되지 않은 경우 점검해 볼 것 중 하나는 컴퓨터의 연결포트이다. 시리얼포트인지, 컴(Com)포트인지, 컴포트면 몇 번 포트인지를 컴퓨터 장치관리자에서 확인하여 설정을 맞게 해두어야 한다.

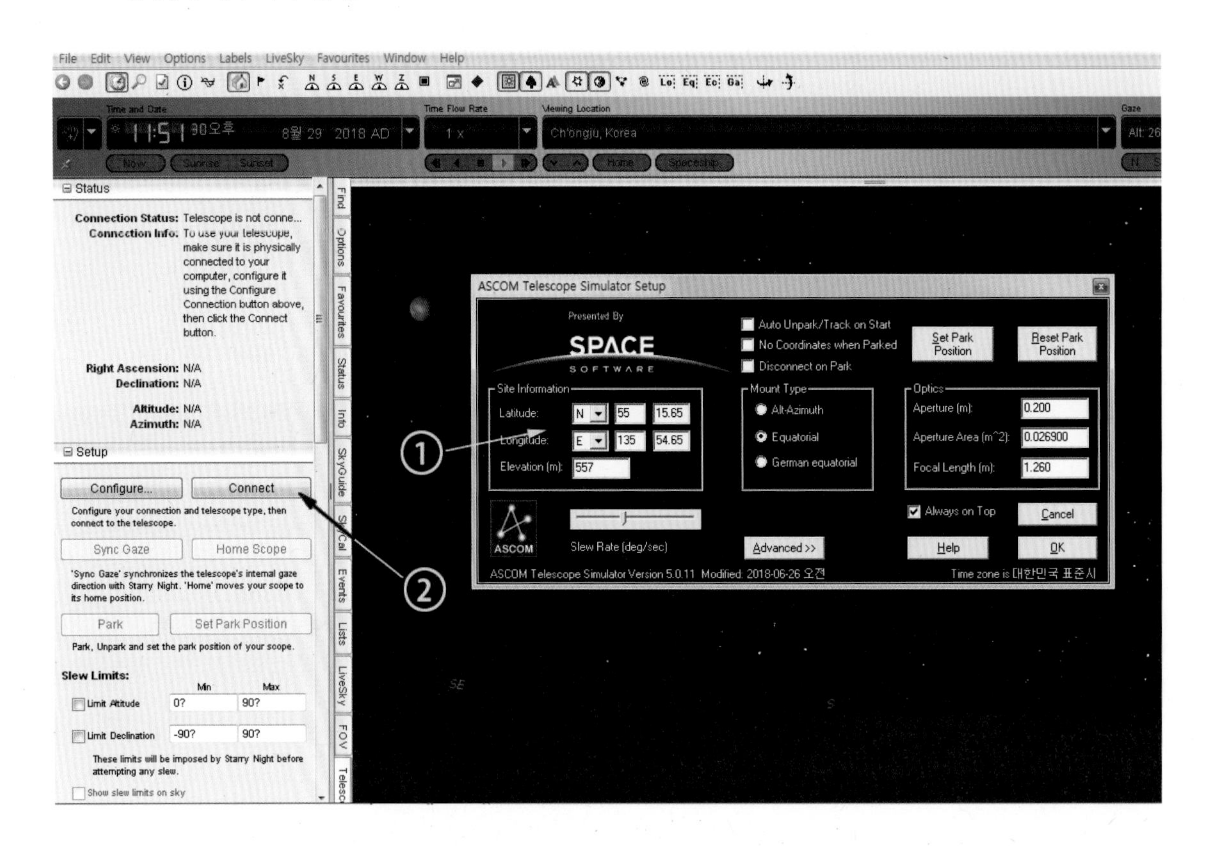

일단 프로그램이 적도의를 인식하였다면 절반은 성공한 것이다. 이제부터는 어려운 과정이 없고 순서에 따라서 해당 자료를 입력하면 된다.

① 적도의를 인식시키는 과정을 마치면 적도의의 위치에 대한 자료를 입력하는 ASCOM 창이 뜨는데 이곳에 관측지의 정보를 위도와 경도 그리고 고도 순으로 입력한다. 이 과정은 국내에서 관측할 경우에는 크게 조정하지 않아도 큰 오류가 없지만 원정 관측을 가거나 위도와 경도 차가 크

게 날 정도로 이동하여 관측할 때는 관측지의 위치가 변동될 때마다 새로 설정해 주어야 한다.

② 관측지 정보가 입력 완료되면 Connect 버튼을 눌러서 적도의와 프로그램을 연동시킨다.

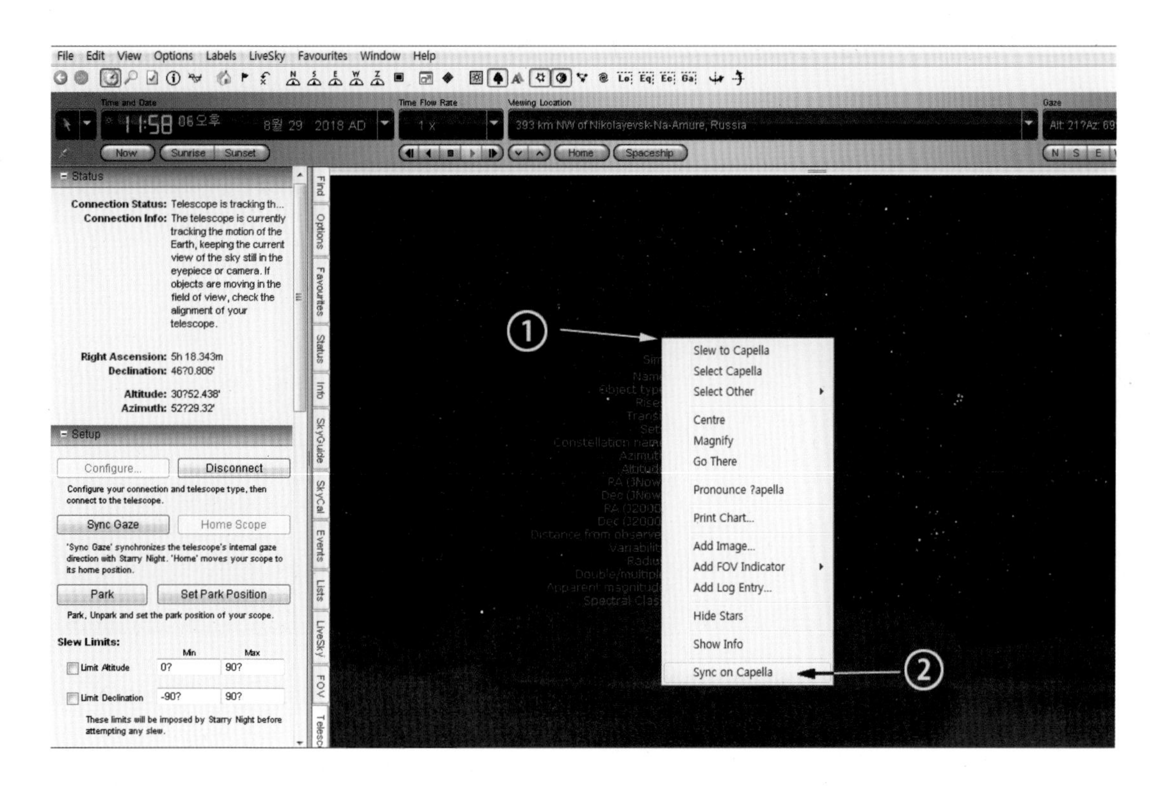

프로그램에 적도의가 인식하면 이미지 창에 적도의가 향하고 있는 포인터가 나타나며 이때 동쪽이나 서쪽 지평선 부근의 별을 선택하여 적도의에 해당 별의 좌표가 인식되도록 하는 과정이 필요한데 이를 싱크(Sync)시킨다고 한다.

① 위 그림은 서쪽 지평선 부근에 있는 밝은 별인 카펠라(Capella)를 망원경의 시야 중앙에 도입한 결과를 보여준다.

② 적도의에 연결한 망원경의 시야와 프로그램의 좌표를 일치시키기 위해서 별의 위치에서 마우스 오른쪽 버튼을 눌러 해당 별을 일치(Sync)시키면 망원경의 포인터가 해당 별에 위치한다.

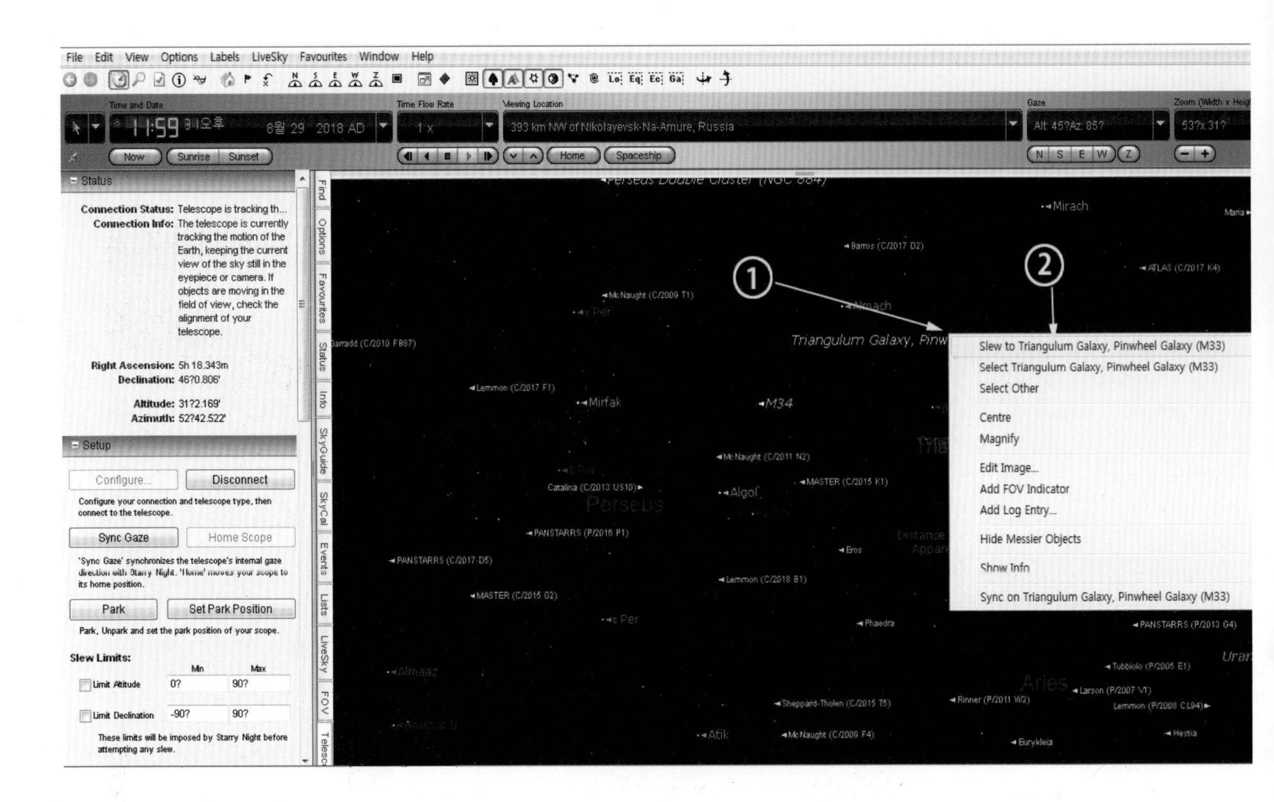

적도의에 연결된 망원경 포인터가 처음 도입한 별의 위치와 일치하도록 놓였으면 컴퓨터와 적도의의 연동작업은 끝난 상태이다. 이제는 자신이 관측하거나 촬영하고자 하는 천체를 선택하여 망원경의 시야를 이동시키는 작업만 남았다.

① 자신이 원하는 천체(M33)를 프로그램에서 찾아서 마우스 오른쪽 버튼을 누른다.

② Slew to 천체 명이 나오면 이를 클릭하고 적도의는 해당 천체로 망원경의 시야를 이동시킨다. 이동이 끝나면 신호음을 보내거나 완료됐다는 메시지를 화면에 표시한다. 이후엔 관측하거나 사진 촬영을 수행한다.

가이드 프로그램을 이용한 오토가이드 설정 따라하기

노트북 PC에 적도의를 인식했으면 컴퓨터를 이용한 관측 및 사진 촬영에는 거의 접근을 완료한 상태이다. 그러나 정교한 사진 촬영을 위해서는 컴퓨터의 도움을 빌려야 할 것이 하나 더 남아있는데 그것은 오토가이드이다.

오토가이드란 망원경과 적도의가 선정한 하나의 별을 오차 없이 추적하는 방법으로 추가로 가이드 프로그램과 가이드용 카메라가 필요하고 때에 따라서는 가이드용 소형망원경이 필요하다. 최근에 많이 사용하는 주경에 가이드 카메라를 부착하는 형태인 비축가이드 방법에서는 별도의 가이드 망원경이 필요하지 않다. 일반적으로 많이 사용하는 가이드 프로그램인 PHD Guiding을 통해서 오토가이드 설정 방법을 따라해보자.

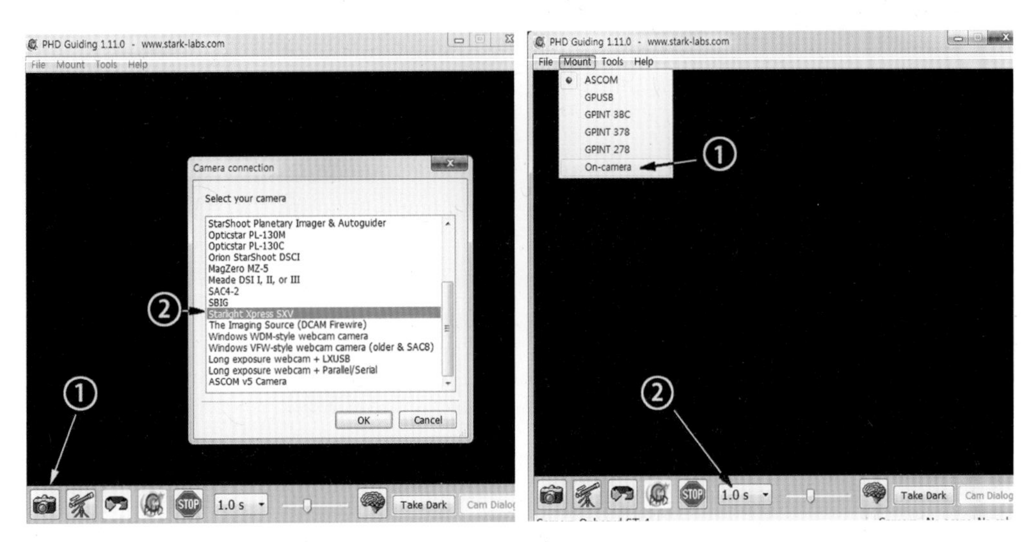

▲ PHD Guiding의 가이드 카메라 연동 화면

PHD Guiding 프로그램을 제작사 홈페이지에서 내려받아 실행하면 왼쪽과 같은 화면을 볼 수 있다. 이 작업 전에 가이드용 카메라의 인식용 드라이버를 컴퓨터에 설치하고 카메라가 컴퓨터에 연결되어야 한다.

① 프로그램을 실행시키고 좌측 하단의 카메라 버튼을 누른다.

② 선택할 수 있는 카메라 목록이 나타나는데 여기에서 자신의 가이드용 카메라를 선택한다.

연결된 가이드 카메라가 정상적으로 인식하면 적도의와 연결 방법을 설정해야 한다.

① 적도의와 연결을 위해서 Mount 탭을 눌러서 연결 방법을 선택한다. 이 경우 대부분의 가이드용 카메라는 자체적으로 가이드 기능을 가지고 있기 때문에 연결 방법을 On Camera를 선택하면 된다.

② 카메라와 적도의의 연결이 이상 없이 완료되면 촬영 시간을 결정하는데 대략 2~3초 정도를 설정하고 이미지 창에 밝은 별이 없으면 좀 더 긴 시간을 설정한다.

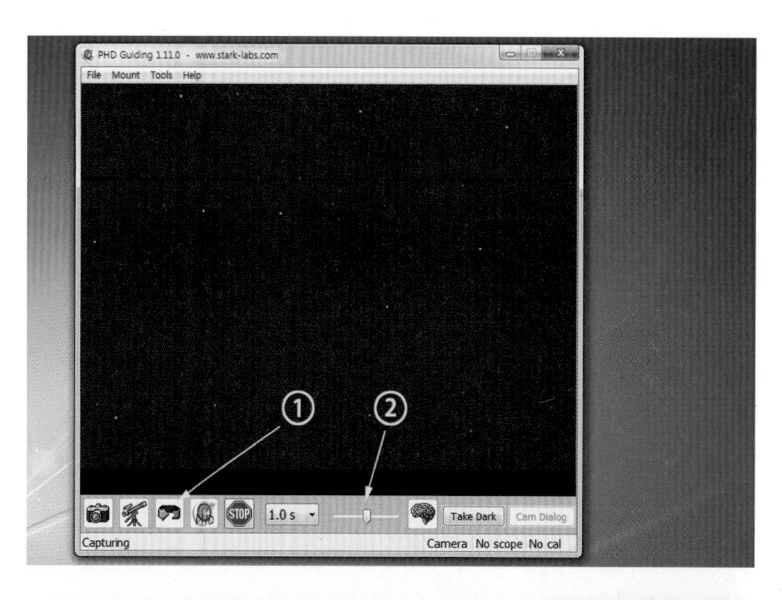

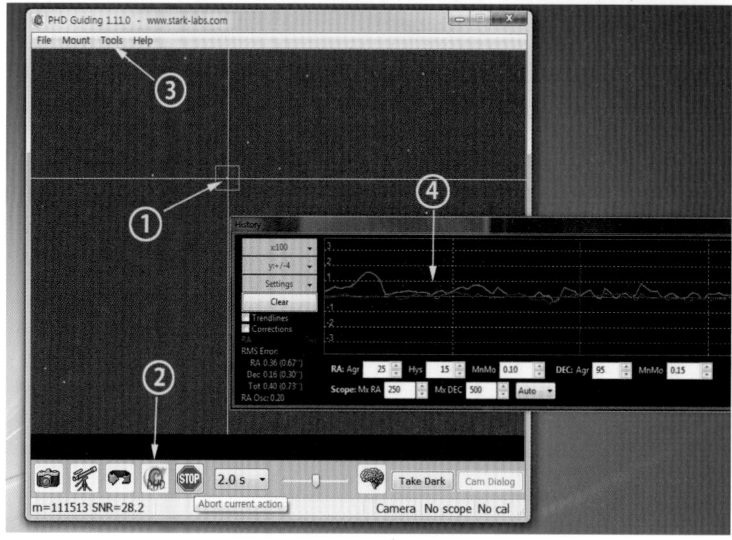

이미지 창에 별들이 나타나면 가이드 별로 설정한 별을 고르는데 가능하면 중앙부에 위치한 별을 선택하는 것이 캘리브레이션 작업을 할 때 적절하게 된다.

① 루프 모양의 촬영 버튼을 눌러 촬영을 시작하고 별의 밝기를 보고 가이드 별로 사용할 별을 선택한다.

② 별의 밝기가 적절하도록 노출시간을 조절한다. 이때 카메라 광소자의 노이즈로 발생하는 밝은 점들을 별로 착각하지 않도록 주의해야 한다.

가이드 별을 선정했으면 프로그램이 적도의를 조정하는데 발생하는 오차를 미리 인식하여 보정에 사용하기 위한 보정치를 얻는 작업을 하는데 이를 캘리브레이션(Calibration)한다고 한다.

① 가이드 별을 선택한다.

② 가이드 실행 버튼을 클릭한다.

③ Tools 탭을 열어 가이드 그래프가 보이도록 설정한다.

④ 가이드 별을 추적하는 과정에서 가이드 별이 중심 위치에서 이탈된 정도를 그래프로 표시해준다. 이 경우 그래프의 폭이 커지면 가이드에 오차가 심한 것으로 무게 균형이나 망원경의 결합상태를 재점검해야 한다.

천체 사진을 위한 DSLR 카메라의 악전고투

토요일 오전부터 설렘이 시작되었다. 차가운 겨울밤의 딥스카이를 만나러 가기 때문이었다. 하늘은 맑은 대신 기온은 낮 기온이 영하 11도였다. 관측지의 밤 기온은 영하 18도로 예상되었다. 하늘이 맑을수록 지구 표면의 열기가 쉽게 빠져나가 밤 온도는 더욱 심하게 떨어진다.

▲ 겨울철 천체 사진을 촬영하기 위해서는 사륜구동의 SUV 차량이 제격이다. 시골길은 제설작업이 되지 않은 곳이 많기 때문이고 관측지에서 눈밭에 주차하기에도 사륜구동이 적합하다.

새로 구입한 카메라로 딥스카이 천체를 촬영해 보기 위해서 며칠 전부터 날씨가 맑기만을 기다려왔다. 풀프레임 카메라로 감도가 좋고 ISO 값이 크게 증가한 덕에 짧은 시간의 노출로도 어두운 천체를 쉽게 촬영할 수 있으리라 생각했다.

80mm 망원경과 카메라 그리고 노트북과 전원장치를 챙겨서 출발한다. 관측지에 이미 사람들이 도착하여 눈을 치우고 있다는 소식이 전해졌다. 서울, 경기권을 벗어나 강원도에 진입하자 눈이 많이 보이기 시작하여 흰색의 바다를 향해서 달려가는 듯한 느낌이었다. 도심에서도 눈을 강제로 녹이지 않고 좀 더 즐겼으면 하는 생각이 들었다. 아마도 이기적인 생각이라고 할 것이다. 고속도로를 벗어나 지방도로 들어서면서 운전에 집중할 수 없을 정도로 아

름다운 겨울 풍경이 펼쳐졌다. 소나무 끝에 매달려 춤추는 눈덩이들이 가끔 그네에서 떨어지듯 도로 위로 쏟아져 내렸고 더러는 차창으로 떨어져 부드럽게 부서졌다. 겨울의 낭만을 즐기는 것도 천체 사진의 매력적인 과정 중의 하나이다.

천체 사진을 찍기 위해서 찾아가는 길은 비록 장소가 다른 관측지일지라도 비슷한 점이 많아서 지금 어디로 가고 있는지를 헷갈리게 하는 경우가 많다. 대부분이 시골 한적한 곳으로 고갯길은 항상 구불구불하고 주변으로는 작은 계곡도 있고 도로 폭은 좁다. 가끔 만나는 시골 마을의 집 구조와 남쪽을 향해서 햇살을 받는 모습도 비슷하고, 여러 가지가 서로 닮아 있어 처음 가보는 관측지 길도 전혀 낯설지 않다.

▲ 80mm 트리플렛 굴절망원경과 풀프레임 DSLR 카메라를 연결하였고 적도의는 추적 가능한 소형 적도의로 전원과 노트북 컴퓨터를 연결한 상태이다. 가이드 망원경을 고무줄로 부착하였다.

중간에 시골 길가에 있는 작은 가게에 들러 라면과 생수, 햇반과 음료 몇 병을 챙겨서 다시 이동한다. 관측지에 도착하면 지금 사 온 것과 유사한 것들이 넘쳐나서 다음까지 먹어도 충분하다. 이유는 다른 사람도 비슷한 생각으로 물건을 사 오기 때문이고 이전에 사 놓은 것이 남아 있으리라는 것을 알면서도 관측지를 찾아오는 이들 간에 서로 인사용으로도 사용하기에 이런 행위는 자주 반복하는 관측지 일상이다.

관측지에 도착하여 어두워지기 전에 촬영 장비를 설치하는 편이 좋다. 특히 겨울철에는 장비의 부드러운 고무나 플라스틱 부분이 얼어서 딱딱해지기 때문에 밤늦게 설치하려면 낮보다 훨씬 어렵다. 이미 도착한 관측 및 촬영팀이 눈을 치우고 장비를 설치해 놓았다.

촬영 위치를 선정하는데 가장 중요한 것은 북극성이 가리지 않아야 하고 전깃줄이나 전봇대 그리고 나무 때문에 가려지는 곳이 없는 곳을 고르는 것이다. 관측지에 늦게 도착할수록 좋은 위치를 차지할 확률은 적다. 낮에 설치할 경우에 북극성 위치는 나침반이나 스마트폰 어플리케이션을 이용하여 대략적으로 설치하고 북극성이 보이기 시작하면 정밀한 극축 정렬로 마무리 하면 된다.

▲ 오리온자리와 소형 천체망원경을 이용한 촬영 장비

DSLR 카메라를 이용한 딥스카이 천체 촬영은 카메라의 촬영 기능을 극한 상황으로 몰고 가는 행위이다. 빛이 풍부한 주간에 짧은 노출로 촬영하는데 적합하게 세팅된 카메라를 영하 20도 가까운 혹한 환경에서 긴 시간의 노출을 설정하여 촬영한다는 것은 카메라를 만든 목적에 벗어나는 것이기도 하다. 천체 사진 촬영을 시작하면 저녁부터 새벽까지 촬영하는 경우가 대부분이기 때문에 대략적으로도 5시간 이상 카메라를 작동해야 한다.

강추위로 인한 극한 상황이 DSLR 카메라로 촬영하는 데 도움 되는 것이 한 가지가 있다. 그것은 긴 시간 노출로 인한 열화 노이즈 발생이 거의 없다는 점이다. 카메라를 냉장고 냉동실에 넣고 촬영하는 것과 같은 효과로 광센서 주변의 발열 현상으로 생기는 노이즈를 크게 억제할 수 있기 때문이다. 반대로 여름철에는 열화 노이즈에 DSLR 카메라는 취약한 상태에 놓인다. 이런 열화 노이즈를 줄이기 위한 방편으로 카메라를 개조, 냉각장치를 부착하여 판매하기도 하는데 이는 추가 비용이 들어가므로 결정하기 어렵고 개조 과정에서 카메라의 적외선 및 자외선 차단 필터를 제거하기도 하므로 주간에는 사용할 수 없는 카메라가 된다.

적도의에 노트북을 연결하여 쉽게 딥스카이 대상을 찾아갈 수 있기 때문에 카메라는 더욱 고통받는다. 딥스카이 천체는 노출을 길게 주고 많은 장수를 촬영해야 좋은 이미지를 얻을 수 있기 때문이다.

우리나라 추운 겨울밤에는 오리온자리 주변의 천체가 천체 사진을 시도하는 많은 이들에게 주된 활동 무대이다. 은하수와 가깝기 때문에, 또 많은 성단과 성운이 분포하고 그 모양도 멋진 것들이 많기 때문에 이 지역은 겨울철에 수많은 망원경으로부터 스포트라이트를 받는다. 강추위 속에서 열심히 촬영하고 있는 DSLR 카메라는 자주 확인해야 한다. 너무 추워서 작동이 멈추는 경우도 있고 배터리도 빨리 방전되기 때문이다. 가급적 외부 전원장치를 활용하는 편이 좋다.

▲ 베일성운 촬영 중에 망원경의 렌즈에 맺힌 이슬로 인한 이미지의 왜곡 현상

▲ 카메라 렌즈가 위치한 곳에 열선밴드를 둘러서 서리가 맺히는 것을 방지한 촬영 장치. 열선 온도가 아주 뜨겁지 않고 주변의 온도보다 조금만 높여주는 역할만 해도 서리를 막아준다. 열선은 니크롬선을 구입하여 구경 크기에 맞게 직접 제작하는 편이 구매하는 것보다 훨씬 저렴하고 구경에 맞게 여러 개를 동시에 만들 수 있어서 효율적이다.

그런데 큰 걱정은 다른 곳에서 발생한다. 겨울 서리와 여름 이슬이다. 이들은 습도가 높은 날 망원경 렌즈면에 붙어 상을 왜곡시킨다. 이 상태에서 촬영하면 별상이 동전처럼 크게 부풀어 나타나기도 하고 이슬과 서리가 렌즈 중심부부터 맺히기 때문에 사진 중앙을 중심으로 원형 회절상이 생기기도 한다. 아주 건조하지 않는 날씨가 아니면 서리와 이슬 대비는 필수이다.

그리고 카메라와 연결할 전자식 릴리즈를 사용해야 한다. 촬영 시간과 매수를 입력해 놓으면 릴리즈 신호에 따라서 카메라가 작동하고, 카메라를 직접 손으로 조작하지 않기 때문에 카메라 흔들림도 방지하고 몸도 편해져 촬영을 여유 있게 하는 유용한 도구이다. 그런데 대부분의 릴리즈는 전원으로 동전모양 리튬이온 전지를 사용하는데 방전으로 촬영이 중단되는 것을 예방하기 위해 여분을 준비하고 잔류 전원 표시 눈금이 1칸 정도 남았을 때 미리 교체하자.

DSLR 카메라는 전자식 릴리즈 신호를 받아서 강추위가 몰아치는 밤 동안 끊임없이 촬영하고 이미지를 메모리 카드에 저장한다. 이 과정을 보면서 위대한 기계의 힘에 감탄할 수밖에 없다. 몇 시간 동안 쉬지 않고 단조로운 동작을 계속하고 주변 상황에 영향을 받지 않고 자기 일에 집중하는 카메라를 보면서 대견한 생각이 든다. 얼음처럼 차가운 카메라의 냉정함은 조작만 실수 없이 해주면 인간이 감동할 수 있는 이미지를 만들어 준다. 천체 사진이란 인간과 기계의 조화로운 협업의 결과로 얻어지는 작품이다.

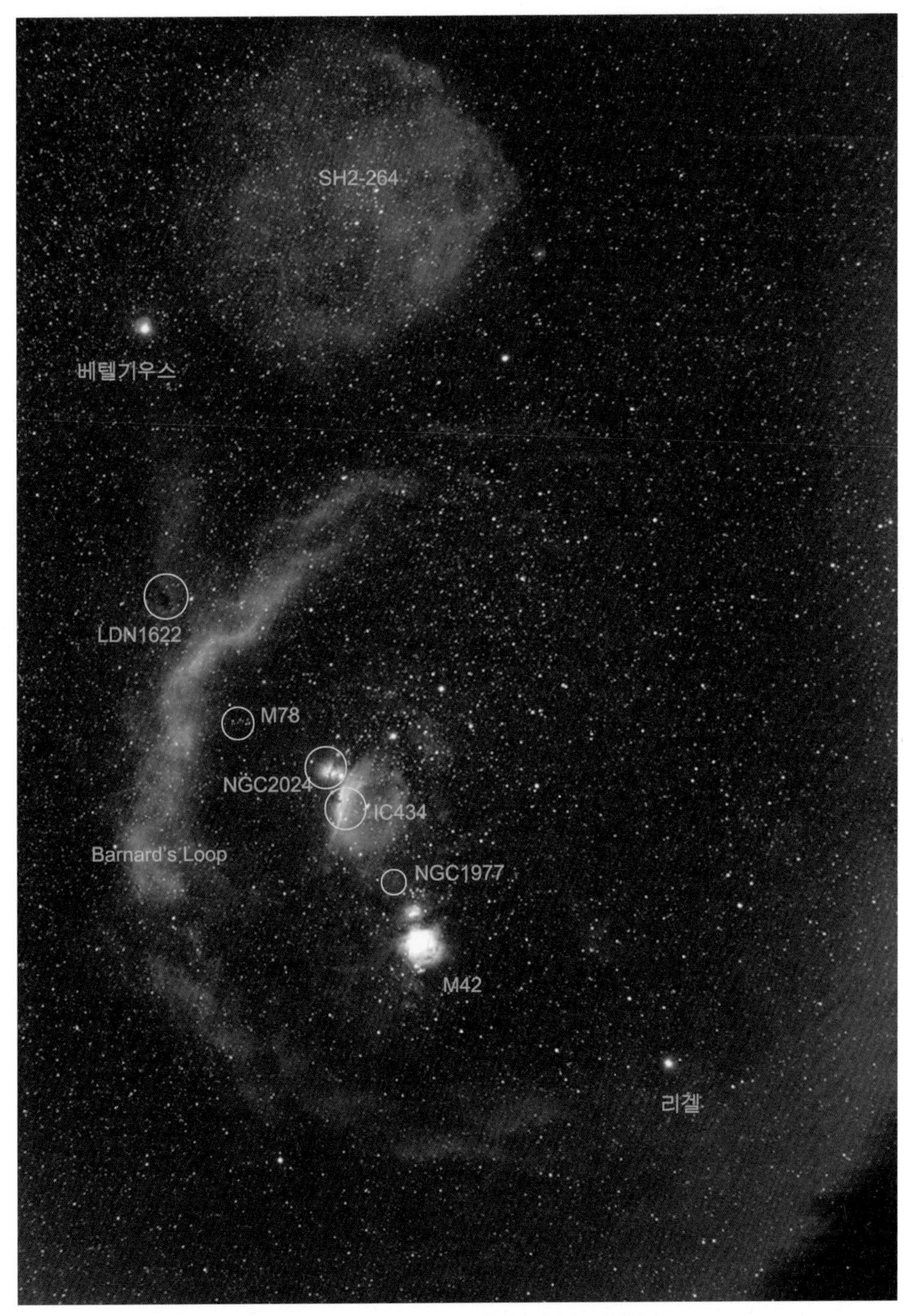

▲ 오리온자리의 유명한 딥스카이 천체들을 CCD로 촬영한 사진에 표시하였다. .
렌즈 : 캐논 70-200mm (70mm) 카메라 : SBIG 11000M, 적도의 : 다카하시 EM-11 노출 정보 : Hα 1200초

아쉽지만 DSLR 카메라로 담을 수 있는 딥스카이 천체는 많은 편이 아니다. 인터넷 등에서나 접할 수 있는 대부분의 화려한 천체 사진들은 천체 사진 촬영용 CCD 카메라를 사용하여 촬영한 것이다. 앞서 언급한 바와 같이 DSLR 카메라는 주간 사진에 적합한 용도로 만들어졌기 때문에 수준 높은 천체 사진을 촬영하기에는 부적합한 부분이 많다.

앞쪽의 오리온자리 사진은 천체 사진 전용 CCD 카메라로 촬영한 사진이다. 천체 사진가들이 주로 촬영하는 유명한 딥스카이 천체들을 표시하였다. 이 중에는 일반 DSLR 카메라로 촬영해서는 잘 찍히지 않는 것들도 있다. 이 사진은 풀프레임 CCD 카메라에 망원렌즈를 결합하여 70mm 초점거리로 화각이 넓게 촬영한 것으로 오리온자리 부근의 천체를 탐색하는 자료로 활용하기 편리하다. 또한 특정 파장의 좁은 영역대의 빛만 투과시키는 H-알파(Hα) 필터를 사용하여 필터를 사용하지 않는 카메라로는 나타내기 어려운 영역까지도 드러나게 촬영하였다.

▲ 개조하지 않은 일반 DSLR 카메라를 사용하여 촬영한 말머리성운과 오리온 성운으로 말머리 성운의 모습을 찾기 힘들다.

망원경 : 90mm 아포크로매틱 굴절망원경에 0.8배 리듀서겸 플래트너 부착
카메라 : 캐논 6D
적도의 : 다카하시 EM11
노출 정보 : 120초(ISO 6400) 5장

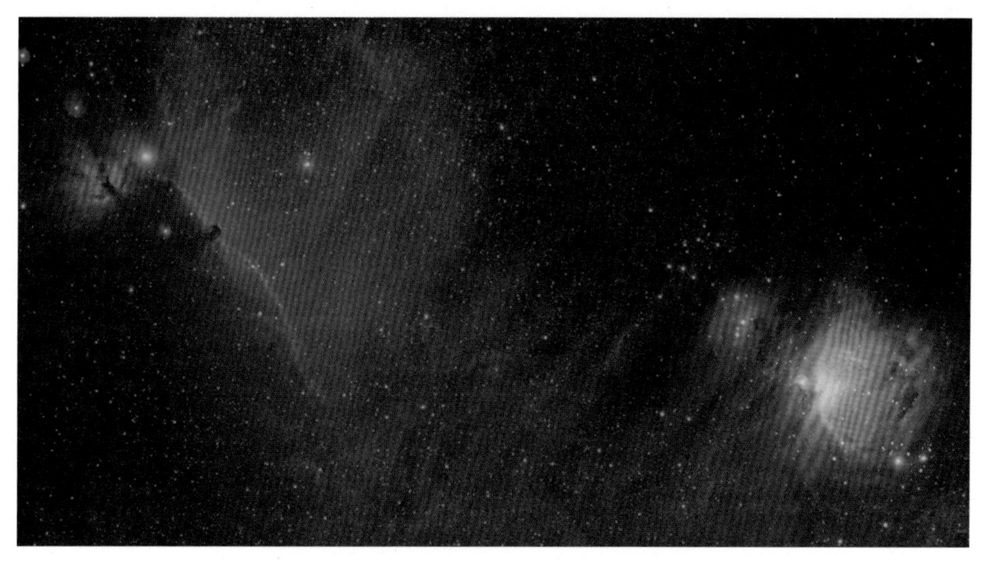

▲ 앞의 사진과 같은 망원경과 같은 풀프레임 크기로 촬영하였지만 이 사진은 천체 사진 전용 CCD 카메라를 사용하였다. 사진 오른쪽 상단은 촬영도중 나무에 가려 어둡게 나타났다.
망원경 : 90mm 아포크로매틱 굴절망원경에 0.8배 리듀서겸 플래트너 부착
카메라 : SBIG 11000, 적도의 : 다카하시 EM11 노출 정보 : Hα 900초, R,G,B 300초 3장씩

위 두 사진은 같은 영역을 같은 망원경을 사용하여 촬영한 것이다. 카메라 종류에 따라 촬영한 이미지가 무엇이 다른지를 뚜렷하게 보여주는 예이다. 일반 사진용 DSLR 카메라와 천체 사진용 CCD 카메라의 촬영 목적과 범위 차이를 보여주는 것으로 일반 DSLR 카메라로 표현할 수 없는 영역이 있다는 것을 알려준다. 물론 노출시간의 큰 차이가 있으나 DSLR 카메라로 노출을 더 길게 설정할 수 없었던 이유는 오리온성운의 중심부가 120초에 이미 노출과다로 중심부가 하얗게 타버렸기 때문에 더 이상의 긴 노출은 의미 없다고 판단했기 때문이다. 그러나 장노출과 단노출 사진의 합성을 통하여 이 문제를 조금 해결할 수 있다.

오리온성운 주변부 사진을 통해서 DSLR 카메라와 천체 사진용 CCD 카메라의 차이점을 분석하고 DSLR 카메라로 촬영할 수 있는 대상을 어떻게 선정할지를 생각해보자.

일반 카메라로 찍은 사진을 보면 오리온성운과 주변 별들은 밝게 나온 반면에 왼쪽 하단에 있는 말머리성운은 거의 보이지 않을 정도로 어둡게 나왔으며 말머리성운 왼쪽에 보이는 불꽃성운은 어느 정도 나왔다. 또한 말머리성운 주변 붉은색 가스는 거의 표현되지 않은 상태이다. 이런 결과는 일반 카메라는 사람들이 인식하는 영역의 파장 빛에 민감하지만 성운의 가스가 뿜

어내는 적외선 가까운 쪽의 긴 파장은 인식하지 못하거나 카메라의 내장 필터가 걸러내기 때문이다.

카메라 광센서 앞에는 자외선과 적외선 영역에 가까운 빛을 차단하는 UV/IR 필터가 붙어있다. 천체 사진 촬영을 위해서는 이를 제거하는 과정이 필요하다. 그럴려면 카메라를 직접 개조하거나 관련 업체에 맡겨야 한다. 반대로 천체 사진용 CCD 카메라의 경우 특정 영역의 필터를 사용하여 자신이 원하는 영역의 파장 빛만을 골라서 받아들일 수 있다. 말머리성운의 주변부에 붉게 보이는 가스는 Hα 파장(수소발광선) 영역의 빛을 방출하기 때문에 이 영역의 파장만을 투과시키는 Hα 필터를 사용하여 가스에서 나오는 이 영역의 빛을 사진으로 표현할 수 있었다.

Hα 영역의 빛이 많이 방출되는 성운에는 일반 DSLR 카메라로는 효과적으로 촬영하기 힘들다는 결론이다. 이런 이유로 일반 카메라로는 오리온성운 정도의 밝은 성운이나 별이 모여있는 성단 그리고 밝은 은하의 촬영이 가능한 정도이다. 좀 더 화려한 천체 사진 촬영을 위해서는 깊어져 가는 겨울밤만큼이나 고민도 깊은 단계에 들어선다. 전용 CCD로 가느냐, 카메라를 개조하느냐 하는 고민은 천체 사진 중급 정도의 단계로 들어가고 있음을 말한다. 그러나 DSLR 카메라로 즐길만한 대상은 아직 시작조차 하지 않은 상태이니 고민은 뒤로 미루어두자.

▲ 오리온성운(M42)과 런닝맨성운(NGC 1977)
경통 : 구경 80mm, f/6 굴절망원경에 0.8배 리듀서겸 플래트너 연결
카메라 : 캐논 6D, 적도의 : 다카하시 EM-11 노출 정보 : 30초(ISO 10000), 5장

오리온자리에서 DSLR 카메라를 이용하여 촬영할 수 있는 대표적인 딥스카이 천체는 오리온성운(M42)과 바로 옆에 위치한 런닝맨성운(NGC 1977)을 꼽을 수 있다. 겨울 밤하늘의 딥스카이 천체 중 가장 밝은 것으로 쌍안경과 맨눈으로도 관측할 수 있는 오리온성운은 성운 자체에서 빛을 뿜어내는 발광성운으로 짧은 노출시간 촬영으로도 형태를 촬영할 수 있다. 그리고 런닝맨성운은 주변 별빛을 받아 반사하는 빛에 의해서 밝게 보이는 반사성운으로 푸른색이 우세한 밝은 성운에 해당한다.

위 사진은 ISO 값을 10000, 노출을 30초로 설정하여 가이드 추적 촬영한 사진이다. 감도를 높인 ISO 설정으로 짧은 노출시간임에도 두 성운의 모습이 모두 촬영되었다.

Tip

메시에 목록

메시에 목록은 프랑스 천문학자 샤를 메시에(Charles Messier, 1730~1817)가 만들었으며 혜성을 찾던 중 혜성과 유사한 형태의 천체를 발견하고 이를 목록화한 것으로 전해진다. 메시에가 만든 목록은 103개, 나중에 다른 이들에 의해 추가되어 현재 목록의 번호는 110번까지다. 이중 101, 102번은 같은 대상으로 알려져 개수는 109개로 알려져 있다. 메시에 목록 표기는 알파벳 M 뒤에 숫자를 적어서 기록하며 아마추어 천문가들은 봄철 하룻밤에 메시에 목록을 모두 관측하기 위한 메시에 마라톤이라는 행사를 열기도 한다.

메시에 목록은 북반구 관측을 통해서 만들어졌기 때문에 남반구에서는 관측할 수 없는 것도 있다. 너무 어둡지 않은 대상들이어서 하늘 상태만 좋으면 소구경 망원경으로도 관측할 수 있지만 지평선 부근에 위치한 M74나 M30은 관측하기 어려운 대상으로 꼽힌다.

▲ 외뿔소자리 장미성운(NGC 2244)과 플레이아데스성단(M45)의 위치를 사진에 표시하였다.
렌즈 : 시그마 17-35mm 20mm로 설정
카메라 : 캐논 6D, 적도의 : 빅센 가이드팩 노출 정보 : 30초(ISO 10000), 1장

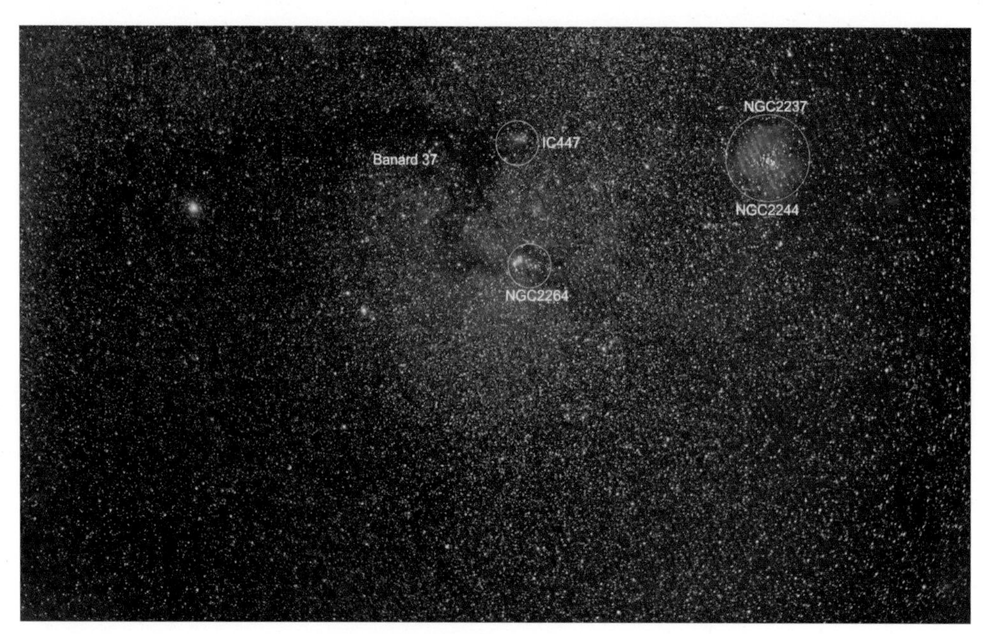

▲ 외뿔소자리 장미성운(NGC 2237, NGC 2244)과 주변의 딥스카이 천체들
경통 : 구경80mm, f/6 굴절망원경에 .8배 리듀서겸 플래트너 연결
카메라 : 캐논 6D, 적도의 : 다카하시 EM-11 노출 정보 : 30초(ISO 10000), 5장

오리온자리 왼쪽에 위치한 외뿔소자리의 장미성운(NGC 2244, NGC 2237)은 오리온성운보다는 어두운 대상이지만 DSLR 카메라를 사용하여 촬영할 수 있는 딥스카이 천체에 해당한다. 오리온성운과 같은 발광성운으로 붉은색이 우세하게 보이는 성운으로 안쪽에는 산개성단이 포함되어 있다.

앞의 사진은 외뿔소자리의 장미성운과 그 부근에서 볼 수 있는 딥스카이 천체로서 크리스마스 트리성운(NGC 2264)과 DSLR 카메라로는 촬영하기 힘든 반사성운인 IC 447 그리고 암흑성운인 버나드 37(Babard 37)의 위치를 보여준다.

▲ 장미성운(NGC2237)과 중심부의 산개성단(NGC2244)
경통 : 10인치 뉴턴식 반사망원경
카메라 : 캐논 30D, 적도의 : 다카하시 NJP 노출 정보. : 300초(ISO 3200), 10장

위 장미성운(Rosette nebula) 사진은 크롭바디 DSLR 카메라를 사용하여 5분 노출한 사진 10장을 합성한 것이다. 이 사진도 날씨가 매우 추운 겨울밤에 촬영하여 열화 노이즈 발생이 거의 없는 상태이며 사진을 합성하는 방법과 이유는 뒤에서 설명하기로 하자. 장미성운에는 붉은색의 성운부에 해당하는 NGC 2237과 중심부 밝은 별의 집단인 산개성단 NGC 2244가 포함된다. 위 사진은 수소가스 방출선 영역인 강렬한 붉은 빛과 둥근 모양이 장미와 흡사하게 보이며 사

진 하단부에 암흑성운 일부가 보인다. 디지털 카메라를 사용해서 색상을 조화롭게 표현하기는 다소 힘든 대상이며 천체 사진용 CCD 카메라로 촬영하면 색상 구분과 더 풍부한 성운의 모습을 볼 수 있다.

▲ 황소자리의 산개성단인 플레이아데스성단(M45)
경통 : 구경 80mm, f/6 굴절망원경에 0.8배 리듀서겸 플래트너 연결
카메라 : 캐논 6D, 적도의 : 다카하시 EM-11 노출 정보 : 30초(ISO 10000), 5장

앞에서 스타호핑 방법을 다룰 때 있었던 산개성단열 중에서 황소자리 플레이아데스성단(M45)과 페르세우스자리 이중성단(NGC 884, NGC 869)은 산개성단 중에서 가장 아름다운 성단으로 꼽힌다. 이중 플레이아데스성단은 아주 밝은 성단으로 맨눈으로도 별 5개 정도를 헤아릴 수 있다. 성단의 분포면적이 넓어서 망원경보다는 쌍안경으로 보는 것이 더욱 멋지게 보이는 대상으로 디지털 카메라를 이용하여 손쉽게 촬영할 수 있다. 노출시간을 길게 설정하면 성단을 구성하는 별들에 의해서 반사된 반사성운을 촬영하는 재미를 느낄 수 있다.

밤하늘의 보석밭 같은 존재가 바로 페르세우스자리의 이중성단이다. 도시 하늘에서도 날씨가 맑아 카시오페이아자리가 보일 정도면 어렵지 않게 이중성단을 찾아볼 수 있다. 맑고 어두운 하늘을 찾아가서 이 성단을 찾아 쌍안경이나 저배율 망원경으로 관측하면 탄성이 절로 나온다.

두 성단은 약 0.8도 떨어져 있으나 저배율 망원경이나 쌍안경에서 한 시야에 두 성단이 같이 관측되므로 더욱 매력적이다. 대구경 쌍안경이나 망원경을 사용하면 별의 색도 다양하게 보이기 때문에 보석을 깔아 놓은 듯한 분위기를 느낄 수 있다.

▲ 페르세우스자리 이중성단인 NGC 884(위)과 NGC 869(아래)
경통 : 구경 80mm, f/6 굴절망원경에 .8배 리듀서겸 플래트너 연결
카메라 : 캐논 6D, 적도의 : 다카하시 EM-11 노출 정보 : 30초(ISO 10000), 5장

다음 쪽의 페르세우스 이중성단은 가을에서 초봄까지 시간만 잘 고려하면 언제든지 볼 수 있는 대상으로 천체 사진을 촬영하다가 기분 전환용으로 관측하는 기분을 상쾌하게 해주는 고마운 성단이다. 성단 하나의 크기는 달 크기와 비슷하니까 그 크기도 쉽게 짐작할 수 있다. CCD 카메라로 촬영한 사진을 보면 그 아름다움을 충분히 느낄 수가 있을 것이며 천체 사진용 CCD 카메라의 장점이 무엇인지도 깨달을 수 있다. 이 사진은 한동안 노트북 모니터의 바탕화면 사진으로 사용했을 정도로 느낌이 좋았던 사진이다.

▲ 천체 사진용 CCD로 촬영한 페르세우스 이중성단
경통 : 6인치 뉴턴식 반사망원경(f/5.0)
카메라 : QSI 8300, 적도의 : 다카하시 EM200 노출 정보 : L 500초, 5장 R,G,B 200초, 5장씩

▲ 안드로메다은하(M31)
경통 : 펜탁스 105mm 아포크로매틱 굴절망원경
카메라 : 캐논 30D, 적도의 : 다카하시 EM-200 노출 정보 : 500초(ISO 1000),10장

디지털 카메라 천체 사진 촬영에서 빼놓을 수 없는 대상이 안드로메다은하(M31, 앞쪽 하단 사진)이다. 안드로메다은하는 우리은하에서 가장 가까운 은하로서 외계에서 보면 우리은하와 쌍둥이 은하로 불릴 만큼 모양이 비슷하고 가깝게 놓여 있는 것으로 관측될 것이다. 밝기도 밝아서 맑고 광해가 없는 어두운 하늘에서는 맨눈으로도 관측될 정도이고 크기도 보름달의 두 배 정도로서 긴축의 각거리는 사진상으로는 3도 정도가 될 정도로 크게 보이는 은하이다.

이미 앞에서 안드로메다은하를 스타호핑법으로 찾아가는 방법을 설명했다. 이 은하는 카시오페이아자리와 안드로메다자리를 이용하여 쉽게 찾을 수 있는 대상이다. 앞쪽에서 제시한 사진은 크롭바디 카메라를 초점거리 700mm, 구경 105mm로 f/6.7인 아포크로매틱 굴절망원경에 연결하여 촬영한 것이다. 안드로메다은하가 사진에 가득 차게 촬영되는 것으로 보아 은하의 모양을 배경과 함께 여유롭게 촬영하기 위해서는 크롭바디 카메라를 사용할 경우 경통의 초점거리는 700mm 이하 것을 사용해야 한다는 것을 알 수 있을 것이다. 비교적 긴 시간 노출로 촬영하기 위해서 가이드 망원경을 이용한 가이드 추적 촬영을 한 사진이기 때문에 별상이 늘어나지 않고 점상으로 촬영되었다.

▲ 카메라 & 노출 정보 : 캐논 6D, ISO 8000, 30sec x 3 frame
필터 : 켄코 디퓨져 마운트 : Vixen GP guide pack 렌즈 : 시그마 50mm f/1.4 @ f3.2

은하수가 진해지는 여름철에는 은하수 주변에 많은 딥스카이 대상들이 숨어있다. 그중에서 전갈자리의 심장에 해당하는 별인 안타레스 부근(앞쪽 하단 사진)은 망원경을 사용하지 않고 렌즈를 사용하여 촬영하면 더 좋은 이미지를 얻을 수 있는 곳이다. 안타레스로부터 퍼져나가는 모양을 보이는 암흑성운은 안타레스가 검은 연기를 뿜어내는 것 같은 멋진 모양을 보여주는 것으로 100mm 망원렌즈를 이용하여 촬영하면 안타레스 주변의 구상성산 M4와 암흑성운 그리고 다양한 색을 보여주는 성운들을 한 화면에 담을 수 있다.

▲ 상단의 밝은 별이 안타레스이고 중앙의 성단은 구상성단 M4이다.

경통 : 텔레뷰 르네상스 구경 101mm, 초점거리 550 mm, (F/5.4)
카메라 : 캐논 6D, 적도의 : 다카하시 EM-200, 노출 정보 : 500초(ISO 6400), 5장

위 사진은 망원경의 초점거리가 500mm가 넘기 때문에 화각이 너무 작아서 전갈자리의 중심별 안타레스와 구상성단 M4만 촬영되었다. 주변 화려한 색상의 성운들과 암흑성운들을 한 장의 사진으로 담으려면 초점거리가 300mm 이하인 망원경이 필요한데 이런 망원경은 극히 드물기 때문에 망원렌즈를 사용하여 촬영하는 것이 훨씬 효과적이다.

전갈자리와 우리은하의 중심부의 유명한 대상들은 DSLR 카메라를 이용하여도 좋은 사진을

얻을 수 있는 것이 적지 않다. 아래 촬영 가능한 메시에 목록을 사진 위에 표시하였다.

▲ 은하수 영역의 다양한 딥스카이 천체(DSO)들

여름철 별자리 중 가장 뚜렷하고 많이 알려진 것이 백조자리이다. 백조자리를 기준으로 우리나라의 옛 이야기에서도 나오는 알타이르(견우)와 베가(직녀)가 마주하고 있고 이 사이로 여름철의 진한 은하수가 흐르고 있다.

▲ 백조자리 알비레오(Albireo) 이중성

백조자리는 별자리 모양이 십자 형태이고 구성 별들이 밝기 때문에 쉽게 찾을 수 있다. 이중 백조의 꼬리부분에 해당하는 별 데네브 옆에는 북아메리카 대륙과 비슷한 모양인 북아메리카성운을 찾아 DSLR 카메라에 담아보자. 또한 백조의 머리 부분의 별인 알비레오는 청색과 오렌지색을 보이는 여름밤의 아름다운 쌍성으로 유명하다. 백조자리에서 유명한 딥스카이 천체들의 위치를 풀프레임 DSLR 카메라와 50mm 렌즈에 디퓨져 필터를 끼우고 촬영한 사진 위에 표시하였다.

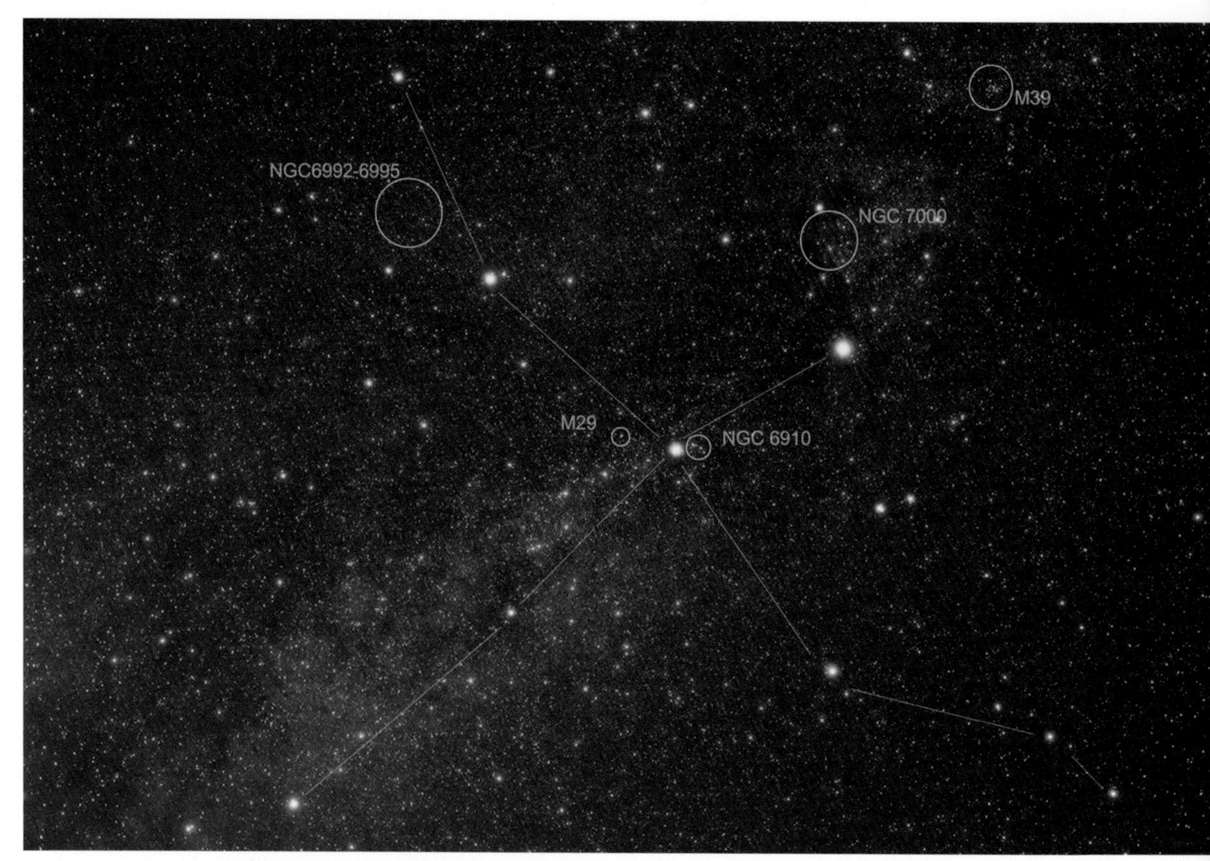

▲ 백조자리에 위치한 유명한 딥스카이 천체들

다음 쪽의 북아메리카성운은 고온의 수소가스 덩어리가 북아메리카대륙의 모습으로 분포하고 이 가스에서 수소발광선을 방출하기 때문에 붉게 보인다. 멕시코만처럼 보이는 곳에는 암흑성운의 분포도 볼 수 있는데 초점거리가 긴 망원경의 초점거리를 줄이기 위한 광학장치인 0.75배 리듀서를 부착하여 700mm 초점거리의 망원경을 525mm로 초점거리를 줄여서 촬영하였으나 성운의 일부가 잘려져 보인다.

▲ 북아메리카성운(NGC7000)
경통 : 구경 105mm, 초점거리 700mm (f/6.7), 0.75배 리듀서 사용 필터 : 광해필터(LPS)
카메라 : 캐논 30D, 적도의 : 다카하시 EM-200 노출 정보 : 300초(ISO3200), 10장

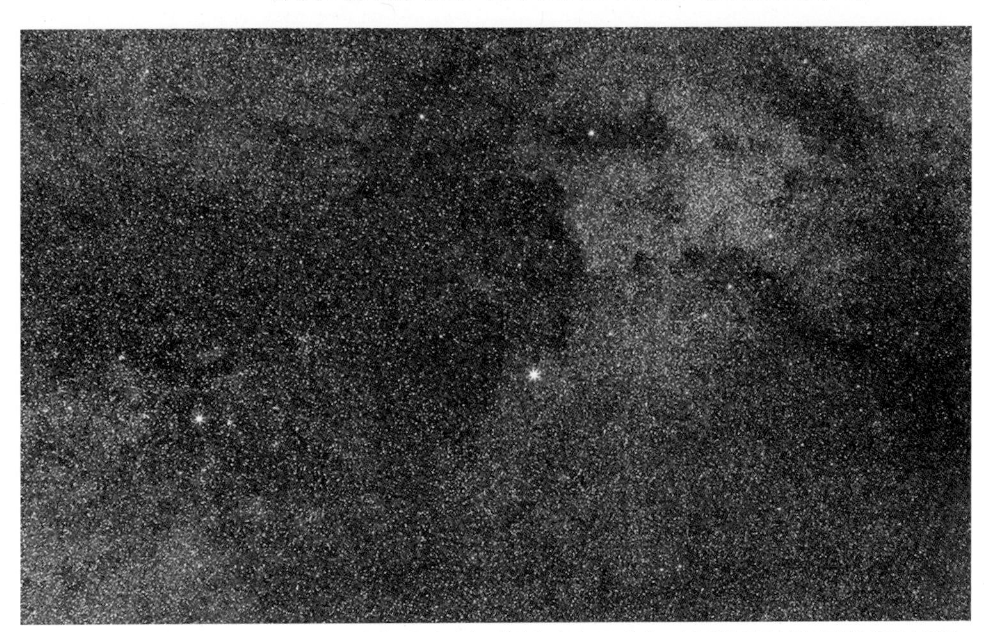

▲ 데네브(사진 중심) 주변 성운을 광시야로 촬영한 사진으로 데네브의 오른쪽 위로 북아메리카성운이 보인다.
렌즈 : 70-200mm(73mm) f/4.5 카메라 : 캐논 30D, 적도의 : 빅센 가이드팩 노출시간 : 240초(ISO3200), 4장

위의 데네브(Deneb) 주변을 촬영한 사진은 별이 없는 곳을 찾아볼 수 없을 정도로 별이 빽

빽하게 차 있다. 이 사진은 미국 서부 워싱턴주의 작은 도시인 벨링햄에서 촬영한 것이다. 광해가 적은 환경 탓에 사진에 비네팅 현상도 나타나지 않고 길지 않은 노출시간임에도 암흑성운들이 잘 표현되었다. 이 사진을 보면 올베르스의 역설에 대해서 한번 생각하게 된다. 이것은 하늘에 별이 가득 차 있기 때문에 밤하늘은 대낮처럼 밝아야 한다는 것인데 위 사진을 보면 별이 없는 곳이 없을 정도로 하늘엔 수많은 별이 있음을 알 수 있다.

아래 사진은 서호주 관측 여행에서 촬영한 소마젤란성운이다. 대마젤란성운 보다 위쪽에 위치하며 넓은 면적과 맑은 광도로 맨눈으로도 쉽게 관측할 수 있으며 카메라 렌즈를 사용하여 촬영하기도 어렵지 않다. 모양의 특징이 별로 없기 때문에 큰 관심을 갖는 대상은 아니지만 위쪽에 보이는 구상성단 NGC 104의 존재로 인하여 밋밋함을 덜어주는 대상이다. 카메라 렌즈를 200mm로 설정하여 촬영하여 성운과 성단을 한 화면에 담을 수 있었다.

▲ 소마젤란성운(LMC)과 구상성단(NGC 104)
렌즈 : 캐논 70-200(200m) 카메라 : 캐논 6D, 적도의 : 빅센 가이드 팩, 노출 정보 : ISO 12800, f/3.2, 50초 3장 합성

다음 사진은 소마젤란성운의 위쪽에 있는 구상성단만을 초점거리 1000mm의 망원경에 카메라를 연결하여 확대 촬영한 것이다. 성단 크기도 크고 밀집도도 나쁘지 않아 짧은 시간 노출과 아크로매틱 망원경으로도 보기 좋게 촬영되었다. 가이드 카메라를 사용하지 않고 적도의의

적경축 회전만을 사용한 노터치 가이드 촬영방식을 사용했지만 촬영시간이 짧기 때문에 별이 흐른 정도는 크게 나타나지 않는다. 다양한 색감을 보이는 성운과 다르게 색감이 부족한 성단 촬영은 저렴한 장비인 아크로매틱 망원경을 사용하는 것도 밝은 별에서 보이는 색수차만 신경 쓰지 않는다면 괜찮은 사진을 얻을 수 있다.

▲ 구상성단 NGC 104
망원경 : 아크로매틱 102mm 굴절망원경(f/10)카메라 : 캐논 6D
적도의 : 다카하시 EM-11 노출 정보 : ISO 25600, 50초 3장 합성

Tip

올베르스의 역설

독일의 천문학자, 하인리히 올베르스(1758~1840)는 하늘에 별이 무한히 많이 있다면 밤하늘도 많은 별빛에 의해서 밝게 보여야만 될 것이라고 주장하였다. 그는 태양보다도 밝거나 또는 밝기가 비슷한 별들도 수없이 많을 것이고 이런 밝기의 수많은 별이 빛을 내뿜고 있다면 우주공간은 어두울 이유가 없다고 주장한다. 물론 빛의 세기는 거리의 제곱에 비례하여 감소하지만 그 빛이 도달하는 면적은 제곱배

로 증가하기 때문에 빛의 세기가 작아진 공간이 넓어졌기 때문에 별의 개수도 제곱배로 증가한다면 공간의 밝기는 감소할 이유가 없다는 것이다.

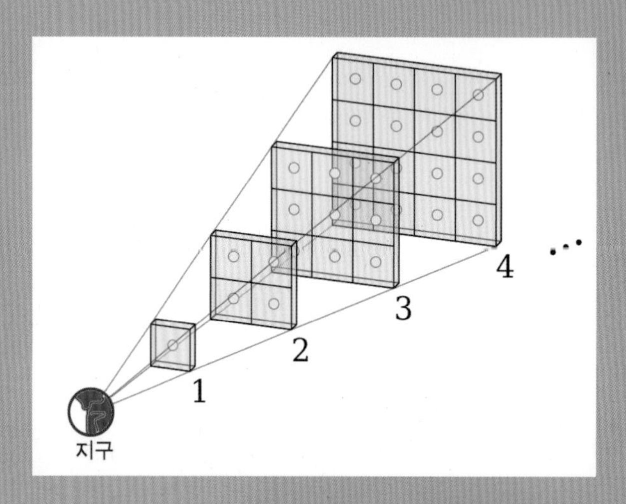

그는 이 문제를 해결하지 못하고 세상을 떴으나 그 후로 추리소설가로 알려진 애드가 알런 포(Edgar Allan Poe, 1809~1849)가 우주에 별은 많지만 그 별빛이 지구에 아직 도달하지 못해서 그렇다고 주장했는데 현대과학에서 이것이 사실임을 밝혔다. 결론적으로 우주에는 수많은 별들이 별빛을 방출하고 있지만 우주의 크기가 너무 커서 대부분의 별빛은 지구에 도달하지 못한 상태이고 먼 곳에서부터 겨우 지구에 도착한 별빛은 세기가 약하고 적색의 파장만 도착하여 붉은색 계열로 아주 미약하게 관측된다. 우리가 보는 밤하늘의 별을 우리은하 내의 별 중에서도 아주 광도가 큰 거성과 초거성이라는 사실은 관측을 통해서도 알 수 있었다.

딥스카이 천체 촬영과 DSLR 카메라

딥스카이 천체와 DSLR 카메라는 어울리지 않는 조합일 수 있다. 주간에 짧은 시간 노출에 최적화된 DSLR 카메라로 긴 시간 노출을 해주어야 하는 어두운 대상을 촬영하는 것은 카메라 개발 당시의 목적과 천체 사진가들이 사용하고자 하는 목적이 다르기 때문이다. 그렇지만 DSLR 카메라는 상대적으로 고가의 천체 사진용 CCD 카메라를 구입하기 어렵고 처음 천체 사진에 입문하는 사람들에게는 천체 사진 촬영에 사용할 수 있는 가장 적합한 도구이다.

DSLR 카메라로 딥스카이 천체를 촬영하려면 긴 시간 노출로 인한 열화 노이즈 발생을 억제해야 하고 카메라 광소자 앞에 부착된 주간 사진 촬영용 자외선 및 적외선영역 차단필터를 제거해야 한다. 이런 요구조건을 충족시킨 개조 냉각 카메라를 구입할 수 있지만 이것은 천체 사진용으로만 사용할 수 있고 주간 사진 촬영은 포기해야 하는 점이 아쉽다. 이 책에서 사용한 DSLR 카메라 사진들은 개조하지 않은 일반 카메라를 사용한 것이다. 따라서 개조한 DSLR 카메라로 촬영한 이미지보다는 색감과 정교함이 떨어진다.

천체 사진 전용 CCD 카메라와는 다르게 DSLR 카메라를 사용하여 딥스카이 천체를 촬영하기 위해서는 일반 사진 촬영 때보다 좀 더 많은 촬영 도구들이 필요하다.

① DSLR 카메라 외장 전원 - 장시간 노출 촬영하는 천체 사진은, 특히 날씨가 추운 겨울철에는 카메라 전력소모가 무척 크다. 따라서 외장 전원 장치나 추가 배터리를 구입하는 편이 좋다. 그리고 카메라의 LCD 화면은 가능한 한 사용하지 않는 것이 전력 소모를 줄일 수 있는 방법이다. 만일 촬영 도중 전원이 방전되어 카메라의 작동이 멈추면 촬영 중인 이미지는 물론 메모리 카드에 저장한 이미지까지 손실될 수 있기 때문에 촬영 시작 전에 카메라 전원 상태를 미리 확인해야 한다. 긴 노출을 설정하여 여러 장의 사진을 촬영하여 합성해야 1장의 사진을 만들 수 있는 천체 사진의 특성상 1개의 배터리로 사진을 완성하기 어려울 수도 있기 때문에 외장 전원장치는 필수이다.

② 여분의 메모리 카드 - 많은 이미지를 촬영하여 저장하려면 메모리 카드가 많을수록 좋다. 노트북을 사용하면 카메라의 메모리 카드에 저장한 자료를 노트북 하드디스크로 옮긴 후 메모리 공간을 다시 사용하는 방법을 쓰면 된다.

③ 실시간 영상 출력 장치 - 디지털 카메라의 종류에 따라서 카메라의 파인더와 뒷면의 LCD 화면에 보이는 영상을 외부 모니터를 이용하여 실시간으로 나타나게 할 수도 있다. 카메라의 LCD 화면이 작고 보기가 불편하다고 생각이 될 경우에는 카메라의 비디오 출력 단자와 외부 모니터를 연결하여 크고 보기 편한 상태로 이미지를 확인하고 카메라를 조정할 수도 있다. 이러한 실시간 출력 장치를 이용하여 초점을 맞추고 촬영하면 작은 내장 모니터를 사용할 때보다 더 편리하고 사진 품질도 높일 수 있다. 최근에는 스마트폰을 외부 모니터 화면으로 이용하는 방법도 개발되어 있는 상태이다.

▲ DSLR 카메라의 외부 모니터로 스마트폰의 화면을 이용한 예(좌)와 전용 LCD 모니터를 클립온 방식으로 결합한 예(우)

④ 2인치 카메라 어댑터 - 카메라와 망원경을 연결하는 장치이며 한쪽에는 카메라에 맞는 T링이 부착되어 있고 다른 쪽에는 1.25인치나 2인치에 해당하는 접안부에 맞도록 제작되었다. 사용할 망원경의 접안부 크기에 맞게 선택하면 된다. 만일 2인치 접안부를 사용할 수 있다면 2인치를 사용하는 편이 사진 관측에 유리하다. 1.25인치를 사용할 경우에는 상의 주변부에 광량이 부족해지는 비네팅 현상이 발생할 수 있다.

⑤ 카메라 조정용 소프트웨어 - DSLR 카메라의 경우 제조사에서 제공하는 이미지 편집 소프트웨어나 카메라 조정이 가능한 소프트웨어를 이용하면 카메라를 컴퓨터에 연결하여 촬영할 수 있고 촬영한 이미지를 즉시 컴퓨터로 이동시켜 편집 작업도 가능하다. 천체 사진을 찍지 않는 대부분의 사용자는 이러한 소프트웨어를 사용하지 않는 경우가 많은데 천체 사진 촬영 시에는 상당한 도움이 된다. 따라서 사용자 설명서를 미리 읽어보고 활용하면 편리하고 카메라만으로 초점을 맞

추는 것보다 더 정확한 초점 정렬이 가능하다. 상용 프로그램으로는 DSLR Focus와 Image Plus, Maxim DL 같은 소프트웨어도 있다. 이들을 활용하면 DSLR 카메라와 컴퓨터의 뛰어난 성능을 결합하는 결과를 얻을 수 있지만 장비가 많아지고 전원이 필요하다는 단점이 있다.

디지털 카메라 조작의 실제

천체 사진 촬영에는 이미지 센서의 크기가 필름 크기와 같은 풀프레임 카메라이면서 감도가 좋고 노이즈가 적은 카메라들을 많이 활용하는데 이런 카메라 중 한 모델을 가지고 천체 사진 촬영에 필요한 조작에 대해서 알아보려고 한다.

먼저 카메라의 외부로 노출된 기능 조작 버튼의 위치와 기능을 알아두어야 한다.

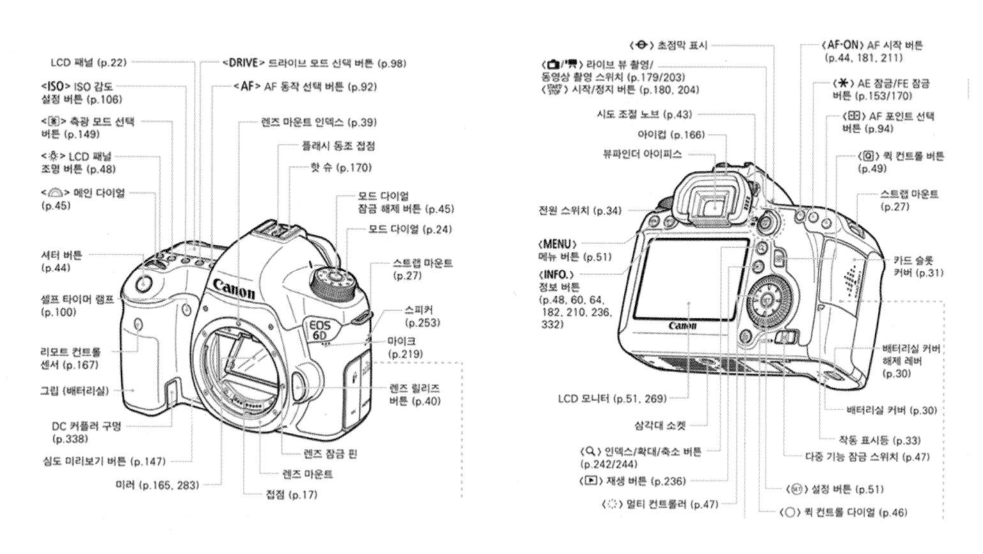

▲ 캐논 6D 카메라의 기능 조작 버튼 안내를 위한 카메라 설명서 일부를 제시하였다.
[자료 출처] http://www.canon-ci.co.kr/support

다음 그림은 카메라에서 가장 기본적인 조작에 해당하는 촬영 방법을 조작하는 모드 다이얼과 카메라의 설정 상태를 보여주는 LCD 정보 창에 대한 설명을 보여준다. 다이얼 모드 중에서 천체 사진 촬영에서 가장 많이 사용하는 것은 수동노출(M) 또는 벌브모드(B)이다. 주간 사진과는 다르게 노출시간이 길기 때문에 이 두 가지 모드를 주로 사용한다. 또한 LCD 정보창에서 촬영 전에 확인해야 할 것은 드라이브 모드(1매 촬영), ISO 값 설정(촬영하고자 하는 대상에 따라 다르게 설정), 셔터스피드, 수동초점, 조리개 값이다.

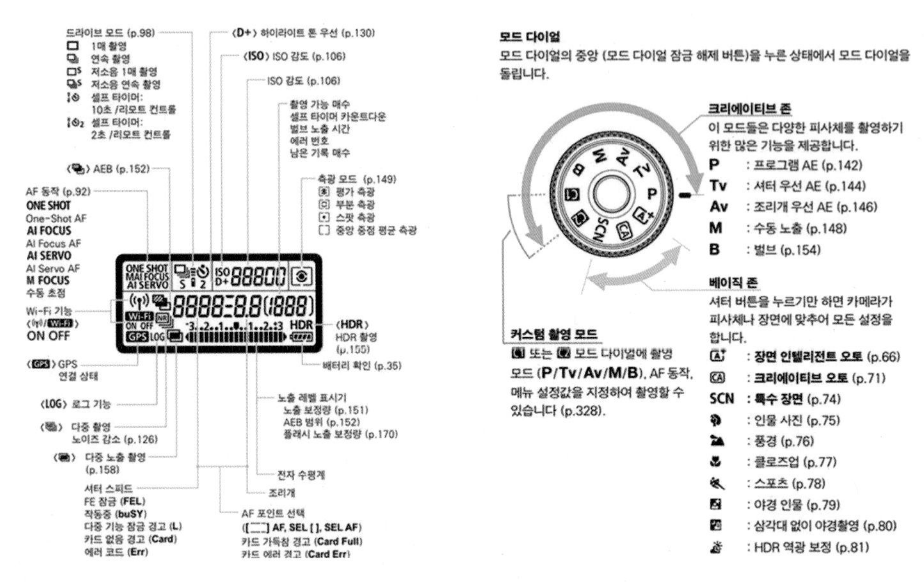

▲ 6D 카메라의 정보창(좌)과 다이얼 기능 정보(우)

다음 그림에서는 셔터를 작동시키는 셀프타이머 기능과 초점과 구도를 결정하는데 사용하는 라이브 뷰 설정에 대한 설명을 제시하였다. 최근에 출시되는 대부분의 카메라는 라이브 뷰 기능을 가지고 있어 초점 정렬과 구도를 결정하는데 많은 도움이 된다. 라이브 뷰 기능을 통하여 별의 크기가 가장 작아지도록 LCD 화면을 보면서 초점을 맞출 수 있으며 구도 조정도 가능하다.

또한 전자식 릴리즈가 없을 경우 셀프타이머 기능을 사용하면 셔터 버튼을 누르는 과정에서 발생하는 카메라의 흔들림을 방지할 수 있다. 카메라 조작으로 인한 진동을 없애기 위해서 타이머의 시간을 10초 정도로 설정해도 충분하다.

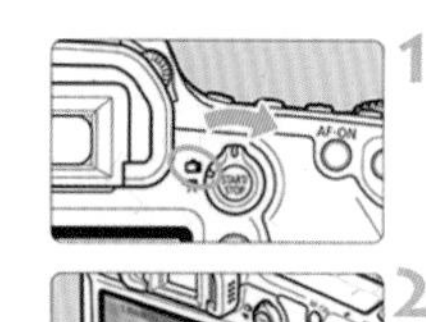

1 라이브 뷰 촬영/동영상 촬영 스위치를 <◻>로 설정합니다.

2 라이브 뷰 이미지를 LCD 모니터에 디스플레이 시킵니다.

- <START/STOP> 버튼을 누르십시오.
- 라이브 뷰 이미지가 LCD 모니터에 나타납니다.

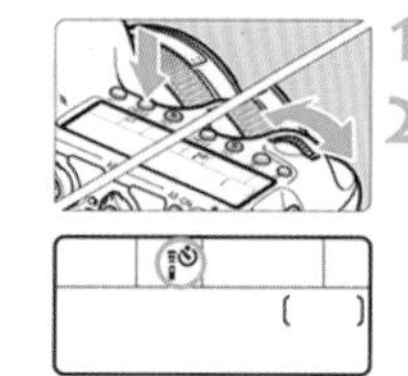

1 <DRIVE> 버튼을 누릅니다. (⏱6)

2 셀프 타이머를 선택합니다.

- LCD 패널을 보면서 <⚙>나 <◯> 다이얼을 돌려 셀프 타이머를 선택하십시오.

⏱ : 10초 셀프 타이머
⏱2 : 2초 셀프 타이머

▲ 초점조정을 위한 라이브 뷰 기능설정(과) 전자식 릴리즈가 없을 경우 셀프타이머를 설정하는 방법(우) 안내

직초점 촬영이 아닌 렌즈를 이용한 촬영이라면 오토포커스에 대한 것은 더욱 신경 써야 한다. 렌즈를 사용할 경우 렌즈 초점조정 방식을 수동으로 설정해야 한다. 천체들은 무한대의 거리에 있는 것으로 가정하기 때문에 AF 기능은 그다지 필요하지 않고 오히려 AF 모드로 설정하면 초점을 카메라가 조정하는 과정에서 별이 아니라 가까운 나무나 산 능선 같이 뚜렷한 대상에 자동으로 초점을 맞추기 때문에 촬영 천체에는 초점이 맞지 않는다. 또한 전자식 릴리즈를 사용하면 연결포트를 잘 맞게 연결하여 핀이 망가지지 않도록 조심하고 릴리즈의 배터리 잔량도 미리 확인해 둔다. 그다음 확인 요소로는 노이즈 감소 기능과 자동전원오프 기능을 꺼두거나 해제했는지의 여부이다.

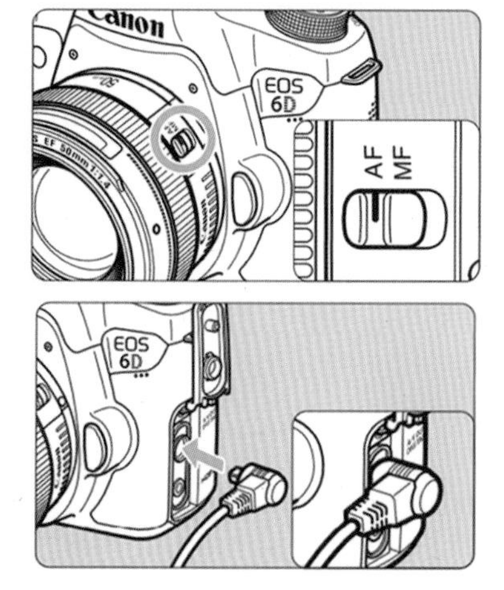

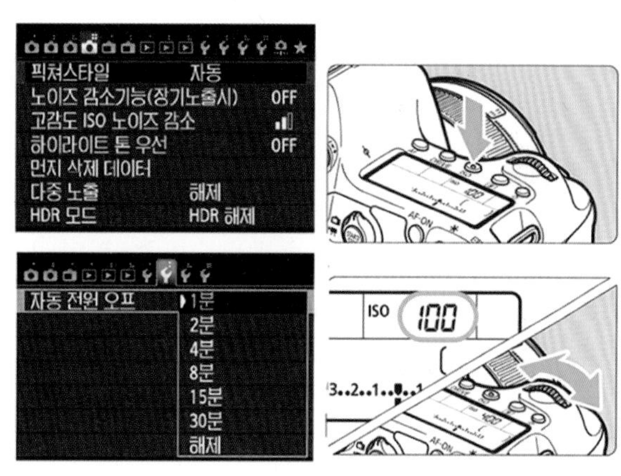

▲ 카메라의 수동초점 기능과 전자식 릴리즈 연결법(좌) 그리고 노이즈 감소 기능과 전원자동 끔 기능 해제(우)하기 안내

천체 사진 촬영은 두 시간 이상의 촬영이 많아서 자동 전원꺼짐 설정을 해제해야 하고 노이즈 감소 기능도 꺼두어야 한다. 노이즈 감소 기능은 천체 사진에서 사용하는 다크프레임을 카메라가 자동으로 처리하도록 설정하는 기능으로 5분 노출을 준 사진에는 5분의 다크프레임 촬영이 추가로 필요하다. 따라서 촬영 시간이 두 배로 걸린다. 천체 사진에서는 다크프레임 처리를 촬영 후에 수동으로 처리하기 때문에 카메라 자체의 노이즈 감소 기능은 사용하지 않는다.

천체 사진가들과의 만남

천체 사진 촬영이나 천체 관측에 가장 쉽게 접근하는 방법은 천문 활동을 하는 동호인을 사귀는 것이다. 외국어를 배울 때에도 외국 친구가 있으면 그렇지 않은 경우보다 훨씬 빠르게 외국어를 습득할 수 있는 것과 마찬가지이다.

처음 천체 관측 관련 동호회의 정기 관측회를 찾아갔던 기억은 수줍음과 부러움, 어색함이 공존하였다. 이런 분위기는 그날 밤을 새우고 새벽이 되자 완전히 사라졌고 친근함과 고마움의 마음으로 바뀌었다. 처음 가지고 갔던 망원경은 80mm 굴절망원경에 니콘 D70s와 캐논 30D DSLR 카메라였다. 적도의는 중국산 EQ5 급에 해당하는 적도의로 컴퓨터와 연동되지 않는 노터치 가이드만 가능한 것이었다. 관측지에 펼쳐놓은 다른 사람들의 촬영 장비는 처음 보는 것들이 대부분이었고 내 장비가 개발도상국형이면 그들 것은 선진국형이었다. 어정쩡한 몸짓으로 첫인사를 나누고 관측과 사진 촬영을 시작했고 밤이 깊어 가면서 천체 사진을 주제로 자연스럽게 대화가 오가며 많은 도움을 받을 수 있었다. 이날 밤은 천체 사진을 하는 사람들과 교제하기 위해 선을 보는 자리 같은 날이었는데 동호인 모두가 맘에 들었고 지금 이들은 천체 사진 및 관측을 같이하는 친한 동료가 되었다.

천문동호인들은 1년에 한번 씩 전국 규모의 스타파티를 열고 전국의 천체 관측 활동 관련 동호인들이 모이는 장을 마련한다. 또한 많은 동호인이 참석하기 때문에 행사에 참석할 경우 다양한 종류의 망원경을 볼 수 있고 유익한 정보도 얻을 수 있다. 행사는 인터넷 검색으로도 쉽게 찾을 수 있는데 10월 말에서 11월 중순 사이에 열리며 장소는 당해 결정한다. 행사에 참여하기 전에 관심있는 동호회에 미리 가입하여 참석하면 다른 천문인들과 교류할 때 어색함을 덜 수 있다.

위 사진은 동호회의 정기 관측 모임에서 망원경을 설치하고 촬영을 준비하는 모습인데 모든 망원경이 한 방향을 향하고 있는 것을 볼 수 있다. 북극성이 있는 천구의 북극 방향으로 극축 정렬을 대략적으로 해놓은 상태이기 때문이다. 천체 사진 촬영은 혼자 하는 것도 나름 운치도 있고 조용한 시간을 가질 수 있는 기회지만 여러 사람들과 함께 하면 재미있고 장점도 많다. 동호회 활동이 좋은 점은 관측지를 공동으로 사용할 수 있고 잠 잘 수 있는 장소를 제공받을 수도 있다. 또한 관측용품을 빠뜨리고 왔을 때 서로 빌려주거나 빌릴 수 있어 촬영이 용이하다는 것이다. 무엇보다 좋은 점은 좋은 사람들과 같은 주제로 밤을 새울 수 있다는 것이다.

다음 사진은 촬영을 시작한 관측지의 밤풍경으로 망원경의 방향이 다양한 곳을 향하고 있음을 볼 수 있다.

▲ 촬영을 시작하면 망원경의 시야를 가리지 않도록 주의하고 특히 불빛이 망원경에 들어가지 않도록 각별히 조심해야 한다.

천체 사진 촬영 현장에 망원경만 설치되어 있고 사람들이 별로 보이지 않는 것은 촬영 장치를 노트북에 연결하고 촬영 프로그램을 이용하여 사진을 찍고 있기 때문이다. 딥스카이 천체 사진 한 장을 완성하는데는 최소 2시간 정도의 촬영이 필요하지만 컴퓨터에 입력된 순서에 따라 촬영이 진행되므로 한번 촬영을 시작하면 중간 확인이 필요하기는 하지만 다소 여유로운 시간을 가질 수 있고 이 시간을 이용하여 촬영 정보를 공유하거나 안시관측을 할 수도 있다.

천체 관측은 크게 두 가지 부류로 나뉜다. 망원경이나 쌍안경을 이용하여 눈으로 관측하는 안시관측과 DSLR 카메라나 CCD 카메라를 이용한 사진 관측, 즉 사진을 촬영하여 관측하는 것이 그것이다. 이중 안시관측 하는 사람들은 대구경 망원경을 직접 제작하기도 하는데 무게를 줄이기 위해서 경통부를 알루미늄 소재의 프레임으로 만든 돕슨식 망원경을 많아 사용하는 편이다.

다음 사진에서 왼쪽 망원경(원 안)이 대구경 돕슨식 망원경이다. 반면에 사진 관측하는 사람들은 망원경뿐만 아니라 정밀한 추적을 지원하는 적도의와 카메라 그리고 노트북이 주요 장비이며 망원경은 수차가 적은 고급형 망원경을 사용한다. 사진 관측하는 사람들은 전기를 필요로 하는 장비가 많아서 전원공급이 가능한 관측지를 찾아야 한다는 부담이 있다.

▲ 렌즈 : 시그마 17-35mm, 18mm, f/5.6
필터 : 켄코 소프트, 카메라 : 캐논 6D, 노출 정보 : 27초, ISO 25600
삼각대를 이용한 고정촬영 사진으로 디퓨져 필터 사용으로 사진 주변부의 별상이 왜곡되었다.

위 사진은 같이 천체 사진을 촬영하는 사람이 찍어준 사진으로 은하수를 배경으로 촬영 장비와 관측자를 구도에 맞춰 촬영한 것이다. 다소 긴 노출시간이 필요하기 때문에 촬영의 대상이 된 사람은 노출시간 동안 고정된 자세를 유지해야 상이 흔들림 없이 깨끗하게 촬영이 된다. 위 사진에서 망원경의 상은 선명한 반면 사람의 상이 뿌옇게 나온 것은 사람이 완벽하게 정지상태로 있을 수 없었기 때문이다. 이런 사진도 같이 관측하는 사람들의 도움이 있어야 좋은 구도와 초점으로 촬영할 수 있다.

최근 우리나라의 천체 관측 환경이 점점 어려워지는데 이는 도시의 극심한 광해로 인해서 밤하늘이 밝아지고 전에 비해서 많아진 미세먼지 등으로 맑은 날이 현저하게 줄어들게 된 기후 환경이 그 원인에 해당한다. 따라서 천체 사진에 대한 욕구는 나라 밖을 향하고 있는 것이 최근의 추세이다. 그런데 해외로 원정 관측을 가기 위해서 계획을 짜다 보면 혼자 가기란 쉽지 않다는 결론을 얻게 된다.

▲ 서호주 아웃백을 가로지르는 여정에는 내구성이 뛰어난 4륜구동 SUV 차량이 적합하다. 100여 km에 해당하는 비포장도로와 무거운 촬영 장비로 적합한 차량의 선택이 여행 계획 중 가장 중요하다. 차량은 토요타 랜드크루저와 클루거이다.

위 사진은 서호주 별빛원정대라는 이름으로 천체 관측과 천체 사진 촬영에 관심이 있는 사람들로 구성한 천문인들이 4륜구동 자동차를 멈추고 휴식을 취할 때의 모습이다. 5인승 차량 2대로 10명의 원정대가 이동하며 천체 사진 촬영과 서호주의 국립공원 관광을 동시에 수행하였다. 이들 차량은 대형 SUV로 5명의 정원을 채우고도 많은 짐을 실을 수 있어 관측 및 촬영 장비를 싣고 이동하는 데 아무런 문제가 없었다.

▲ 서호주 아웃백 고속도로 주변에는 캠핑할 수 있는 캠프사이트가 곳곳에 있으며 캠핑카를 사용하는 사람들도 많은 편이다. 디젤을 연료로 사용하는 차량보다 가솔린을 사용하는 차량이 더 많았다. 도시가 거의 없는 서호주 아웃백에는 주유소가 300km 또는 그 이상의 거리를 두고 있는 경우가 많아서 여분의 연료통을 가지고 다녀야 한다.

해외에서 만난 사람들은 천체 사진을 촬영하는 원정대에 호의적이었고 여러 가지 많은 도움을 주었다. 위 사진은 원정대 차량이 이동 중에 차량 연료가 떨어졌을 때 자신의 차량 연료 1통을 원정대 차량에 넣어주어 곤란한 상황을 해결해 준 고마운 부부이다. 이들 부부는 천체 사진 촬영에 깊은 관심을 가지고 따뜻하게 도와주었으며 어떤 대가도 받기를 거부하면서 낯선 사람들에게 순수한 배려를 보여 원정대를 감동하게 하였다. 별을 좋아하는 사람들은 어느 곳에서나 밤하늘의 별빛만큼이나 순수한 마음을 보여주었다.

서호주 카리지니 국립공원 사무실에는 공원에서 마련한 천체 관측지에 대한 소개와 관측 행사에 대한 알림을 사무실 앞에 게시하고 관련 자료를 비치해 둔 것을 볼 수 있다. 광해가 전혀 없고 건조한 기후로 인해서 맑고 어두운 하늘에서는 어두운 천체도 맨눈으로 관측할 수 있을 정도였다. 이곳에 도착하기까지의 여정이 쉽지 않았지만 같은 목적을 가진 사람들과 팀을 이루어 여러 관광과 관측 활동을 함께 할 수 있었기 때문에 어려움보다는 즐거움이 더 컸었던 일정이었다.

서호주 아웃백에서의 천체 사진 촬영은 천체 사진가들의 로망 중의 하나이다. 이러한 로망을 실현할 수 있게 한 것은 목적을 같이하는 동호인들이 있었기에 가능했다. 또한 짙은 은빛으로 빛나는 은하수 아래에서 망원경을 설치하고 밤하늘의 명작들을 감상하고 촬영할 수 있는 기회는 원정대에게 행운이자 감동이었다.

디지털 카메라 사용이 일반화된 요즘에는 많은 사람이 이런 카메라를 사용하여 은하수를 촬영하고자 하는 욕구가 늘고 있다. 은하수 촬영은 작게 보이는 밤하늘의 일반적인 천체들과는 달리 넓은 면적을 차지하는 크기와 눈으로도 보이는 대상의 특성 그리고 촬영한 후에 느끼는 만족감 때문에 디지털 카메라를 이용한 천체 사진 촬영의 입문단계로 자리 잡아 가고 있다. 실제로 주말 밤 은하수가 보이는 정도의 하늘 조건이 되고 도심에서 멀지 않은 곳에는 디지털 카메라와 삼각대를 가진 사람들을 흔히 만날 수 있다.

▲ 서호주 아웃백에서 관측 및 촬영 중인 서호주 별빛원정대
렌즈 : 시그마 17-35mm, 17mm, f/2.8, 카메라 : 캐논 6D, 노출 정보 : 17초, ISO 12800 삼각대 고정 촬영

위 사진은 서호주 관측 여행 중 숙소에서 차로 29분 정도 거리의 공원에서 천체 사진 촬영을 하고 있는 팀원들을 은하수를 배경으로 촬영한 사진이다. 소형 굴절망원경 두 대와 삼각대 두 개를 설치하여 촬영 작업을 하고 있다. 이런 사진 촬영의 경우 감도를 높게 설정하고 노출시간을 짧게 해야 사람들의 움직임에 의한 잔상이 나타나지 않으며 조리개도 가능하면 많이 열어 두는 것이 효과적이다.

▲ 서호주의 작은 도시 욕(York) 하늘의 은하수
렌즈 : 시그마 17-35mm, 17mm, f/2.8, 카메라 : 캐논 6D, 노출 정보 : 14초, ISO 12800 삼각대 고정 촬영

지평선이 바다의 수평선처럼 보이고 지면 부근에서도 광해가 전혀 없는 광활한 평원이 있는 서호주의 아웃백은 천체 사진 촬영 천혜의 장소였다. 굳이 작은 도시를 떠날 필요조차 없었다. 위 사진은 서호주 별빛원정대가 묵었던 작은 도시의 숙소 문 앞에 나와서 촬영한 은하수 사진이다. 이 사진 한 장이 밤하늘 환경의 모든 것을 보여준다.

맑은 하늘과 좋은 사람 그리고 멋진 풍광을 즐길 수 있었던 것도 천체 사진 촬영을 하고 있었기 때문이다. 천체 사진 촬영은 매력이 넘치는 활동 중의 하나 임이 틀림없다.

05 디지털 이미지 현상하기

이미지 파일 형식 그리고 RAW 파일과 친해지기

① JPEG(JPG) 파일 형식

Joint Photographic Experts Group의 약자를 파일 확장자명으로 사용하며 이 그룹에서 이미지 파일의 기준을 만들었다. 이 파일의 형식은 작은 크기의 용량에 많은 정보를 압축하여 저장할 수 있도록 하여 온라인상에서 널리 사용하고 있다. 또한 대부분의 디지털 카메라에서 이 형식의 파일로 저장할 수 있도록 하지만 이미지를 압축하는 동안 파일 정보의 손실이 발생한다. 디지털 사진은 주간에 인물이나 풍경을 찍는 용도로 많이 사용한다. 천체 사진에서도 이미지 처리를 마치고 온라인상에 게시할 경우 JPEG 형식으로 변환하여 온라인에 게시한다.

② GIF 파일 형식

Graphic Interchange Format의 약자를 확장자명으로 사용하며 JPEG와는 다른 방식으로 압축하지만 JPEG 파일 형식보다는 압축 시에 발생하는 정보의 손실량이 적어 JEPG만큼 파일 크기를 작게 압축할 수 없다. GIF 형식은 온라인에 게시할 경우 색상 수를 적절하게 조절하여 사용할 수 있다. 이 파일 형식은 색상 수를 제한적으로 사용하기 때문에 천체 사진에서는 사용하지 않는 형식의 파일이며 웹상에서 애니메이션을 보여주는데 주로 사용한다.

③ PNG 파일 형식

Portable Network Graphics의 약자를 확장자명으로 사용하며 GIF 파일 형식의 저작권과 관련하여 무료로 사용할 수 있도록 개발되었다. 색상 수 제한 없이 압축이 가능한 방식으로 GIF보다 압축률이 좋은 편이다. 주로 웹상에서 웹페이지를 만들 때 문자와 이미지를 함께 쓸 때 사용하며 역시 천체 사진에서는 사용하지 않는 방식의 파일이다.

④ TIFF(TIF) 파일 형식

Tagged Image File Format의 약자를 확장자명으로 사용하며 압축하지 않기 때문에 정보의 손실이 발생하지 않아 많은 정보를 가지고 있지만 용량이 커지는 단점이 있다. 이 형식의 파일은 색상 작업의 호환성이 좋아 흑백, RGB, CMYK 방식으로 인쇄할 경우 적절하게 쓸 수 있다. 이 파일은 천체 사진 이미지 작업에 사용하는 대표적인 방식으로 이미지 처리과정은 TIFF 방식으로 하고 나중에 웹에 게시할 경우에 용량이 작은 JPEG 파일로 변환하여 사용한다.

⑤ Raw 파일 형식

Raw 파일 형식은 카메라에 들어온 모든 데이터를 다른 처리를 하지 않고 그대로 저장하기 때문에 확장자명도 Raw라고 한다. 파일 용량은 크지만 최고의 화질을 갖는 형식이다. 이 형식은 카메라 제조사 이미지 처리 프로그램이나 포토샵 프로그램을 거쳐서 TIFF 형식으로 변환하여 이미지 처리 작업을 수행한다. 대부분의 천체 사진 촬영은 Raw 파일 형식으로 저장하고 전용프로그램을 이용하여 편집한 후 포토샵 프로그램으로 마무리한다. TIFF 형식으로 저장하고 온라인상에 게시할 경우에는 JPEG 형식으로 한 번 더 변환과정을 거친다.

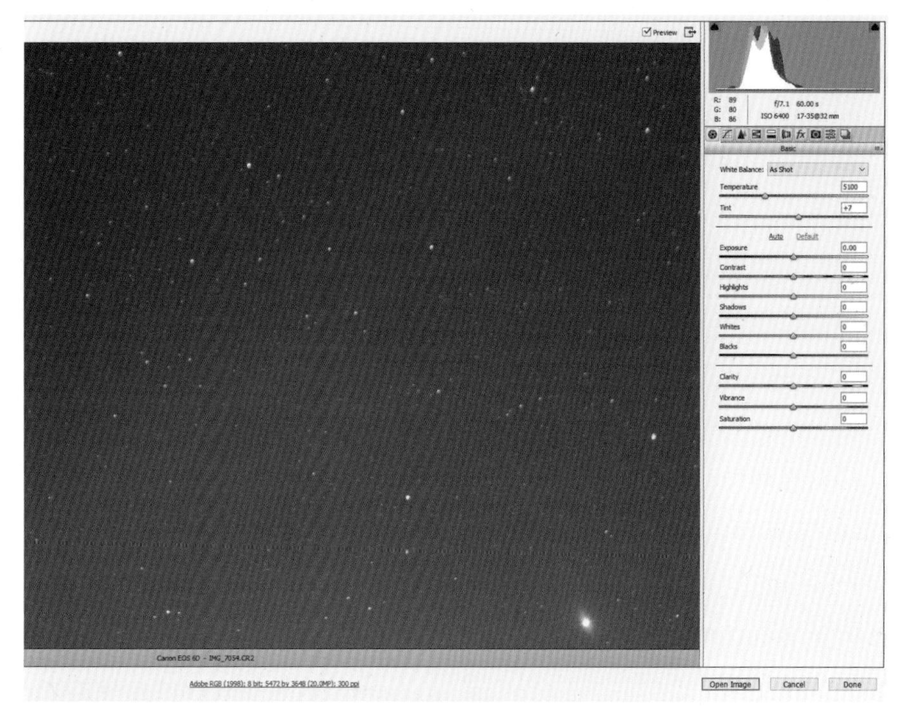

▲ 포토샵 프로그램에서 제공하는 RAW 파일 편집 및 변환 화면 창.
신형 카메라는 RAW 파일 편집이 지원되지 않을 수도 있으며 이런 때에는 카메라 제조사 홈페이지에서 RAW 파일 확장프로그램을 내려 받아 설치해야 한다.

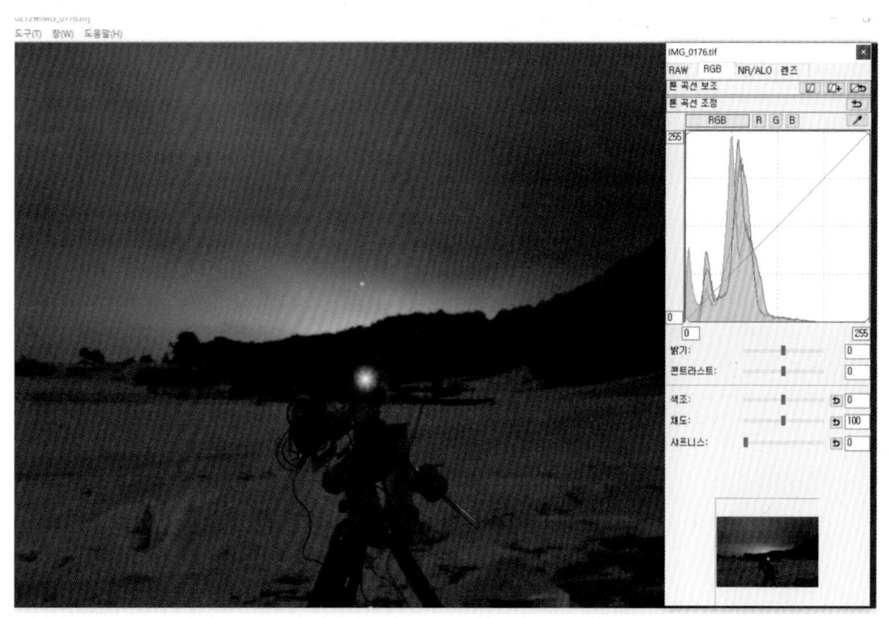

▲ 카메라 제작사에서 제공하는 RAW 편집 프로그램으로 포토샵과 사용법이 유사하다. 포토샵에서 RAW 파일을 열 수 없다면 전용프로그램을 사용하여 TIFF 파일로 변환한 후 포토샵에서 작업해야 한다. 이 프로그램은 캐논에서 제공하는 Digital Photo Professiona이다.

디카로 촬영한 사진 이미지 처리 과정

디지털 카메라로 촬영한 천체 사진 이미지는 촬영 상태가 좋으면 특별한 후처리 작업을 하지 않아도 되지만 정교한 이미지를 얻으려면 몇 가지의 처리단계를 거치는 것이 일반적이다.

가장 먼저 RAW 파일을 위에서 제시한 것과 같은 방법으로 이미지에 맞도록 각종 설정값을 조정한 후 TIFF 파일로 변환하고 이 파일을 포토샵을 이용하여 다크프레임과 플랫프레임을 처리하여 광소자 자체의 노이즈와 렌즈에 의한 빛의 불균질성을 보정해주는 작업이 일반적인 이미지 처리 순서이다. 최종적으로는 대비와 색상 균형 그리고 필터 처리를 거쳐서 이미지를 최종 완성한다.

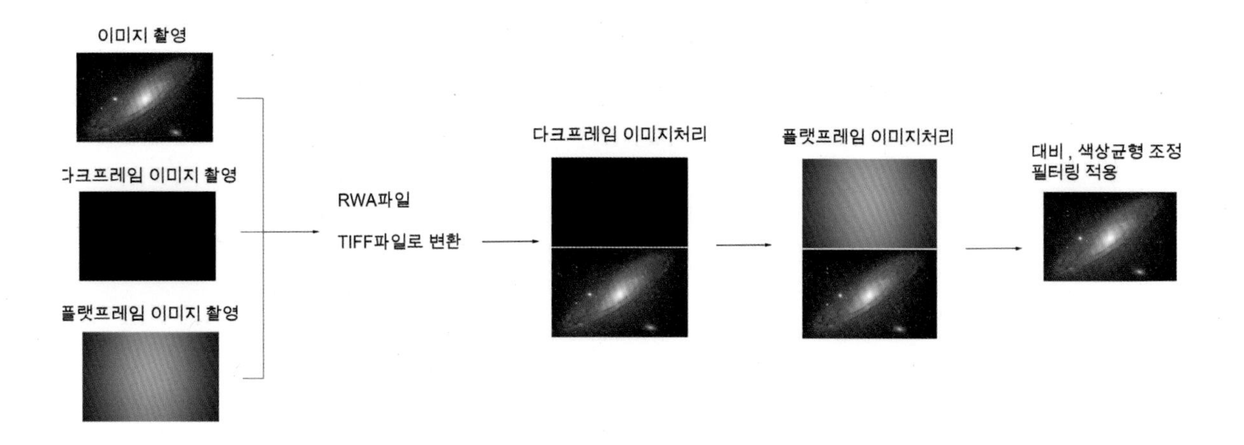

DSLR 카메라로 촬영한 이미지 다크프레임 처리하기

카메라의 광소자에서는 전기적인 신호나 기타 여러 가지 원인으로 발생하는 노이즈가 필연적으로 존재한다. 이런 노이즈를 감쇄시키기 위해서는 카메라 렌즈 또는 망원경의 앞쪽을 막아 빛이 들어오지 않도록 하고 천체 사진을 촬영한 동일한 상태로 카메라를 설정한 후 촬영한 사진이 필요하다. 즉 천체 사진과 노출 시간, ISO 값 등을 같게 설정해야 한다. 이렇게 촬영한 검은 바탕의 사진을 다크프레임이라고 한다. 외부에서 오는 빛이 차단되었기 때문에 검은 바탕에 노이즈만이 촬영되고 이들 노이즈를 천체 사진에서 제거하는 역할을 하는데 사용한다.

카메라 자체에 내장된 노이즈 감쇄 기능을 사용하지 않고 포토샵을 이용하여 카메라의 광소자에 의해서 발생하는 노이즈를 감쇄시키는 방법을 다음과 같이 제시하였다.

① 추적 장치를 사용하여 200초의 노출로 촬영한 천체 사진으로 별 이미지와는 다르게 크기가 일정하게 작고 반짝이는 밝은 점들이 보이는데 이들이 광소자의 노이즈들이다.

② 천체 사진과 같은 조건으로 촬영한 다크프레임 이미지이다. 빛이 없는 상태에서 촬영하였기 때문에 검은 바탕에 노이즈가 촬영되었다. 중앙에서 약간 위쪽에 길게 나타난 노이즈는 광소자에 흠집이 생긴 것으로 추측되며 나머지 노이즈는 밝기 차이는 있지만 크기가 서로 비슷하다.

앞쪽 위의 사진은 포토샵으로 천체 사진의 이미지를 불러와 일부분을 확대한 것이다. 사진에 노이즈가 포함되어 보인다. 그다음 사진(아래)은 다크프레임 이미지를 포토샵 프로그램으로 불러온 것이다. 노이즈를 볼 수 있다.

③ 다크프레임 이미지를 복사하여 천체 사진이미지 위쪽에 붙여 넣어 한 장의 레이어를 만들었다.

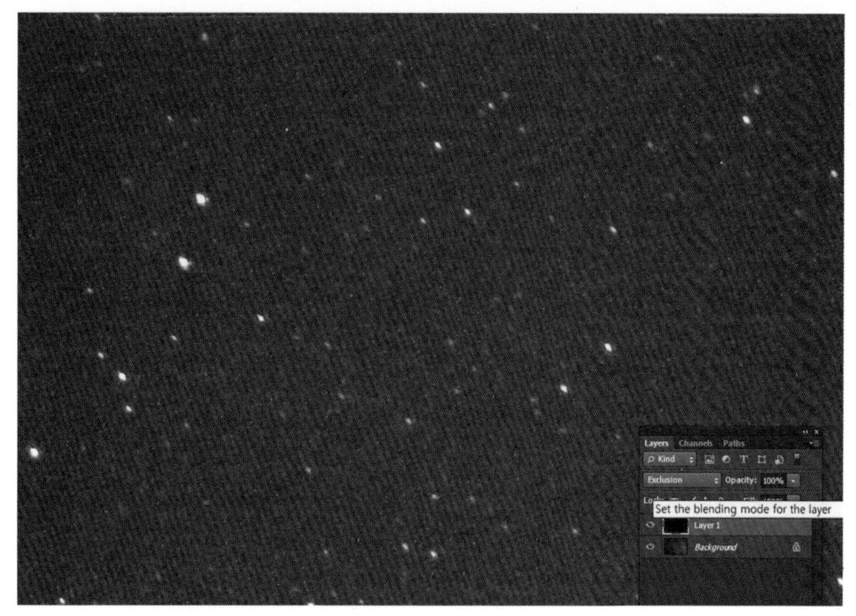

④ 다크프레임 이미지 레이어를 선택하고 혼합모드(Blending mode)를 제외(Exclusion)로 설정한다. 이 상태에서 불투명도(Opacity) 값을 조정하여 노이즈 이미지가 주변과 잘 어울리도록 설정한다.

앞쪽 상단 사진은 다크프레임 이미지를 전체 선택하여 복사한 후 전체 사진에 해당하는 배경의 레이어에 붙여 넣으면 다크프레임 레이어가 한 장 만들어진다. 노이즈를 감쇄시키는 다크프레임 처리를 할 준비가 된 상태이다.

앞쪽 하단 사진은 위의 사진에서 사용한 혼합모드인 제외(Exclusion)는 겹치는 부분의 색이 흰색과 혼합하며 기본 색상 값이 반전되고 검은색과 혼합하면 색상 변화가 없는 효과를 나타낸다. 다크프레임 노이즈가 흰색 점으로 나타나기 때문에 이들이 서로 겹치면 흰색이 반전되어 검은색으로 나타난다. 이 과정에서 너무 짙은 검은색으로 나타날 경우 불투명도를 조정하여 주변과 어울릴 수 있도록 처리한다. 위 이미지에서도 대부분의 노이즈가 처리되었지만 중심 위쪽의 크고 길쭉한 노이즈가 검게 두드러져 보이는 것을 알 수 있다.

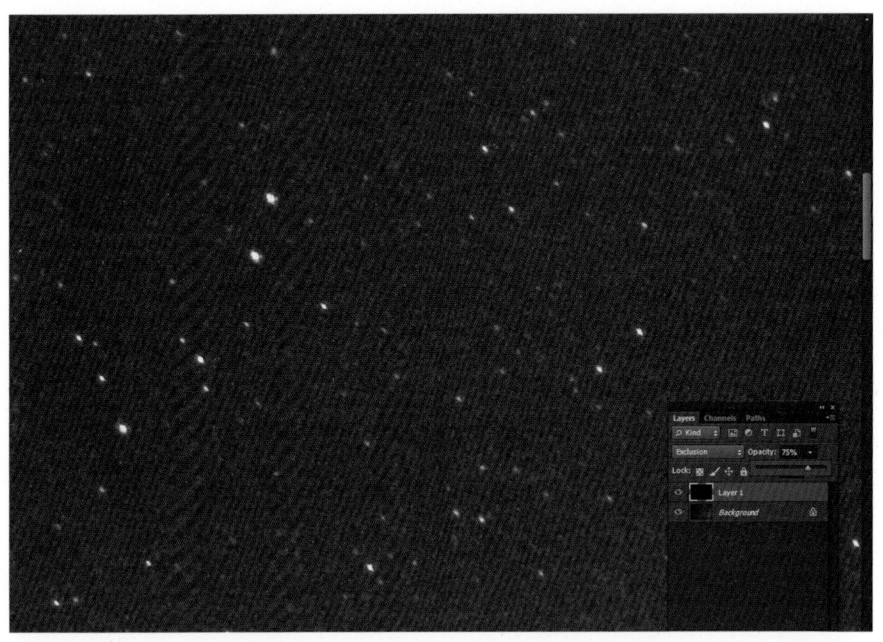

⑤ 중심 위쪽의 검은색으로 짙게 보이는 노이즈를 처리하기 위해서 불투명도(Opacity)값을 75%로 조정하여 노이즈가 보이지 않도록 설정하였다.

중심부에서 위쪽에 거슬려 보였던 검은색 노이즈를 불투명도 값을 조정하여 처리하여 다크프레임의 노이즈를 모두 처리하였다. 사진 배경색에 따라서 불투명도의 조정은 달리할 수 있기 때문에 정해진 값은 없고 자신이 촬영한 사진에 가장 적합한 값을 찾아 사용해야 한다.

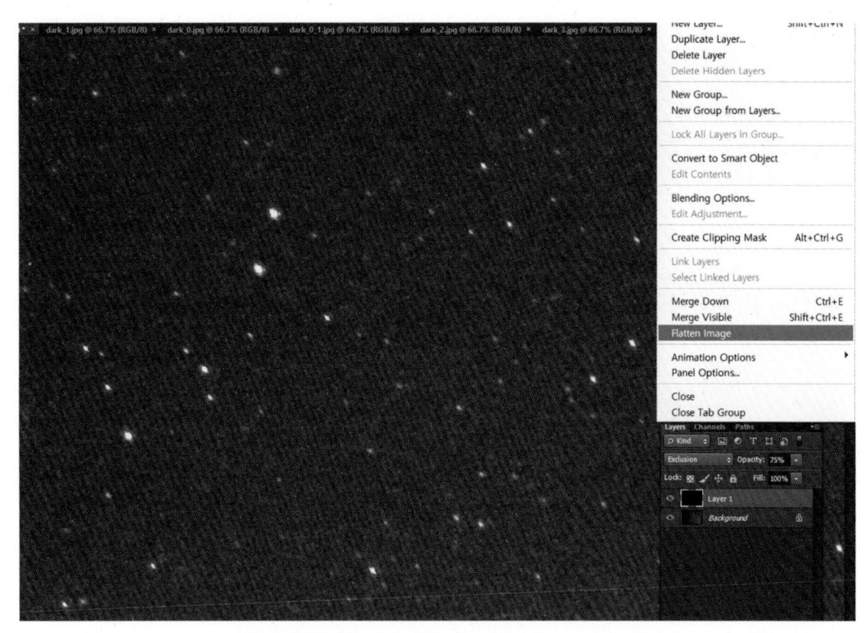

⑥ 다크프레임의 처리가 완료됐으면 레이어 창의 오른쪽 상단의 메뉴 창을 열고 배경으로 병합(Flatten Image)를 선택하여 레이어를 한 장의 이미지로 만든다.

⑦ 다크프레임의 처리가 완료된 한 장의 사진 이미지를 가지고 추가 후처리 작업을 수행한다.

포토샵을 이용한 DSLR 카메라로 촬영한 사진의 다크프레임 처리에 대해서 알아봤는데 경우에 따라 완전히 노이즈가 제거되지 않아 추가 작업이 필요할 수도 있지만 대부분의 사진에서는 이 방법으로 노이즈가 제거된다. 카메라 노이즈 감쇄 기능을 사용한 사진을 촬영하여 비교해보는 것도 수동으로 처리한 노이즈 게거 방법의 신뢰성을 판단할 수 있는 좋은 방법이다.

DSLR 카메라로 촬영한 이미지의 플랫프레임 처리하기

천체 사진에서 플랫프레임 이미지는 사진 중심부와 주변부의 밝기 차이가 커서 심한 비네팅 현상이 보이는 경우와 카메라 렌즈 또는 망원경 렌즈와 반사경에 붙은 이물질로 인해서 사진 이미지에 오점들을 제거할 때 사용한다. 실제로 플랫이미지는 렌즈 구조상 발생할 수밖에 없는 중심부와 주변부의 광량 차이를 해소할 용도로 사용하며 사진 이미지가 편평하게 보이게 한다는 말뜻을 플랫으로 사용하였다.

플랫이미지 촬영법은 하늘의 밝기가 일정하게 유지되는 해가 뜨고 지기 전후에 하늘을 향하여 촬영하는 스카이 플랫촬영법과 광량이 일정한 플랫 장치를 이용하여 촬영하는 법, 그리고 흰색의 균질한 조직을 갖는 천을 망원경이나 렌즈 앞쪽에 씌우고 촬영하는 일명 티셔츠 플랫 촬영법 등이 있다. 가장 좋은 방법은 천체 사진 촬영 당일 하늘을 촬영하는 것이 가장 좋지만 현실적으로는 플랫 조명 장치를 이용하는 방법을 많이 사용한다.

① 안드로메다은하를 촬영한 사진으로 사진의 주변부로 갈수록 광량이 줄어들어 주변부가 어둡게 보이는 것을 알 수 있다. 이런 경우 플랫이미지를 촬영하여 보정할 필요성이 있다.

앞쪽 하단 사진의 경우 중심부에 은하의 중심이 위치하여 주변부와 중심부의 광량 차이를 알아보기 어려울 수도 있지만 대상이 작고 어두운 천체의 경우 촬영한 사진에서 광량 차이가 크게 나타나는 경우가 많다. 이 경우 렌즈보정 소프트웨어나 포토샵 필터에서 비네팅 현상을 보정하는 기능을 사용하여 비네팅 현상을 감소시킬 수도 있다.

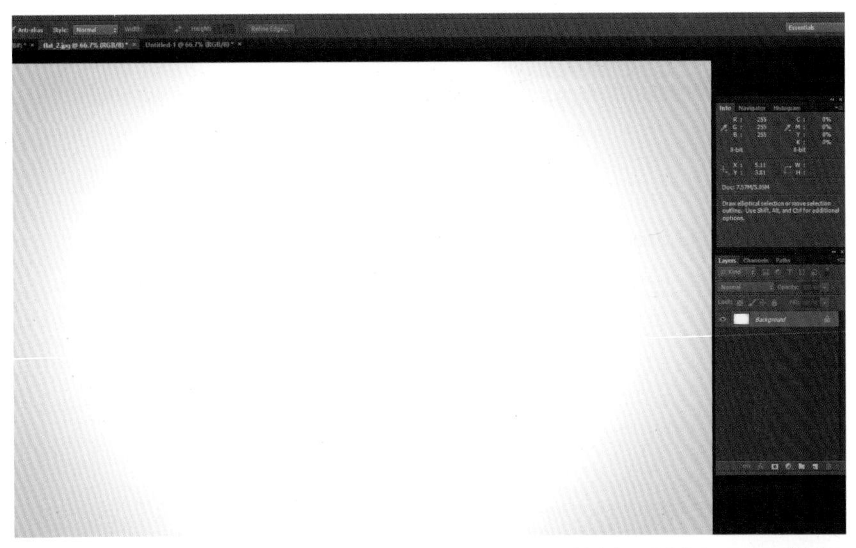

② 망원경 입구에 플랫촬영용 조명 장치를 부착하고 촬영한 플랫이미지로 중심부 광량이 주변부에 비해 많은 것을 알 수 있다. 아주 짧은 시간의 노출을 설정하여 중심은 밝고 주변부가 점진적으로 흐려지는 상태로 촬영해야 한다.

③ 플랫이미지를 복사하여 보정하고자 하는 천체 사진 이미지 위에 붙여 넣으면 플랫이미지로 새로운 레이어가 만들어진다.

플랫이미지는 천체 사진 이미지를 촬영하기 전후 어느 때나 촬영할 수 있지만 천체 사진 촬영 상태를 그대로 유지한 상태에서 노출시간만 짧게하여 촬영해야 한다. 그래야만 렌즈의 이물질에 의한 사진 상의 오점을 보정할 수 있다.

포토샵에서 천체 사진 이미지를 열고 그 위에 새로운 파일을 붙여 넣으면 자동적으로 새로운 레이어가 생성되어 배경 이미지 위에 놓인다.

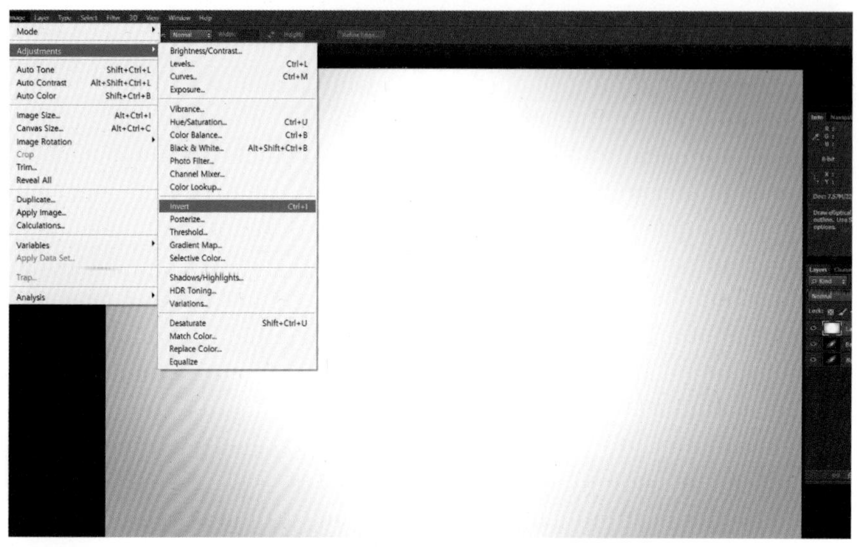

④ 플랫이미지 레이어가 선택된 상태에서 이미지(Image) 탭의 조정(Adjustments) 항목에서 반전(Invert)을 선택하여 플랫이미지를 반전시킨다.

광량 차이를 보정하기 위해 밝은 곳은 어둡게, 어두운 곳은 밝게 플랫이미지를 반전시킨다. 이 과정에서 렌즈면에 붙은 오염 물질에 의해서 어둡게 보이는 영역도 반전되어 밝은 이미지로 바뀌고 이를 천체 사진 이미지와 합성하여 광량 부족으로 인해 어둡게 나타나는 영역을 보정하게 된다. 위 그림의 사진은 이물질에 의한 오점이 없는 경우이다.

다음 사진에서는 반전된 플랫이미지에 의해서 원본의 이미지가 손상되어 보인다. 혼합모드를 밝게(Lighten)모드를 선택하고 투명도를 조정하지 않으면 플랫이미지의 불투명 정도에 따라서 주변부가 탁하게 보인다.

⑤ 플랫이미지 레이어가 반전된 상태에서 호합모드(Blending Mode) 중 밝게(Lighten)모드를 선택한다. 어두웠던 주변부가 밝게 보이지만 불투명도가 높아서 별들의 이미지가 흐리게 보인다.

불투명도와 채우기 값을 조정하여 주변부의 광량 차이가 해소되도록 여러 번 시도하고 적정한 값을 찾아 처리한다. 천체 사진 이미지와 촬영한 플랫이미지에 따라 설정값이 달라지기 때문에 여기서 제시한 값은 참고만 하자.

⑥ 레이어 탭 상단에 있는 불투명도(Opacity)와 채우기(Fill) 값을 조정하여 주변부 광량이 중심부와 차이 없도록 설정한다.

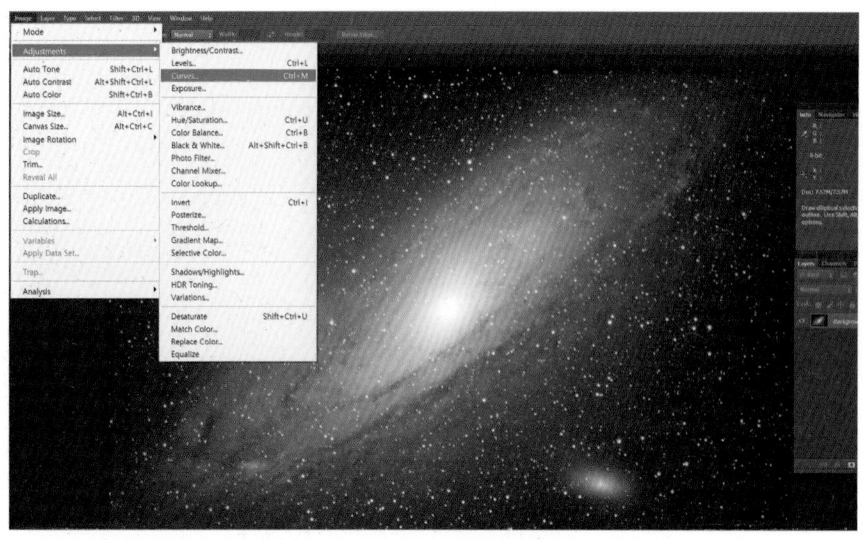

⑦ 레이어 탭의 오른쪽 상단의 메뉴 탭을 클릭하여 한 장 이미지로 병합하고 이미지(Image)탭의 조정(Adjustments) - 커브(Curves)를 조정하여 이미지를 완성한다.

플랫이미지와 천체 사진 이미지를 한 장 이미지로 병합한 후 이미지 탭의 다양한 기능을 사용하여 이미지의 질을 높인다. 포토샵을 이용한 천체 사진 보정은 촬영 값을 최대한 활용할 수 있게 하는 것이고, 없는 것을 만들어 넣는 것이 아니므로 본래 이미지에 포함한 자료값 이외에 다른 값이 생성되거나 제거되지 않도록 해야 한다.

Tip

혹시 천체 사진을 포토샵으로 수정해 그리는 것은 아닌가요?

천체 사진을 대할 때 느끼는 이상한 점 중 하나가 촬영한 사람에 따라서 같은 대상인데도 색상과 모양이 다를 때가 있다. 같은 천체가 촬영할 때마다 달라질 수도 없을 텐데 어떻게 된 것일까? 그리고 또 다른 질문 중 하나는 천체 사진을 편집하는 과정에서 포토샵 프로그램을 이용하여 수정하는 것이 아니냐는 지적이다.

이런 질문의 공통된 답은 천체 사진에 없는 값을 더하거나 있는 값을 빼지 않는 것이 이미지 처리의 기본 원칙이라는 점이다. 주어진 신호 값을 강조하거나 노이즈 신호를 제거할 수는 있다. 노이즈 신호는 천체 사진 이미지가 아니기 때문에 제거해도 상관이 없으며 특정 색상의 신호 값을 증폭시키는 경우는 다양한 필터 사용으로 특정영역 빛의 파장을 많이 받을 수 있게 하는 광학적인 장치 때문이다.

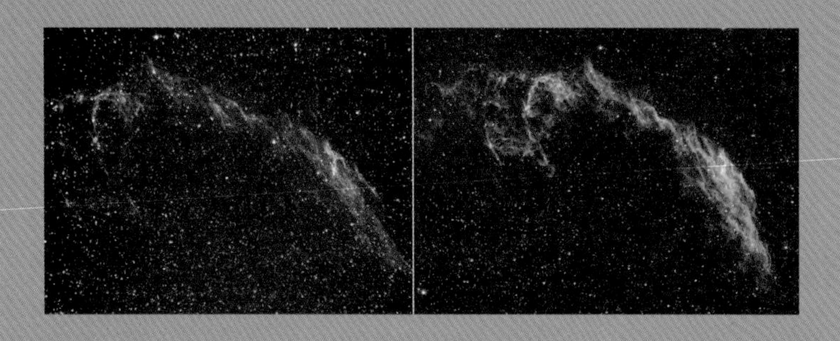

위 사진은 같은 대상인 베일성운을 촬영한 것이지만 이미지 차이가 많다고 느낄 것이다. 왼쪽은 DSLR 카메라 광소자를 사용하는 컬러 CCD카메라인 QHY8을 사용해 촬영했고 필터를 사용하지 않아 디지털 카메라로 촬영한 것과 같은 색상과 형태를 띤다. 반면 오른쪽은 필터를 써서 색상을 만들어내는 흑백 CCD 카메라 QSI583을 사용하였다. 이 카메라는 수소알파선(Hα) 파장 영역의 빛만 투과시키는 특정 필터를 사용하여 눈에 잘 인식되지 않는 영역의 빛을 광소자가 집중적으로 흡수할 수 있게 설정하였다. 즉 가시광선 영역 중 미약한 영역의 빛을 긴 시간동안 받아들인 결과로 두 이미지가 서로 다르게 나타난 것을 알 수 있다. 결과적으로 같은 대상이지만 촬영 방식에 따라서 이미지가 다르게 보일 수 있지만 없는 것을 만들어 낸 것은 아니다.

남반구의 거대 성운 에타 카리나(NGC 3372)

《촬영 정보》

· 카메라 : 캐논 EOS 6D, 망원경 : Sky-watcher 102(f/10), 적도의 : 다카하시 EM-11, 노출 정보 : ISO 25600, 50.0 초, 3장 합성

남반구 은하수 끝자락에 위치한 에타 카리나성운은 작은 구경의 탐색경으로도 보일 만큼 크고 밝은 성운이다. 북반구에서 볼 수 있는 오리온성운의 크기보다 훨씬 크고 웅장한 모습을 보여준다. 이 성운은 남십자성보다는 약간 위쪽에 위치하며 용골자리의 에타별 부근에 있으며 남반구로 천체 관측을 떠나는 사람들의 촬영 및 관측 1순위에 해당하는 천체이다.

이 사진은 개조하지 않은 풀프레임 카메라 캐논 6D에 아크로매틱 102mm 굴절망원경을 사용하여 촬영하였다. 감도를 높이기 위해 ISO는 최대값인 25600을, 노출시간은 50초로 설정하였다. 촬영 장소는 서호주의 마운트 마그넷이라는 금과 철을 채굴하는 거대한 노천광산이 있는 도시이다.

이런 류의 발광성운은 수소-알파선 영역의 파장이 강하게 방출되기 때문에 Hα 필터를 사용하여 촬영하는 것이 화려하고 풍성한 이미지를 만드는 방법이다. 그러나 이 사진은 일반적인 DSLR 카메라를 사용하여 수소-알파선 영역의 신호를 받아들일 수 없었기 때문에 성운 영역이 강조되지 않은 결과물이 되었다. 또한 색수차를 제거한 아포크로매틱 렌즈가 아닌 저가형 아크로매틱 렌즈를 쓴 망원경을 사용하여 밝은색 별 주변으로 푸른색 색수차가 나타나고 고급형 망원경을 사용했을 때보다 별들 크기가 크게 촬영되었다.

전체적으로는 성운보다 별 이미지가 밝게 강조되어 성운 사진으로는 좋은 편은 아니나 저렴한 장비와 짧은 노출시간을 통한 결과물로는 칭찬받을 만한 사진이다. 천체 사진에서 좋은 장비는 좋은 사진을 만들지만 저렴한 비용으로도 천체 사진을 즐길 수 있다는 것을 보여주는 예라 할 수 있다. 단지 성운을 중심에 두는 구도였으면 더 좋았겠다는 아쉬움이 있다.

남반구의 거대 성단 오메가 센타우리(NGC 5139)

《촬영 정보》

· 카메라 : 캐논 EOS 6D, 망원경 : Sky-watcher 102(f/10), 적도의 : 다카하시 EM-11,
노출 정보 : ISO 25600, 40.0 초, 3장 합성

남반구 은하수의 암흑성운인 석탄 자루성운에서 약간 떨어진 곳에 위치한 거대 성운 오메가 센타우리는 남반구와 북반구에서 볼 수 있는 성단으로서 가장 밝고 큰 성단이다.

최근 연구 결과에 의하면 이 성단은 우리가 알고 있는 단순한 구상성단이 아니라 작은 은하가 우리은하와 충돌하는 과정에서 형성된 것으로 추정하며 이런 증거는 성단을 구성하는 별들이 여러 개의 서로 다른 종족으로 구분되는 특징을 보인다는 것이다.

구상성단의 사진을 분석하는 방법은 별들의 밀집도가 높은 중심부의 별들이 구분될 수 있을 정도로 분해능을 보이는가 하는 것과 사진상의 별들이 작고 정교하게 표현된 정도를 보고 사진의 질을 평가한다.

이 사진도 개조하지 않은 풀프레임 카메라 캐논 6D에 아크로매틱 102mm 굴절망원경을 사용하여 촬영하였으며 감도를 높이기 위해서 ISO는 최대값인 25600을, 노출시간은 40초로 설정하였다. 촬영시간을 짧게 설정한 이유는 중심부 광량이 초과하여 중심부 구성 별들이 뭉쳐져서 촬영될 것을 방치하기 위함이다.

저렴한 아크로매틱 굴절망원경에서 나타나는 밝은 별 주변의 청색 색수차를 볼 수 있지만 별상이 작고 동그랗게 나타난 것은 장초점(1000mm) 렌즈 사용으로 렌즈에 의한 왜곡 수차가 발생하지 않았다는 것을 보여준다.

비네팅 현상도 나타나지 않았고 밤하늘의 바탕색도 표현이 잘 되었으며 DSLR 카메라 사용 시에 쉽게 나타나는 노이즈도 적은 편으로 노출시간을 적절하게 설정한 결과로 판단된다. 고급망원경을 사용한 것 못지않게 멋진 성단을 적절하게 표현한 수준급 사진이다.

천체 사진가들의 실습 입문대상 오리온성운(M42)

《촬영 정보》

· 카메라 : 캐논 EOS 6D, 망원경 : 구경 80mm, 초점거리 480mm(f/6), 적도의 : 다카하시 EM-11,
노출 정보 : ISO 10000, 30초, 5장 합성

북반구 사람 중 오리온이란 단어를 모르는 사람이 있을까. 유명 제과회사 이름으로 사용될 만큼 유명한 별자리이자 그곳에 속한 성운 이름이기도 하다. 우리나라 겨울밤에 볼 수 있는 대표적인 오리온성운은 맨눈으로 볼 수 있는 유일한 성운이다. 쌍안경이나 소형 망원경으로도 성운 모습을 볼 수 있을 정도로 밝아서 천체 입문자는 안시로든 사진으로든 꼭 들리는 대상이다.

오리온성운 사진은 단초점 소구경 망원경으로 촬영하였다. 사진 구도와 별상은 나쁘지 않게 설정했으나 어두운 배경 하늘에 노이즈가 많아 보이는 것이 단점이다. 노출시간 30초로 5장을 촬영하였고 여러 장 사진을 촬영하여 합성했다면 노이즈를 많이 줄일 수 있었다.

일반 DSLR 카메라를 사용한 천체 사진의 단점을 이 사진을 통해서 명확히 볼 수 있는 것이 두 가지 있다. 하나는 사진 색감이 떨어진다는 것인데 사진에서 색감은 청색계열 밖에 표현되지 않았다. 붉은색 계열 색상이 거의 보이지 않은 이유는 주간에 적용되는 적외선, 자외선 영역 부근의 가시광선을 차단하는 필터가 광소자 앞에 설치되었기 때문이고 노출시간이 부족했기 때문일 수도 있다. 다른 한 가지는 앞서 언급한 노이즈가 많다는 것이다. 이는 카메라에 냉각기능이 없어서 노출시간이 길어지면 노이즈 발생은 당연한 결과이다. 또 광해가 있는 환경에서 촬영하였기 때문에 노이즈가 늘어난 것으로 생각한다. 결과적으로 30초 이상의 긴 노출을 설정할 수 없다. 오리온성운을 DSLR 카메라를 사용하여 촬영할 경우 성운 중심부가 밝기 때문에 노출시간을 길게 설정할 경우 중심부 광량이 과도해지기 때문에 이미지 손상이 발생할 수 있다. 이럴 때 수소 알파선 영역의 투과 필터를 사용하면 성운 영역의 정보를 충분히 받아들일 수 있으나 일반 DSLR 카메라로는 한계가 있다.

이 사진은 천체 사진 촬영에서 DSLR 카메라로 극복해야 할 몇 가지의 과제를 던져주는 의미 있는 사진이다.

은화 한 닢 같은 나선은하 NGC 253

《촬영 정보》

· 카메라 : 캐논 EOS 6D, 망원경 : Sky-watcher 102(f/10), 적도의 : 다카하시 EM-11, 노출 정보 : ISO 25600, 50.0초, 3장 합성

서호주 관측 여행에서 촬영한 은하사진으로 만족감이 큰 사진 중 하나이다. NGC 253은 모양이 타원은하처럼 보이지만 은하의 측면을 보여주는 나선은하로 구분하는 대상이다.

길지 않은 노출시간으로도 은하 내부의 암흑대가 뚜렷하게 촬영되었으며 배경하늘 색도 어둡게 잘 표현되었다. 이 사진은 50초 동안 적도의의 회전만으로 추적하는 노터치 가이드 방식을 사용했음에도 별상이 점상으로 나타난 것으로 보아 극축 정렬이 정확했고 촬영 중 적도의와 망원경에 충격이 없었던 것으로 생각한다.

비교적 노출시간이 길지 않았기 때문에 사진의 밝은 별 색수차도 크지 않게 보이는데 이는 은하 주변에 1, 2등성에 해당하는 밝은 별이 없었기 때문이다. 색수차가 큰 아크로매틱 굴절망원경을 사용한 촬영에서 이런 경우는 행운이라 할 수 있다. 은하 주변에 밝은 별이 많아서 색수차가 크게 보였다면 낮은 품질의 결과물이 나왔을 것이다.

짧은 시간에도 이처럼 좋은 결과를 얻을 수 있었던 것은 광해 없는 서호주의 하늘이었다. 남극성이 없는 상황에서도 극축 정렬을 정확하게 했던 것도 좋은 사진을 만들 수 있게 한 이유이며 별상이 점상으로 나온 것은 망원경의 초점 정렬도 잘 맞았던 것으로 추측한다.

천체 사진 촬영에 적합하지 않은 망원경과 카메라를 사용하여 얻을 수 있는 최상의 결과물을 만든 가성비 좋은 사진이다.

지구 그림자 속으로 숨어드는 수줍은 보름달

《촬영 정보》
· 카메라 : 캐논 EOS 30D, 망원경 : Sky-watcher 102(f/10), 적도의 : Sky-watcher EQ5,
노출 정보 : ISO 1600, 1.0초

천체 사진 촬영용으로 개조하지 않은 DSLR 카메라를 사용하여 딥스카이 천체를 촬영하는 데는 많은 어려움이 따른다. 이런 이유로 DSLR 카메라를 사용한 천체 사진은 노출시간이 짧은 밝은 대상의 촬영과 렌즈를 사용한 광시야 별자리 사진이나 은하수 사진이 많다. 그러나 카메라 성능이 점점 좋아지면서 최근에는 DSLR 카메라로 딥스카이 천체를 촬영하는 사례도 늘고 있다.

이 사진은 2014년 10월 8일, 서울에서 볼 수 있었던 부분월식을 촬영한 사진 중 하나이다. 지구 그림자 속으로 달이 들어가는 모양을 촬영한 것인데 망원경이 도립상으로 보이기 때문에 방향은 반대로 보인다.

적도의의 추적 장치를 사용하지 않고 촬영하였지만 1초의 짧은 시간 노출로 달 이미지가 제대로 표현되었다. 단지 한 장의 사진이기 때문에 달 표면의 노이즈가 약하게 보인다.

이런 사진은 기록이 중요한 의미를 갖는 것으로, 순간을 놓치지 않고 포착하는 것이 관건이다. 과거에는 일식과 월식을 이용해서 태양과 지구의 크기를 측정했다는데 달을 가리는 지구 그림자를 원으로 표현하고 거리를 식으로 삽입하면 지구와 달의 상대적인 크기를 구할 수 있다.

이 사진도 아크로매틱 굴절망원경을 사용했기 때문에 달의 테두리 주변에 청색 색수차를 볼 수 있다. 망원경과 카메라의 역할이 천문현상을 기록하는데 적절하게 사용된 사진이라 할 수 있다.

《부록》1 - 별자리 정보

라틴어 이름	축약	한국어 이름
Andromeda	And	안드로메다자리
Antlia	Ant	공기펌프자리
Apus	Aps	극락조자리
Aquarius	Aqr	물병자리
Aquila	Aql	독수리자리
Ara	Ara	세단사리
Aries	Ari	양자리
Bootes	Boo	목동자리
Caelum	Cae	조각도자리
Camelopardalis	Cam	기린자리
Cancer	Cnc	게자리
Canes Venatici	CVn	사냥개자리
Canis Major	CMa	큰개자리
Canis Minor	CMi	작은개자리
Capricornus	Cap	염소자리
Carina	Car	용골자리
Cassiopeia	Cas	카시오페이아자리
Centaurus	Cen	켄타우르스자리
Cepheus	Cep	케페우스자리
Cetus	Cet	고래자리
Chamaeleon	Cha	카멜레온자리
Circinus	Cir	컴퍼스자리
Columba	Col	비둘기자리
Coma Berenices	Com	머리털자리
Corona Australis	CrA	남쪽왕관자리
Corona Borealis	CrB	북쪽왕관자리

Corvus	Crv	까마귀자리
Crater	Crt	컵자리
Crux	Cru	남십자자리
Cygnus	Cyg	백조자리
Delphinus	Del	돌고래자리
Dorado	Dor	황새치자리
Draco	Dra	용자리
Equuleus	Equ	조랑말자리
Eridanus	Eri	에리다누스자리
Fornax	For	화학로자리
Gemini	Gem	쌍둥이자리
Grus	Gru	두루미자리
Hercules	Her	헤르쿨레스자리
Horologium	Hor	시계자리
Hydra	Hya	바다뱀자리
Hydrus	Hyi	물뱀자리
Indus	Indi	인도인자리
Lacerta	Lac	도마뱀자리
Leo	Leo	사자자리
Leo Minor	LMi	작은사자자리
Lepus	Lep	토끼자리
Libra	Lib	천칭자리
Lupus	Lup	이리자리
Lynx	Lyn	살쾡이자리
Lyra	Lyr	거문고자리
Mensa	Men	테이블산자리
Microscopium	Mic	현미경자리
Monoceros	Mon	외뿔소자리
Musca	Mus	파리자리
Norma	Nor	수준기자리
Octans	Oct	팔분의자리
Ophiuchus	Oph	뱀주인자리
Orion	Ori	오리온자리

Pavo	Pav	공작자리
Pegasus	Peg	페가수스자리
Perseus	Per	페르세우스자리
Phoenix	Phe	봉황새자리
Pictor	Pic	이젤자리
Pisces	Psc	물고기자리
Piscis Austrinus	PsA	남쪽물고기자리
Puppis	Pup	고물자리
Pyxis	Pyx	나침반자리
Reticulum	Ret	그물자리
Sagitta	Sge	화살자리
Sagittarius	Sgr	궁수자리
Scorpius	Sco	전갈자리
Sculptor	Scl	조각실자리
Scutum	Sct	방패자리
Serpens	Ser	뱀자리
Sextans	Sex	육분의자리
Taurus	Tau	황소자리
Telescopium	Tel	망원경자리
Triangulum	Tri	삼각형자리
Triangulum Australe	TrA	남쪽삼각형자리
Tucana	Tuc	큰부리새자리
Ursa Major	UMa	큰곰자리
Ursa Minor	UMi	작은곰자리
Vela	Vel	돛자리
Virgo	Vir	처녀자리
Volans	Vol	날치자리
Vulpecula	Vul	여우자리

목록	NGC 목록	천체 이름	천체 종류	별자리	겉보기 등급	적경	적위
M1	NGC 1952	게성운	초신성잔해	Taurus	8.4	05h 34m 31.94s	+22° 00′ 52.2″
M2	NGC 7089		구상성단	Aquarius	6.3	21h 33m 27.02s	-00° 49′ 23.7″
M3	NGC 5272		구상성단	Canes Venatici	6.2	13h 42m 11.62s	+28° 22′ 38.2″
M4	NGC 6121		구상성단	Scorpius	5.9	16h 23m 35.22s	-26° 31′ 32.7″
M5	NGC 5904		구상성단	Serpens	6.7	15h 18m 33.22s	+02° 04′ 51.7″
M6	NGC 6405	나비성단	산개성단	Scorpius	4.2	17h 40.1m	-32° 13′
M7	NGC 6475	프톨레마이성단	산개성단	Scorpius	3.3	17h 53m 51.2s	-34° 47′ 34″
M8	NGC 6523	석호성운	발광성운	Sagittarius	6.0	18h 03m 37s	-24° 23′ 12″
M9	NGC 6333		구상성단	Ophiuchus	8.4	17h 19m 11.78s	-18° 30′ 58.5″
M10	NGC 6254		구상성단	Ophiuchus	6.4	16h 57m 8.92s	-04° 05′ 58.07″
M11	NGC 6705	야생오리성단	산개성단	Scutum	6.3	18h 51.1m	-06° 16′
M12	NGC 6218		구상성단	Ophiuchus	7.7	16h 47m 14.18s	-01° 56′ 54.7″
M13	NGC 6205		구상성단	Hercules	5.8	16h 41m 41.24s	+36° 27′ 35.5″
M14	NGC 6402		구상선단	Ophiuchus	8.3	17h 37m 36.15s	-03° 14′ 45.3″
M15	NGC 7078		구상성단	Pegasus	6.2	21h 29m 58.33s	+12° 10′ 01.2″
M16	NGC 6611	독수리성운	발광성운, 산개성단	Serpens	6.0	18h 18m 48s	-13° 49′
M17	NGC 6618	백조(오리)성운	발광성운 산개성단	Sagittarius	6.0	18h 20m 26s	-16° 10′ 36″
M18	NGC 6613		산개성단	Sagittarius	7.5	18h 19.9m	-17° 08′
M19	NGC 6273		구상성단	Ophiuchus	7.5	17h 02m 37.69s	-26° 16′ 04.6″
M20	NGC 6514	삼렬성운	발광성운 산개성단	Sagittarius	6.3	18h 02m 23s	-23° 01′ 48″
M21	NGC 6531		산개성단	Sagittarius	6.5	18h 04.6m	-22° 30′
M22	NGC 6656		구상성단	Sagittarius	5.1	18h 36m 23.94s	-23° 54′ 17.1″
M23	NGC 6494		산개성단	Sagittarius	6.9	17h 56.8m	-19° 01′
M24	NGC 6603	궁수자리성단	성운	Sagittarius	4.6	18h 17m	-18° 29′
M25	IC 4725		산개성단	Sagittarius	4.6	18h 31.6m	-19° 15′
M26	NGC 6694		산개성단	Scutum	8.0	18h 45.2m	-09° 24′
M27	NGC 6853	아령성운	행성상성운	Vulpecula	7.5	19h 59m 36.340s	+22° 43′ 16.09″
M28	NGC 6626		구상성단	Sagittarius	7.7	18h 24m 32.89s	-24° 52′ 11.4″
M29	NGC 6913	냉각탑성단	산개성단	Cygnus	7.1	20h 23m 56s	+38° 31′ 24″
M30	NGC 7099		구상성단	Capricornus	7.7	21h 40m 22.12	-23° 10′ 47.5″

M31	NGC 224	안드로메다은하	나선은하	Andromeda	3.4	00h 42m 44.3s	+41° 16′ 9″
M32	NGC 221		타원은하	Andromeda	8.1	00h 42m 41.8s	+40° 51′ 55″
M33	NGC 598	삼각형자리은하	나선은하	Triangulum	5.7	01h 33m 50.02s	+30° 39′ 36.7″
M34	NGC 1039		산개성단	Perseus	5.5	02h 42.1m	+42° 46′
M35	NGC 2168		산개성단	Gemini	5.3	06h 09.1m	+24° 21′
M36	NGC 1960		산개성단	Auriga	6.3	05h 36m 12s	+34° 08′ 4″
M37	NGC 2099		산개성단	Auriga	6.2	05h 52m 18s	+32° 33′ 02″
M38	NGC 1912		산개성단	Auriga	7.4	05h 28m 42s	+35° 51′ 18″
M39	NGC 7092		산개성단	Cygnus	5.5	21h 31m 42s	+48° 26′ 00″
M40		Winnecke 4	쌍성	Ursa Major	9.7	12h 22m 12.5s	+58° 4' 59"
M41	NGC 2287		산개성단	Canis Major	4.5	06h 46.0m	-20° 46′
M42	NGC 1976	오리온성운	발광성운	Orion	4.0	05h 35m 17.3	-05° 23′ 28″
M43	NGC 1982		발광성운	Cancer			
M44	NGC 2632	벌집성단	산개성단	Taurus	3.7	08h 40.4m	+19° 59′
M45		플레이아데스성단	산개성단	Puppis	1.6	03h 47m 24s	+24° 07′ 00″
M46	NGC 2437		산개성단	Puppis	6.1	07h 41.8m	-14° 49′
M47	NGC 2422		산개성단	Hydra	4.2	07h 36.6m	-14° 30′
M48	NGC 2548		산개성단	Virgo	5.5	08h 13.7m	-05° 45′
M49	NGC 4472		타원은하	Monoceros	9.4	12h 29m 46.7s	+08° 00′ 02″
M50	NGC 2323		산개성단	Canes Venatici	5.9	07h 03.2m	-08° 20′
M51	NGC 5194	소용돌이은하	나선은하	Cassiopeia	8.4	13h 29m 52.7s	+47° 11′ 43″
M52	NGC 7654		산개성단	Coma Berenices	5.0	23h 24.2m	+61° 35′
M53	NGC 5024		구상성단		8.3	13h 12m 55.25s	+18° 10′ 05.4″
M54	NGC 6715		구상성단	Sagittarius	8.4	18h 55m 03.33s	-30° 28′ 47.5″
M55	NGC 6809		구상성단	Sagittarius	7.4	19h 39m 59.71s	-30° 57′ 53.1″
M56	NGC 6779		구상성단	Lyra	8.3	19h 16m 35.57s	+30° 11′ 00.5″
M57	NGC 6720	고리성운	행성상성운	Lyra	8.8	18h 53m 35.079s	+33° 01′ 45.03″
M58	NGC 4579		막대나선은하	Virgo	10.5	12h 37m 43.5s	+11° 49′ 05″
M59	NGC 4621		타원은하	Virgo	10.6	12h 42m 02.3s	+11° 38′ 49″
M60	NGC 4649		타원은하	Virgo	9.8	12h 43m 39.6s	+11° 33′ 09″
M61	NGC 4303		나선은하	Virgo	10.2	12h 21m 54.9s	+04° 28′ 25″
M62	NGC 6266		구상성단	Ophiuchus	7.4	17h 01m 12.60s	-30° 06′ 44.5″
M63	NGC 5055	해바라기은하	나선은하	Canes Venatici	9.3	13h 15m 49.3s	+42° 01′ 45″
M64	NGC 4826	검은눈은하	나선은하	Coma Berenices	9.4	12h 56m 43.7s	+21° 40′ 58″
M65	NGC 3623	레오삼총사	막대나선은하	Leo	10.3	11h 18m 55.9s	+13° 05′ 32″
M66	NGC 3627	레오삼총사	막대나선은하	Leo	8.9	11h 20m 15.0s	+12° 59′ 30″

M67	NGC 2682		산개성단	Cancer	6.1	08h 51.3m	+11° 49′
M68	NGC 4590		구상성단	Hydra	9.7	12h 39m 27.98s	-26° 44′ 38.6″
M69	NGC 6637		구상성단	Sagittarius	8.3	18h 31m 23.10s	-32° 20′ 53.1″
M70	NGC 6681		구상성단	Sagittarius	9.1	18h 43m 12.76s	-32° 17′ 31.6″
M71	NGC 6838		구상성단	Sagitta	6.1	19h 53m 46.49s	+18° 46′ 45.1″
M72	NGC 6981		구상성단	Aquarius	9.4	20h 53m 27.70s	-12° 32′ 14.3″
M73	NGC 6994		성군(asterism)	Aquarius	9.0	20h 58m 54s	-12° 38′
M74	NGC 628		나선은하	Pisces	10.0	01h 36m 41.8s	+15° 47′ 01″
M75	NGC 6864		구상성단	Sagittarius	9.2	20h 06m 04.75s	-21° 55′ 16.2″
M76	NGC 650	작은아령성운	행성상성운	Perseus	10.1	01h 42.4m	+51° 34′ 31″
M77	NGC 1068		나선은하	Cetus	9.6	02h 42m 40.7s	-00° 00′ 48″
M78	NGC 2068		암흑성운	Orion	8.3	05h 46m 46.7s	+00° 00′ 50″
M79	NGC 1904		구상성단	Lepus	8.6	05h 24m 10.59s	-24° 31′ 27.3″
M80	NGC 6093		구상성단	Scorpius	7.9	16h 17m 02.41s	-22° 58′ 33.9″
M81	NGC 3031	보데은하	나선은하	Ursa Major	6.9	09h 55m 33.2s	+69° 3′ 55″
M82	NGC 3034	시거은하	활성은하	Ursa Major	8.4	09h 55m 52.2s	+69° 40′ 47″
M83	NGC 5236	남반구바람개비은하	막대나선은하	Hydra	7.5	09h 55m 52.2s	-29° 51′ 57″
M84	NGC 4374		렌즈상은하	Virgo	10.1	12h 25m 03.7s	+12° 53′ 13″
M85	NGC 4382		렌즈상은하	Coma Berenices	10.0	12h 25m 24.0s	+18° 11′ 28″
M86	NGC 4406		렌즈상은하	Virgo	9.8	12h 26m 11.7s	+12° 56′ 46″
M87	NGC 4486		타원은하	Virgo	9.6	12h 30m 49.42338s	+12° 23′ 28.0439″
M88	NGC 4501		나선은하	Coma Berenices	10.4	12h 31m 59.2s	+14° 25′ 14″
M89	NGC 4552		타원은하	Virgo	10.7	12h 35m 39.8s	+12° 33′ 23″
M90	NGC 4569		나선은하	Virgo	10.3	12h 36m 49.8s	+13° 09′ 46″
M91	NGC 4548		막대나선은하	Coma Berenices	11.0	12h 35m 26.4s	+14° 29′ 47″
M92	NGC 6341		구상성단	Hercules	6.3	17h 17m 07.39s	+43° 08′ 09.4″
M93	NGC 2447		산개성단	Puppis	6.0	07h 44.6m	-23° 52′
M94	NGC 4736		나선은하	Canes Venatici	9.0	12h 50m 53.1s	+41° 07′ 14″
M95	NGC 3351		막대나선은하	Leo	11.4	10h 43m 57.7s	+11° 42′ 14″
M96	NGC 3368		나선은하	Leo	10.1	10h 46m 45.7s	+11° 49′ 12″
M97	NGC 3587	올빼미성운	행성상성운	Ursa Major	9.9	11h 14m 47.734s	+55° 01′ 08.50″
M98	NGC 4192		나선은하	Coma Berenices	11.0	12h 13m 48.292s	+14° 54′ 01.69″
M99	NGC 4254		나선은하	Coma Berenices	10.4	12h 18m 49.6s	+14° 24′ 59″
M100	NGC 4321		나선은하	Coma Berenices	10.1	12h 22m 54.9s	+15° 49′ 21″

M101	NGC 5457	바람개비은하	나선은하	Ursa Major	7.9	14h 03m 12.6s	+54° 20′ 57″
M102	NGC 5866	스핀들은하	렌즈상은하	Draco	10.7	15h 06m 29.5s	+55° 45′ 48″
M103	NGC 581		산개성단	Cassiopeia	7.4	01h 33.2m	+60° 42′
M104	NGC 4594	솜브레로은하	렌즈상은하	Virgo	9.0	12h 39m 59.4s	-11° 37′ 23″
M105	NGC 3379		타원은하	Leo	10.2	10h 47m 49.6s	+12° 34′ 54″
M106	NGC 4258		나선은하	Canes Venatici	9.1	12h 18m 57.5s	+47° 18′ 14″
M107	NGC 6171		구상성단	Ophiuchus	8.9	16h 32m 31.86s	-13° 03′ 13.6″
M108	NGC 3556		막대나선은하	Ursa Major	10.7	11h 11m 31.0s	+55° 40′ 27″
M109	NGC 3992		막대나선은하	Ursa Major	10.6	11h 57m 36.0s	+53° 22′ 28″
M110	NGC 205		타원은하	Andromeda	9.0	00h 40m 22.1s	+41° 41′ 07″

찾아보기

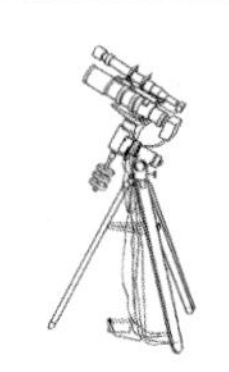

ㅂ

ㅇ

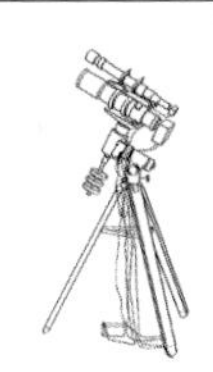

ㅎ

도서출판 이비컴의 실용서 브랜드 **이비락**樂 은 더불어 사는 삶에 긍정의 변화를 줄 유익한 책을 만들기 위해 노력합니다.

원고 및 기획안 문의 : bookbee@naver.com